普通高等教育一流本科课程建设成果教材

化学工业出版社"十四五"普通高等教育规划教材

环境影响评价

刘 伟 邵超峰 主编

化学工业出版社

·北京·

内 容 简 介

《环境影响评价》对环境影响评价相关知识进行了系统梳理和归纳总结,分为三篇十二章。第一篇主要介绍环境影响评价基础知识,包括环境影响评价概述、环境影响评价法律法规、生态环境标准体系、环境影响评价内容与程序。第二篇主要介绍环境影响评价技术方法,包括环境影响识别与评价因子筛选、工程分析内容与方法、环境影响评价工作等级与评价范围、环境现状调查与评价、环境影响预测与评价、污染防治对策与环境管理方法。第三篇主要介绍环境影响报告编制,包括环境影响报告编制概述和案例。

为了增强教材的使用效果,在每篇和每章正文前分别设置了"引言"和"导读",有机融入生态文明建设、法治中国建设等元素。此外,为检验学习效果,每章末附有思考题和小测验。

《环境影响评价》可作为高等学校环境类专业本科生和研究生的教材,也可供从事环境影响评价及相关领域工作的技术人员、管理人员参考。

图书在版编目(CIP)数据

环境影响评价/刘伟,邵超峰主编. —北京:化学工业出版社,2023.11(2024.9重印)

普通高等教育一流本科课程建设成果教材　化学工业出版社"十四五"普通高等教育规划教材

ISBN 978-7-122-43867-6

Ⅰ.①环… Ⅱ.①刘…②邵… Ⅲ.①环境影响-评价-高等学校-教材 Ⅳ.①X820.3

中国国家版本馆 CIP 数据核字(2023)第 136200 号

责任编辑:满悦芝　　　　　　　　文字编辑:郭丽芹　杨振美
责任校对:李露洁　　　　　　　　装帧设计:张　辉

出版发行:化学工业出版社(北京市东城区青年湖南街 13 号　邮政编码 100011)
印　　刷:北京云浩印刷有限责任公司
装　　订:三河市振勇印装有限公司
787mm×1092mm　1/16　印张 14½　字数 352 千字　2024 年 9 月北京第 1 版第 2 次印刷

购书咨询:010-64518888　　　　　售后服务:010-64518899
网　　址:http://www.cip.com.cn
凡购买本书,如有缺损质量问题,本社销售中心负责调换。

定　价:55.00 元　　　　　　　　　　　　　　　　　　　版权所有　违者必究

前言

1973年，由国务院委托国家计划委员会（后改组为国家发展和改革委员会）在北京组织召开了第一次全国环境保护会议，会议确定了"全面规划、合理布局、综合利用、化害为利、依靠群众、大家动手、保护环境、造福人民"的环境保护"32字方针"，讨论通过了《关于保护和改善环境的若干规定（试行草案）》，为我国环境影响评价制度的建立奠定了基础。1979年《中华人民共和国环境保护法（试行）》的颁布，标志我国从立法上建立了环境影响评价制度。此后，环境影响评价制度作为我国环境管理"八项制度"之一，为中国环境保护工作发挥了极其重要的作用。2003年9月1日，《中华人民共和国环境影响评价法》颁布实施，环境影响评价由一项基本环境管理制度上升为国家法律。2004年，我国推出环境影响评价工程师职业资格考试和认证制度，使环境影响评价兼具了国家环境保护法律和环境管理基本制度、国家环境影响评价工程师职业资格考试课程、高等学校环境类专业必修课程三位一体的特征。2014年以来，《中华人民共和国环境保护法》《中华人民共和国环境影响评价法》《建设项目环境保护管理条例》《规划环境影响评价技术导则　总纲》《建设项目环境影响评价技术导则　总纲》等法律法规和技术规范相继进行了修订，环境影响评价体系在法规、理论、内容、技术方法等方面都发生了较大变化，这对高等院校开展环境影响评价教育教学提出了新要求。

党的十八大以来，以习近平同志为核心的党中央以前所未有的力度抓生态文明建设，全党全国推动绿色发展的自觉性和主动性显著增强，推动我国生态环境保护发生历史性、转折性、全局性变化，人与自然和谐之美生动展现。党的十八大将生态文明建设纳入中国特色社会主义事业"五位一体"总体布局，"美丽中国"成为生态文明建设的远景目标。党的十九大把"污染防治攻坚战"列为决胜全面建成小康社会的三大攻坚战之一。党的二十大要求，"必须牢固树立和践行绿水青山就是金山银山的理念，站在人与自然和谐共生的高度谋划发展"，"统筹产业结构调整、污染治理、生态保护、应对气候变化，协同推进降碳、减污、扩绿、增长，推进生态优先、节约集约、绿色低碳发展"。在中国特色社会主义建设进入新时代，生态文明体制改革深入推进的新阶段，面对推动减污降碳协同增效、促进经济社会发展全面绿色转型、实现生态环境质量改善由量变到质变的艰巨任务，健全以环境影响评价制度为主体的源头预防体系，全面提高环境影响评价有效性，推动环境影响评价与"三线一单"、排污许可等新的环境管理制度的协同，不断改进和完善依法、科学、公开、廉洁、高效的环境影响评价管理体系，有效支撑美丽中国建设成为新时期环境影响评价改革与发展的时代要义。立足新发展阶段，深入贯彻习近平生态文明思想，完整、准确、全面贯彻新发展理念，构建新发展格局，准确把握时代需求，以培养新形势下高素质的环境影响评价工作者为核心，推动环境影响评价课程和教学方式的改革。

环境影响评价课程为环境专业的必修课程，编者讲授的本门课程于 2022 年被认定为四川省一流本科课程；编者长期从事环境影响评价实践与科研工作，并具有丰富的环境影响评价实践经验。为适应新形势和新要求，本教材以 OBE（成果导向教育）和 CDIO（代表构思、设计、实现和运作的工程教育模式）理念为引领，积极融入生态文明建设、法治中国建设等课程思政和"两性一度"的相关要求，以及新的环境影响评价技术方法、典型环境影响评价案例、二维码拓展知识和小测验等内容，重点突出教材的时效性、实用性和新颖性。本书分为 3 篇，共计 12 章。第一篇和第二篇主要介绍环境影响评价基础知识和技术方法。考虑环境影响评价是一门理论与实践联系非常紧密的课程，因此设置了第三篇环境影响报告编制，介绍环境影响报告编制相关要求及精选案例，便于读者对知识的理解与运用。

本书由成都信息工程大学刘伟、南开大学邵超峰主编，四川大学李智参编。在本书的撰写过程中，成都信息工程大学车康利、李逢港、贾植杰、李沁芮、潘介榆、杜孟、潘琳燕，南开大学赵润、战雪松等同学做了资料收集和整理工作。

本书在编写过程中参考了许多专家学者的著作和研究成果，在此深表谢意。尽管编者在撰写过程中始终精益求精，但书中缺点和疏漏恐难完全避免，恳请广大读者批评指正。

本教材配有内容完整、图文并茂的多媒体教学课件，读者可到化学工业出版社教学资源网（www.cipedu.com.cn）免费下载。

编者

2023 年 10 月

目 录

第一篇 环境影响评价基础

第一章 环境影响评价概述

第一节 环境影响评价相关概念 …… 4
    一、环境 …… 4
    二、环境系统 …… 5
    三、环境质量 …… 5
    四、环境容量 …… 6
    五、环境影响 …… 6
    六、环境影响评价 …… 7
第二节 环境影响评价的类别 …… 8
第三节 环境影响评价的原则与目的 …… 10
    一、环境影响评价的原则 …… 10
    二、环境影响评价的目的 …… 11
思考题 …… 12
小测验 …… 12

第二章 环境影响评价法律法规

第一节 中国环境影响评价制度的发展 …… 14
    一、中国环境影响评价制度发展历程 …… 14
    二、中国环境影响评价制度特征 …… 18
第二节 环境保护法律法规 …… 20
    一、环境保护法律法规体系 …… 20

二、环境保护法律法规的法律效力 ………………………………… 23
　思考题 ……………………………………………………………………… 23
　小测验 ……………………………………………………………………… 24

第三章　生态环境标准体系

　第一节　生态环境标准概述 …………………………………………… 26
　　一、生态环境标准的概念 …………………………………………… 26
　　二、生态环境标准的地位和作用 …………………………………… 26
　　三、生态环境标准的制定 …………………………………………… 27
　第二节　生态环境标准体系 …………………………………………… 28
　　一、我国生态环境标准体系与构成 ………………………………… 28
　　二、生态环境标准之间的关系与执行 ……………………………… 30
　思考题 ……………………………………………………………………… 31
　小测验 ……………………………………………………………………… 31

第四章　环境影响评价的内容与程序

　第一节　环境影响评价文件的基本内容 ……………………………… 33
　　一、建设项目环境影响评价文件的基本内容 ……………………… 33
　　二、规划环境影响评价文件的基本内容 …………………………… 34
　第二节　环境影响评价的工作程序 …………………………………… 36
　　一、建设项目环境影响评价的工作程序 …………………………… 36
　　二、规划环境影响评价的工作程序 ………………………………… 37
　第三节　环境影响评价的管理程序和管理制度 ……………………… 39
　　一、建设项目环境影响评价 ………………………………………… 39
　　二、规划环境影响评价 ……………………………………………… 40
　思考题 ……………………………………………………………………… 41
　小测验 ……………………………………………………………………… 41

第二篇　环境影响评价技术方法

第五章　环境影响识别与评价因子筛选

　第一节　环境影响识别概述 …………………………………………… 45
　　一、环境影响识别的定义 …………………………………………… 45
　　二、环境影响识别的基本内容 ……………………………………… 45
　　三、环境影响识别的技术考虑 ……………………………………… 46
　第二节　环境影响识别方法 …………………………………………… 47
　　一、清单法 …………………………………………………………… 47

二、矩阵法 …………………………………………………… 48
　　三、叠图法 …………………………………………………… 50
　　四、网络法 …………………………………………………… 50
第三节　环境影响评价因子的筛选 ……………………………… 51
　　一、水环境影响评价因子的筛选 ……………………………… 51
　　二、大气环境影响评价因子的筛选 …………………………… 52
思考题 ……………………………………………………………… 53
小测验 ……………………………………………………………… 53

第六章　工程分析内容与方法

第一节　工程分析概述 …………………………………………… 55
　　一、工程分析的定义 …………………………………………… 55
　　二、工程分析的类型与基本要求 ……………………………… 55
　　三、工程分析的作用 …………………………………………… 56
第二节　工程分析的主要方法 …………………………………… 56
　　一、实测法 ……………………………………………………… 56
　　二、物料衡算法 ………………………………………………… 57
　　三、产排污系数法 ……………………………………………… 57
　　四、类比分析法 ………………………………………………… 57
　　五、实验法 ……………………………………………………… 58
　　六、台账法 ……………………………………………………… 58
　　七、查阅参考资料分析法 ……………………………………… 58
第三节　污染影响型项目工程分析 ……………………………… 58
　　一、污染影响型项目工程分析内容设置 ……………………… 58
　　二、污染影响型项目工程分析工作内容 ……………………… 59
　　三、污染影响型项目工程分析方法选择 ……………………… 63
第四节　生态影响型项目工程分析 ……………………………… 63
　　一、生态影响型项目工程分析概述 …………………………… 63
　　二、生态影响型项目工程分析工作内容 ……………………… 64
　　三、生态影响型项目工程分析方法选择 ……………………… 66
思考题 ……………………………………………………………… 66
小测验 ……………………………………………………………… 67

第七章　环境影响评价工作等级与评价范围

第一节　地表水环境影响评价工作等级与评价范围 …………… 69
　　一、评价工作分级方法 ………………………………………… 69
　　二、评价范围和评价时期 ……………………………………… 70
第二节　地下水环境影响评价工作等级与评价范围 …………… 72

一、评价工作分级方法 …………………………………………… 72
　　　二、评价范围 …………………………………………………… 73
　第三节　大气环境影响评价工作等级与评价范围 ………………… 74
　　　一、评价工作分级方法 …………………………………………… 74
　　　二、评价范围 …………………………………………………… 76
　第四节　声环境影响评价工作等级与评价范围 …………………… 76
　　　一、评价工作分级方法 …………………………………………… 76
　　　二、评价范围 …………………………………………………… 76
　第五节　土壤环境影响评价工作等级与评价范围 ………………… 77
　　　一、评价工作分级方法 …………………………………………… 77
　　　二、评价范围 …………………………………………………… 81
　第六节　生态环境影响评价工作等级与评价范围 ………………… 82
　　　一、评价工作分级方法 …………………………………………… 82
　　　二、评价范围 …………………………………………………… 83
　第七节　环境风险评价工作等级与评价范围 ……………………… 83
　　　一、评价工作分级方法 …………………………………………… 83
　　　二、评价范围 …………………………………………………… 84
　思考题 ………………………………………………………………… 84
　小测验 ………………………………………………………………… 84

第八章　环境现状调查与评价

　第一节　概述 ………………………………………………………… 86
　　　一、环境现状调查内容 …………………………………………… 86
　　　二、现状分析与评价 ……………………………………………… 88
　　　三、现状调查与评价的方式和方法 ……………………………… 89
　　　四、污染源调查与评价 …………………………………………… 90
　第二节　地表水环境现状调查与评价 ……………………………… 92
　　　一、地表水环境现状调查 ………………………………………… 92
　　　二、地表水环境现状评价 ………………………………………… 97
　第三节　地下水环境现状调查与评价 ……………………………… 99
　　　一、地下水环境现状调查 ………………………………………… 99
　　　二、地下水环境现状评价 ………………………………………… 102
　第四节　大气环境现状调查与评价 ………………………………… 103
　　　一、环境空气质量现状调查 ……………………………………… 103
　　　二、环境空气现状评价 …………………………………………… 104
　第五节　声环境现状调查与评价 …………………………………… 105
　　　一、声环境现状调查 ……………………………………………… 105
　　　二、环境噪声现状评价 …………………………………………… 106
　第六节　土壤环境现状调查与评价 ………………………………… 107

一、土壤环境现状调查 ………………………………………… 107
　　二、土壤环境现状评价 ………………………………………… 109
第七节　生态环境现状调查与评价 ……………………………………… 110
　　一、生态环境现状调查 ………………………………………… 110
　　二、生态环境现状评价 ………………………………………… 112
第八节　环境风险调查与评价 …………………………………………… 115
　　一、环境风险调查 ……………………………………………… 115
　　二、环境风险潜势初判 ………………………………………… 115
思考题 ……………………………………………………………………… 119
小测验 ……………………………………………………………………… 119

第九章　环境影响预测与评价

第一节　环境影响预测与评价方法概述 ………………………………… 121
　　一、基本要求 …………………………………………………… 121
　　二、环境影响预测与评价内容 ………………………………… 121
　　三、环境影响预测与评价方法 ………………………………… 121
第二节　地表水环境影响预测与评价 …………………………………… 122
　　一、地表水环境影响预测 ……………………………………… 122
　　二、地表水环境影响评价 ……………………………………… 127
第三节　地下水环境影响预测与评价 …………………………………… 130
　　一、地下水环境影响预测 ……………………………………… 130
　　二、地下水环境影响评价 ……………………………………… 132
第四节　大气环境影响预测与评价 ……………………………………… 133
　　一、大气环境影响预测 ………………………………………… 133
　　二、大气环境影响评价 ………………………………………… 137
第五节　声环境影响预测与评价 ………………………………………… 139
　　一、声环境影响预测 …………………………………………… 139
　　二、声环境影响评价 …………………………………………… 141
第六节　土壤环境影响预测与评价 ……………………………………… 142
　　一、污染源源强计算方法 ……………………………………… 142
　　二、预测评价范围 ……………………………………………… 143
　　三、影响预测与评价方法 ……………………………………… 143
第七节　生态环境影响预测与评价 ……………………………………… 145
　　一、生态环境影响预测 ………………………………………… 146
　　二、生态影响预测与评价方法 ………………………………… 147
第八节　环境风险影响预测与评价 ……………………………………… 156
　　一、环境风险影响预测 ………………………………………… 156
　　二、环境风险影响评价 ………………………………………… 159
思考题 ……………………………………………………………………… 160

小测验 ·· 160

第十章　污染防治对策与环境管理方法

第一节　环境保护措施与对策 ·· 162
　一、水环境保护措施与对策 ·· 162
　二、大气环境保护措施与对策 ·· 164
　三、声环境保护措施与噪声防治对策 ·· 165
　四、土壤环境保护措施与对策 ·· 167
　五、危险废物污染防治措施与对策 ·· 167
　六、生态保护对策措施 ·· 168
　七、环境风险防范措施 ·· 169
第二节　环境影响经济损益分析 ·· 170
　一、环境经济评价方法 ·· 170
　二、费用效益分析 ·· 175
　三、环境影响经济损益分析的步骤 ·· 178
第三节　环境管理与环境监测 ·· 179
　一、建设项目环境管理 ·· 179
　二、环境监测 ·· 180
第四节　总量控制与排污许可制度 ·· 181
　一、污染物排放总量控制 ·· 181
　二、排污许可制度 ·· 182
　三、污染物排放总量控制与排污许可制度的衔接 ······································ 184
第五节　公众参与 ·· 184
　一、公众参与的基本要求 ·· 185
　二、建设项目环境影响评价公众参与说明 ·· 187
思考题 ·· 189
小测验 ·· 189

第三篇　环境影响报告编制

第十一章　环境影响报告编制概述

第一节　环境影响评价文件类型与内容 ·· 192
　一、环境影响评价文件类型 ·· 192
　二、环境影响报告主要内容 ·· 193
第二节　环境影响报告编制要求 ·· 194
　一、建设项目环境影响报告编制要求 ·· 194
　二、规划环境影响报告编制要求 ·· 194

思考题 …………………………………………………………… 198
   小测验 …………………………………………………………… 198

第十二章　环境影响报告案例

   第一节　污染影响型建设项目环境影响报告书 …………… 199
   第二节　生态影响型建设项目环境影响报告书 …………… 204
   第三节　规划环境影响报告书 …………………………… 209
   思考题 …………………………………………………………… 217
   小测验 …………………………………………………………… 217

参考文献

第一篇 环境影响评价基础

引言

　　环境影响评价制度是我国环境保护"八项制度"之一，在环境保护工作中发挥着重要作用。建立科学的环境影响评价制度，是改善人类生存环境和获得良好环境质量的保障。环境影响评价制度不仅被众多国家的立法所吸收，而且也被越来越多的国际环境条约采纳，如《联合国海洋法公约》《跨界环境影响评价公约》《生物多样性公约》《联合国气候变化框架公约》《奥胡斯公约》等都对环境影响评价制度作了规定，环境影响评价制度正逐步成为一项国际社会通用的环境管理制度。

　　1972年联合国斯德哥尔摩人类环境会议之后，我国开始对环境影响评价制度进行探讨和研究，1979年颁布的《中华人民共和国环境保护法（试行）》对环境影响评价作了规定，拉开了我国环境影响评价制度建设和发展的序幕。1998年11月，国务院通过《建设项目环境保护管理条例》，全面规范了环境影响评价的内容、程序和法律责任。2002年10月，全国人大常委会通过《中华人民共和国环境影响评价法》，进一步强化了环境影响评价的法律地位。2009年8月，国务院通过《规划环境影响评价条例》，我国环境影响评价制度形成"一法两条例"的局面。2016年7月和2018年12月，全国人大常委会两次修正《中华人民共和国环境影响评价法》，环境影响评价"放管服"改革不断推进。在2018年的国家机构改革中，环境保护部变更为生态环境部，与此同时环境影响评价司变更为环境影响评价与排放管理司，承担规划环境影响评价、政策环境影响评价、项目环境影响评价以及排污许可综合协调和管理工作，名称变化反映了职责的整合和管理思路的调整。面向新发展阶段，要求根据党中央、国务院相关改革精神和有关部署，从过去以项目准入为主的管理向既抓宏观又抓微观的全流程管理转变，逐步构建起以"三线一单"为空间管控基础、项目环境影响评价为环境准入把关、排污许可为企业运行守法依据的管理新框架，深化整个环境影响评价与排污许可体制机制建设。面向新发展阶段，党中央、国务院高度重视环境影响评价制度，将其作为生态文明体制改革的重要内容，作出一系列重要部署。习近平总书记和其他中央领导多次作出重要指示批示，指出环境影响评价是约束建设项目和工业园区准入的法制保障，是在发展中守住绿水青山的第一道防线，为环境影响评价工作提供了重要指导和根本遵循。2020年3月，中共中央办公厅、国务院办公厅印发了《关于构建现代环境治理体系的指导意见》，要求从源头防治污染，推进生产服务绿色化，健全环境治理监管体系、信用体系、法律体系等。2021年11月，中共中央、国务院印发《关于深入打好污染防治攻坚战的意见》，提出健全以环境影响评价制度为主体的源头预防体系，严格规划环境影响评价审查和项目环境影响评价准入，开展重大经济技术政策的生态环境影响分析和重大生态环境政策的社会经济影响评估。

作为从源头预防污染和破坏生态的一项重要环境保护法律制度，环境影响评价制度一直是环境管理制度的核心抓手。深入贯彻习近平生态文明思想，立足新发展阶段、贯彻新发展理念、构建新发展格局，要求围绕支撑环境质量改善，立足服务高质量发展，全面推进"放管服"改革，不断提升源头预防和过程监管效能，健全以环境影响评价制度为主体的源头预防体系，构建"三线一单"、规划环境影响评价、建设项目环境影响评价、排污许可与环境保护执法和督察等相关制度组成的闭环管理体系。本书第一篇主要包括环境影响评价概述、环境影响评价法律法规、生态环境标准体系、环境影响评价的内容与程序，总结了我国环境影响评价制度的发展过程及重要特征。学习环境影响评价相关知识和内容，既是了解我国环境制度变迁的基本途径，也是熟悉和掌握我国环境保护法律法规的有效手段，更是强化服务社会经济发展技能的有效方法。只有紧跟时代步伐，不断更新环境影响评价知识体系，才能更好地为我国环境治理现代化、生态环境质量改善贡献力量。

导读

1973年第一次全国环境保护会议后，环境影响评价的概念开始引入中国。1979年，《中华人民共和国环境保护法（试行）》的颁布标志着中国正式建立了环境影响评价制度。20世纪90年代初，中国与亚洲开发银行联合开展了环境影响评价技术人员的培训工作，并在全国逐步推广，这为环境影响评价在中国的快速发展发挥了积极作用。2002年，《中华人民共和国环境影响评价法》的颁布使环境影响评价的法律范畴从建设项目延伸到与国民经济发展密切相关的各项规划，并逐渐深入到宏观综合决策中。环境影响评价现已成为中国重要的环境保护管理制度，发挥着越来越重要的作用。

本篇共分为四章。第一章介绍环境影响评价的相关概念，环境影响评价的类别、原则和目的；第二章就中国环境影响评价制度的发展，以及环境保护法律法规体系及其法律效力进行介绍；第三章介绍生态环境标准的概念和作用、生态环境标准体系，以及各级标准之间的关系和标准的执行；第四章围绕建设项目环境影响评价和规划环境影响评价，分别介绍其基本内容、工作程序和管理程序。

本篇要求重点掌握环境影响评价相关概念，生态环境标准体系与标准执行，环境影响评价基本内容、工作程序和管理程序。通过本篇学习，以期对环境影响评价有一个总体认识，从而为后续篇章的学习奠定基础。

第一章 环境影响评价概述

引言

环境影响评价是指对拟议的政策、规划、计划、建设项目实施后可能对环境产生的影响（后果）进行系统的分析、预测和评估，提出预防或者减轻不良环境影响的对策和措施，并进行跟踪监测的方法与制度，是贯彻落实我国环境保护法律法规的基本抓手。环境影响评价明确开发建设者的环境责任及规定应采取的行动，既可为区域开发和建设项目的工程设计提出环保要求和建议，又可为环境管理部门提供对建设开发行为实施有效管理的科学依据，是环境准入的一项重要制度，实现了从决策源头上防止环境污染和生态破坏，对确定经济发展方向和保护环境等一系列重大决策具有重要作用。环境影响评价是建立在环境监测技术、污染物扩散规律、环境污染对人体健康的影响、环境自净能力等基础上的一项科学方法和技术手段，具有判断功能、预测功能、选择功能和导向功能，为人类开发活动提供科学指导和理论依据。因此，通过学习环境影响评价的相关概念，了解环境影响评价的类别，掌握开展环境影响评价的原则与目标，有助于科学理解环境影响评价的作用和意义，是开展环境影响评价的先决条件。

导读

环境影响评价的根本目的是预防政策、规划、计划、建设项目实施后对环境造成的不良影响，鼓励在规划和决策中考虑环境因素，促进社会、经济、环境协调发展。通过本章内容学习，掌握环境影响评价的相关概念、基本分类、基本原则和目的，学习利用环境影响评价从全生命周期角度解决环境问题和保护环境，推动社会经济与生态环境协调发展。

第一节　环境影响评价相关概念

一、环境

在环境影响评价的过程中，需要有明确的评价对象。环境的定义是环境影响评价的核心。

1. 环境的定义

"环境"是一个泛指的名词，内容和含义极为丰富。从哲学角度，环境是一个抽象的、相对的概念，是相对于主体而言的客体；或者说，相对于某一主体的周围客体因空间分布、相互联系而构成的系统，就是相对于该主体的环境。由于主体的不同，环境的各个组成因素或成分均可以互为环境。例如，人类与生物之间就可以互为环境，离开主体的环境是没有意义的。在环境科学中，环境是指以人类为主体的外部世界，主要是地球表面与人类发生相互作用的自然要素及其总体。它是人类生存发展的基础，也是人类开发利用的对象。中国和其他国家颁布的环境保护法律法规中，对环境一词所作的明确具体的界定，是从环境的科学含义出发所规定的法律适用对象或适用范围，如2014年修订的《中华人民共和国环境保护法》所称环境，是指影响人类生存和发展的各种天然的和经过人工改造的自然因素的总体，包括大气、水、海洋、土地、矿藏、森林、草原、湿地、野生生物、自然遗迹、人文遗迹、自然保护区、风景名胜区、城市和乡村等。

环境影响评价中所指的环境，就是以人为主体的环境，即人类的环境，是围绕着人群的空间以及其中可以直接、间接影响人类生存和发展的各种自然因素和社会因素的总体，包括自然因素的各种物质、现象和过程，以及人类历史中的社会、经济成分。或者说，环境是指人类以外的整个外部世界，既包括人类赖以生存和发展的各种自然要素，例如大气、水、土壤、岩石、太阳光和各种各样的生物，还包括经人类改造的物质和景观，例如农作物、家畜家禽、耕地、矿山、工厂、农村、城市、公园和其他人工景观等。前者称为自然环境，是直接或间接影响人类生存和发展的自然形成的物质和能量的总和；后者称为人工环境或社会环境，是人类劳动所创造的物质环境，是人类物质生产和文明发展的结晶。两者密不可分，相互融合在一起，构成一个多层次、多要素的综合体。

2. 环境的特性

环境的特性可以从不同的角度来认识和表述。与环境影响评价有密切关系的环境特性可以归纳为以下几点：

（1）整体性与区域性　整体性是环境的最基本特性之一。整体性说明，环境是由若干具有独立功能的环境要素相互联系、相互作用构成的具有特定功能与结构的系统。各环境要素之间存在物质循环、能量流动和信息传递。各环境要素同时产生作用时，其结果不一定为各环境要素单独作用之和，因为各环境要素之间可能存在加和效应、协同效应或拮抗效应。而当系统中任一环境要素或环境要素的某个部分由于外界干扰而发生的变化超过一定范围时，环境的整体性就会受到破坏，甚至出现不可逆转的结果。

区域性指不同地域的环境的特性存在明显的差异。具体说就是因地理位置或空间位置的不同，环境会表现出不同的特性。例如南半球和北半球、平原地区和丘陵山区、发达国家和发展中国家等，其环境特性都具有明显的差异。环境的区域性不仅体现了环境在地理位置上的变化，还反映了区域社会、经济、文化和历史等的多样性。

（2）变动性与稳定性　变动性指在自然因素和社会因素的各自或共同作用下，环境内部结构和外在形态都在不断改变。事实上，环境及其内部结构和外在形态本身就是自然和社会活动发展变化的产物。从某种意义上说，没有不断的变动就没有今天的环境。

环境的稳定性是相对于变动性而言的。稳定性指环境本身具有一定的自我调节功能。当外界干扰所导致的环境结构、功能和状态变化不超过环境自身的调节能力时，环境可以通过其自身的调节使这些变化带来的影响受到控制，环境功能也有可能基本恢复原有的状态。通常，环境的变动性和稳定性是相辅相成的，变动是绝对的，稳定是相对的。

（3）资源性与价值性　资源性指环境能为人类的生存和发展提供必需的基本条件。如果环境受到外界的过度干扰，势必直接影响甚至危及人类的生存与发展基础。环境的资源性包括物质性（以及以物质为载体的能量）和非物质性两个方面。各种实物型资源（能源）都属于物质（能量）性资源，如矿产、土地、森林、生物、水、环境空气、阳光、潮汐、地热等；非实物型资源（能源）应属于非物质性资源，如环境状态、环境功能、环境质量等。不同的环境状态、功能和质量，为人类的生存和发展提供的条件是不同的，并且影响着人们对生存方式和发展方向的选择。

价值性指环境作为一种资源而表现出来的一种客观度量和主观判断。环境是人类生存与发展的基础条件之一，对人类具有不可估量的价值。环境的经济价值是环境价值性的一种具体形式，但不是所有的环境价值都能用货币单位来表示。在环境影响评价中，环境的经济价值常常被用于环境社会经济损益的分析。对环境资源性的认识不足、对环境资源配置的失效和对环境价值的低估都是引起环境污染和生态破坏的深层次原因。

二、环境系统

环境系统是指各种环境要素及其相互关系的总和。一定时空中的环境要素通过物质交换、能量流动、信息交流等多种方式，相互联系、相互作用形成了具有一定结构和功能的整体。环境系统是一个动态系统，它一直处于演变过程中，特别是在人类活动的作用下，环境系统的组成和结构不断发生变化。环境污染、生态破坏就是环境系统在人类活动作用下发生不良变化的结果。环境系统又是一个开放系统，物质交换和能量流动不断地进行，从而实现太阳能的转换、大气的流动、水的循环、有机质与无机质的转化，成为一个动态平衡的体系。

长期的演变历史表明，环境系统具有一定程度的自我调节功能，具有相对的稳定性，即当把外界的侵扰控制在一定程度内时，环境系统能通过自身的调节作用，维持组成结构不变以及整体性能的正常发挥。环境系统的范围大至全球，小至一个工厂、一个村落，其具体范围视所研究和需要解决的环境问题而定。从系统的角度，以系统的观点，正确、全面地认识环境，掌握环境系统的运动变化规律，是人类选择适当的社会发展行为，防止、减少直至解决环境问题的基础。

三、环境质量

环境质量通常指在一个具体的环境中，环境总体或某些要素对人群健康、生存和繁衍以及社会经济发展的适宜程度的量化表达。环境质量可以表现环境优劣的程度，衡量环境对人类社会生存和发展的适宜性。

环境由各种自然环境要素和社会环境要素所构成，因此环境质量包括自然环境质量和社会环境质量。自然环境质量可分为大气环境质量、水环境质量、土壤环境质量、声环境质量、生物环境质量等。社会环境质量主要包括经济、文化和美学等方面的环境质量。目前，人们大都从环境要素的组成状况来考察和表示环境质量的优劣，而各种环境要素的优劣是根据人类要求进行评价的，所以环境质量又是同环境质量评价联系在一起的。

四、环境容量

环境容量是指在一定区域内，根据其自然净化能力，在特定的污染源布局和结构条件下，为达到环境目标值，所允许的污染物最大排放量。环境容量是衡量和表现环境系统、结构、状态相对稳定性的概念，目前多指在人类生存和自然生态不受危害的前提下，某一地区的某一环境要素中某种污染物的最大容纳量。也有人将其定义为在污染物浓度不超过环境标准或基准的前提下，某地区所能允许的污染物最大排放量。

环境容量是一种重要的环境资源，地域性是环境容量的基本特征。环境容量是一个变量，因地域的不同、时期的不同、环境要素的不同，以及对环境质量要求的不同而不同。某区域环境容量的大小，与该区域本身的组成、结构及功能有关。通过人为的调节，控制环境的物理、化学及生物学过程，改变物质的循环转化方式，可以提高环境容量，改善环境的污染状况。环境容量按环境要素，可分为大气环境容量、水环境容量、土壤环境容量和生物环境容量等。此外，还有人口环境容量、城市环境容量等。

五、环境影响

环境影响识别是环境影响评价中最重要的任务之一，理解环境影响的概念、对环境影响进行系统的分类是完成这项任务的基础。

环境影响是指人类活动（经济活动和社会活动）对环境的作用和导致的环境变化，以及由此引起的对人类社会和经济的效应。环境影响的概念包括人类活动对环境的作用和环境对人类的反作用两个方面。研究人类活动对环境的作用是认识和评价这些变化对人类社会反作用的手段，是基础和前提条件；而认识和评价环境对人类的反作用是为了制定出缓和不利环境影响的对策措施，改善生活环境，维护人类健康，保证和促进人类社会的可持续发展，是研究环境影响的根本目的。

环境影响有多种不同的分类方法（见图1-1），比较常见的分类方法有以下三种。

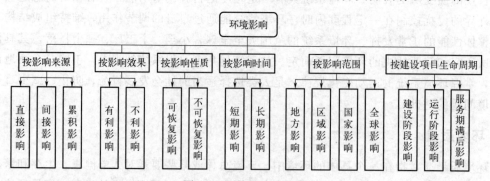

图1-1 环境影响的分类

(1) 按环境影响的来源划分　可分为直接影响、间接影响和累积影响。直接影响与人类活动在时间上同时，在空间上同时；而间接影响在时间上推迟，在空间上较远，但是在可预见的范围内。例如，某一开发区的开发建设造成大气和水体质量发生变化，或改变区域生态系统结构，造成区域环境功能改变，这属于直接影响，而导致该地区人口集中、产业结构和经济类型的变化属于间接影响。直接影响一般比较容易分析和测定，而间接影响不太容易。间接影响空间和时间范围的确定、影响结果的量化等，都是环境影响评价中比较困难的工作。确定直接影响和间接影响并对其进行分析和评价，可以有效认识评价项目的影响途径和范围、影响状况等，对于缓解不良影响和选择替代方案具有重要意义。累积影响是指一项活动的过去、现在及可以预见的将来的影响具有累积性，或多项活动对同一地区可能叠加的影响。当建设项目的环境影响在时间上过于频繁或在空间上过于密集，以至于各项目的影响得不到及时消除时，都会产生累积影响。

(2) 按环境影响的效果划分　可分为有利影响和不利影响。这是一种从受影响对象的损益角度进行划分的方法。有利影响是指对人群健康、社会经济发展或其他环境的状况和功能有积极促进作用的影响。反之，对人群健康有害或对社会经济发展和其他环境状况有消极、阻碍或破坏作用的影响，则为不利影响。需注意的是，不利与有利是相对的，是可以相互转化的，而且不同的个人、团体、组织等由于价值观念、利益需要等的不同，对同一环境影响的评价也会不尽相同。有利或不利环境影响的确定，需要综合考虑多方面因素，这是一个难点，也是环境影响评价工作中经常需要认真考虑、调研和权衡的问题。

(3) 按环境影响的性质划分　可分为可恢复影响和不可恢复影响。可恢复影响是指人类活动造成的环境（某种特性）改变或某种价值丧失后可恢复。例如，油轮泄油事件，造成大面积海域污染，但经过一段时间后，在人为努力和环境自净作用下，又可恢复到污染以前的状态，这属于可恢复影响。而开发建设活动使某自然风景区转变为工业区，造成其观赏价值或舒适性价值的完全丧失，这属于不可恢复影响。一般认为，在环境承载力范围内对环境造成的影响是可恢复的；超出了环境承载力范围，则为不可恢复影响。

此外，按影响时间，环境影响可分为短期影响和长期影响；按影响范围，环境影响可分为地方影响、区域影响、国家影响和全球影响；按建设项目生命周期，可以分为建设阶段影响、运行阶段影响、服务期满后影响。

六、环境影响评价

环境影响评价的概念，最早是在1964年加拿大召开的国际环境质量评价会议上提出的，旨在对政策、规划、计划或项目在提议前，通过技术评估判断其环境影响（正面的和负面的），以便做出更客观、科学的决策。

2002年，《中华人民共和国环境影响评价法》正式颁布，该法第二条规定：本法所称环境影响评价，是指对规划和建设项目实施后可能造成的环境影响进行分析、预测和评估，提出预防或者减轻不良环境影响的对策和措施，进行跟踪监测的方法与制度。

除了规划和建设项目，一些重要的政策或计划也需要开展环境影响评价，这属于战略环境影响评价（战略环境评价）的范畴。战略环境评价（strategic environmental assessment, SEA）的概念是R. Thérivel, E. Wilson等针对建设项目环境影响评价的缺陷于1992年提出来的。战略环境评价是指对政策（policies）、计划（plans）、规划（programs）（简称3P）及其替代方案的环境影响进行系统的和综合的评价的过程。SEA包括我国现在要求开展的规划环境影响评价,还包括政策环境影响评价和计划环境影响评价等形式。

第二节 环境影响评价的类别

环境影响评价有多种分类方式,这里主要介绍按评价对象、按环境要素、按时间阶段和按评价专题四种分类方式。

1. 按评价对象

按照评价对象,环境影响评价可以分为建设项目环境影响评价和规划环境影响评价。在国际上,政策、规划和计划层次上的环境影响评价统称为战略环境影响评价,具体建设项目层次上的环境影响评价称为项目环境影响评价。按影响类型,建设项目环境影响评价又可分为污染影响型和生态影响型环境影响评价。具体分类见图1-2。

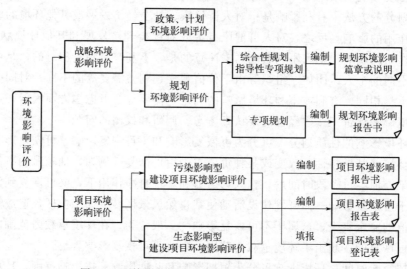

图1-2 环境影响评价的分类及评价文件编制要求

战略环境影响评价和建设项目环境影响评价之间的联系与区别见表1-1。

表1-1 战略环境影响评价和建设项目环境影响评价的主要联系与区别

比较项目	战略环境影响评价	建设项目环境影响评价
层次性	比较宏观	比较微观
决策主体	各级政府及其行政主管部门	项目业主
评价者	决策者或者委托的相关机构	环境影响评价咨询机构
评价对象	政策、计划、规划(一地、三域、十个专项①)	建设项目
评价时段	近期、中期、远期	建设期(施工期)、运行期(营运期)、服务期满后(封场后)
评价范围	政策、计划、规划涉及的行政区域及受影响区	建设场址及周围区域
评价因素	环境影响及相关的社会经济影响	直接受影响的环境要素
影响类型	直接影响、间接影响、累积影响、长期影响	主要是直接影响

续表

比较项目	战略环境影响评价	建设项目环境影响评价
评价基准	环境、经济、社会准则	环境标准
评价方法	定性和定量方法，以定性方法为主	定性和定量方法，以定量方法为主
评价文件	环境影响报告书、环境影响篇章或说明	环境影响报告书、环境影响报告表、环境影响登记表
行政程序	审查制（规划审批机关决定是否采纳）	审批制（行政许可，必须执行）

①一地指土地利用规划；三域指区域、流域、海域的建设和开发利用规划；十个专项指工业、农业、畜牧业、林业、能源、水利、交通、城市建设、旅游、自然资源开发的有关专项规划。

2. 按环境要素

按照环境要素，环境影响评价可以分为大气环境影响评价、地表水环境影响评价、地下水环境影响评价、噪声环境影响评价、土壤环境影响评价等。在开展环境影响评价过程中，根据建设项目或规划可能产生的环境影响，适当选择环境要素开展评价。为了规范环境影响评价的一般性原则、方法、内容及要求，生态环境部先后发布了各环境因素的环境影响评价技术导则。

3. 按时间阶段

按照时间阶段，环境影响评价可以分为环境质量现状评价、环境影响预测评价和环境影响后评价。

环境质量现状评价是依据国家和地方制定的环境质量标准，用调查、监测和分析的方法，对区域环境质量进行定量判断，并说明其与人体健康、生态系统的相关关系。环境质量评价根据不同时间域，可分为环境质量回顾评价（过去的环境质量）、环境质量现状评价和环境质量预测评价。在空间上，可分为局地环境质量评价、区域环境质量评价和全球环境质量评价等。涉及建设项目的环境质量评价主要是环境质量现状评价。

环境影响预测评价是指对规划和建设项目实施后可能造成的环境影响进行预测和评估，提出预防或者减轻不良环境影响的对策和措施，为决策部门提供依据。环境影响预测评价可以采用理论模式预测和类比实测预测两种方法。理论预测的关键是选择合理的预测模式和参数，对于非常规性的理论预测，需要验证其模式的适用性。类比预测的关键是选定合理的类比对象，并进行可比性分析，需要时应对类比结果进行修正。

环境影响后评价包括规划环境影响跟踪评价和建设项目环境影响后评价，可以认为是环境影响评价的延续。环境影响后评价以环境影响评价工作为基础，以建设项目或规划投入使用等开发活动完成后的实际情况为依据，通过评估开发建设活动实施前后污染物排放及周围环境质量变化，全面反映建设项目或规划对环境的实际影响和环境补偿措施的有效性，分析建设项目或规划实施前一系列预测和决策的准确性和合理性，找出出现问题和误差的原因，评价预测结果的正确性，为改进建设项目管理和区域环境管理提供科学依据，是提高环境管理和环境决策的一种技术手段。

4. 按评价专题

按照评价专题，环境影响评价可以分为人群健康评价、清洁生产与循环经济分析、污染物总量控制、环境风险评价、社会环境影响评价、资源与环境承载力分析等评价专题。

第三节　环境影响评价的原则与目的

一、环境影响评价的原则

1. 环境影响评价的审批原则

环境影响评价作为我国一项重要的环境管理制度，在其组织实施中必须坚持可持续发展战略和循环经济理念，严格遵守国家的有关法律、法规和政策，做到科学、公正和实用，为环境决策和管理提供服务。为此，环境影响评价审批应遵循以下几个基本原则。

① 符合国家的环境保护政策和法规；
② 符合流域、区域功能区划，生态环境保护规划和城市发展总体规划布局；
③ 符合生态环境准入要求；
④ 符合清洁生产的原则；
⑤ 符合国家资源综合利用的政策；
⑥ 符合国家土地利用的政策；
⑦ 符合国家和地方规定的污染物总量控制要求；
⑧ 符合污染物达标排放和区域环境质量的要求。

2. 环境影响评价的技术原则

《中华人民共和国环境影响评价法》第四条规定：环境影响评价必须客观、公开、公正，综合考虑规划或者建设项目实施后对各种环境因素及其所构成的生态系统可能造成的影响，为决策提供科学依据。"客观"原则要求在进行环境影响评价活动时，有关单位和个人应当实事求是，一切从实际出发，严格按照评价的规则、规范对各种环境因素进行评价；"公开"原则是指除了国家规定需要保密的情形之外，环境影响评价的有关情况和环境影响评价文件应当依法向社会公开，征求有关单位、专家和公众的意见；"公正"原则是指有关单位和个人在进行环境影响评价活动时，不得带有任何主观偏见，不得掺杂任何个人利益、部门利益、地方利益或者其他可能影响公正评价的因素，严格按照有关法律、法规、规章规定的程序和方法进行调查、分析、预测、评估，编写和审批环境影响评价文件。

按照以人为本，建设资源节约型、环境友好型社会和科学发展观的要求，遵循以下技术原则开展环境影响评价工作。

(1) 依法评价原则　环境影响评价过程中应贯彻执行我国环境保护相关的法律法规、标准、政策，分析规划或者建设项目与环境保护政策、资源能源利用政策、国家产业政策和技术政策等有关政策及相关规划的相符性，并关注国家或地方在法律法规、标准、政策、规划及相关主体功能区划等方面的新动向。

(2) 与规划环境影响评价联动原则　按环境保护相关规定要求需要与规划环境影响评价联动的建设项目，可根据规划环境影响评价要求简化相应项目环境影响评价内容。

(3) 早期介入原则　环境影响评价应尽早介入规划编制初期或者工程前期工作中，以便将对环境的考虑充分融入规划中。建设项目环境影响评价须重点关注选址（或选线）、工艺路线（或施工方案）的环境可行性，重点分析其主要环境影响。

(4) 完整性原则　规划环境影响评价应当把与规划相关的政策、规划、计划及相应的项目联系起来，进行整体性考虑；建设项目环境影响评价须根据项目的工程内容及其特征，对工程全部内容、全部影响时段、全部影响因素和全部作用因子进行科学分析、评价，并突出环境影响评价重点。

(5) 广泛参与原则　环境影响评价应广泛吸收相关学科和行业、有关单位和个人及当地生态环境主管部门的意见。

二、环境影响评价的目的

环境影响评价作为我国环境管理的一项制度，其基本目的是贯彻保护环境这项基本国策，认真推行"预防为主、防治结合、谁污染谁治理、强化环境管理"的环境管理方针。其根本目的是预防规划或建设项目实施后对环境造成的不良影响，鼓励在规划和决策中考虑环境因素，促进社会、经济、环境协调发展，走可持续发展道路。

1. 实施可持续发展战略

在传统经济发展中，往往只考虑眼前经济效益，没有或很少考虑环境效益，从而导致经济发展与环境保护的矛盾。而对规划或建设项目进行环境影响评价是对传统经济发展方式的重大改革，可以把环境保护工作与国民经济和社会发展规划、计划及其行动等联系起来。通过环境影响评价，特别是规划环境影响评价，对区域的自然条件、资源条件、社会条件和经济发展状况等进行综合分析，并根据区域资源优势及供给能力、环境承载能力、社会承受能力，为制定区域发展总体规划，确定适宜的经济发展方向、目标、速度、建设规模、产业结构、合理布局等提供科学依据。同时，通过环境影响评价，还能掌握区域环境状况，预测和评价拟议开发建设活动对环境的影响，为指导区域环境保护目标、计划和措施提供科学依据，从而达到宏观调控和全过程防控污染及生态破坏的目的，助力可持续发展。

2. 预防可能造成的不良环境影响

规划或建设项目的实施，通常会涉及许多环境问题，若考虑不周，极有可能造成环境污染或生态破坏。通过环境影响评价，查清拟开发区域或建设活动所在地区的环境质量现状，针对规划和建设项目的特点、污染特征或者对自然生态环境的破坏性以及当地环境特征、环境制约性，预测开发建设活动全过程对当地环境可能造成的不良影响的程度和范围，从而避免或减少环境污染、防止生态破坏。

3. 论证布局是否科学合理

合理的布局是保证环境与经济持续发展的前提条件，而不合理的布局则是造成环境污染的重要原因。环境影响评价的过程，是认识生态环境与人类经济活动相互依赖、相互制约、相互促进的关系的过程。在这个过程中，不但要考虑资源、能源、交通、技术、经济、消费等因素，分析各种自然资源的支持能力，还要分析环境特征，了解环境资源的利用现状，预测开发建设活动对环境承载能力的影响程度。从规划或建设项目所在地域的整体出发，考虑其不同选址和布局对区域整体的不同影响，并进行比较和取舍，选择最优方案，从而保证选址和布局的合理性。

4. 强化环境管理

环境管理的实质就是协调经济发展和环境容量这两个目标的过程。发展经济和保护环境是辩证统一的关系，环境管理应该是在保证环境质量的前提下发展经济、提高经济效益。通过环境影响评价，获取污染物排放源强、污染防控措施、环境影响预测结果等，相关分析和评价结论可以为环保验收、污染物总量控制、排污收费等环境管理工作提供科学依据。

专栏 1-1　成兰铁路穿越自然保护区，环保部暂缓审批环评报告

　　成兰（成都至兰州）铁路起于成都市青白江区，进入甘肃后接兰渝铁路哈达铺站，之后与兰渝铁路共线到达兰州。成兰铁路正线 462.1km，为国铁Ⅰ级电气化铁路，设计速度 200km/h，建成后从成都出发，2h 可到达九寨沟站，4h 可到达兰州站。

　　2012 年 12 月 17 日，环保部公示了一批建设项目的环境影响评价审批意见，将新建铁路成兰线成都至川主寺（黄胜关）段工程设计变更的环境影响报告书列为"拟暂缓审批"，并对这一审批意见进行公示。该段项目的铁路拟穿越包括大熊猫、川金丝猴等国家一级保护动物的 8 个自然保护区。环保部暂缓审批的原因是："自然保护区内环境影响论证不充分、措施不到位，线路与其他铁路包夹居住用地、噪声影响突出，公众参与代表性不足。"

　　根据《中华人民共和国自然保护区条例》，在自然保护区的核心区和缓冲区内，不得建设任何生产设施。在自然保护区的实验区内，不得建设污染环境、破坏资源或者景观的生产设施。

　　针对存在的问题，项目方对方案进行了两大调整：一是在施工方法和工艺上做出调整，降低对周围环境的干扰，同时拆迁距外轨中心线 30m 以内的 473 户居民住宅、高川敬老院、岷江乡小学和佳佳幼儿园，并设置多处声屏障和隔音墙；二是在设计中尽量采用增加桥梁和隧道等方式减少对生态环境的破坏。在铺设穿越大熊猫栖息地路段时，90% 以上采用深埋山体的隧道和桥梁，远离大熊猫核心生活区。

思考题

　　1. 结合《中华人民共和国环境影响评价法》的颁布及修订，分析开展环境影响评价的主要目的和作用。

　　2. 简述战略环境影响评价、规划环境影响评价和建设项目环境影响评价之间的关系。

　　3. 按照时间阶段，环境影响评价可以分为环境质量现状评价、环境影响预测与评价、环境影响后评价，分析说明三者的主要差异。

　　4. 查阅《建设项目环境影响评价分类管理名录》等相关资料，举例说明污染影响型建设项目和生态影响型建设项目有哪些。

小测验

第二章

环境影响评价法律法规

引言

　　环境影响评价是在全球范围内普遍采用的环境保护制度，最早在美国《国家环境政策法》中得到确立，随后陆续被世界上其他国家借鉴和运用，现已成为从源头防止环境污染的有效管理手段。1979年《中华人民共和国环境保护法（试行）》的颁布，标志着中国建立了环境影响评价制度。我国的环境影响评价制度在不断发展中形成了自己鲜明的特点。2003年《中华人民共和国环境影响评价法》的正式实施，表明具有中国特色的环境影响评价法律、法规体系初步建立。经过四十多年的实践，环境影响评价制度已经成为我国实现经济建设、城乡建设和环境建设同步发展的主要法律手段，我国建立了由法律、行政法规、部门规章、地方性法规和地方政府规章、环境标准、环保国际条约组成的环保法律法规体系，并围绕构建现代环境治理体系的新需求修订水污染防治、大气污染防治、固体废物污染防治、长江和黄河保护、海洋环境保护、生态环境监测、环境影响评价、清洁生产、循环经济等方面的法律法规，进一步完善生态环境保护法律法规和适用规则，在法治轨道上推进生态环境治理。对于环境影响评价工作的从业者或管理人员而言，学习和掌握环境影响评价法律法规既是开展工作的基础条件，又是从源头落实法律法规要求的重要举措。

导读

　　环境影响评价是我国环境保护工作的一项重要法律制度，于20世纪70年代引入我国，经历了由部门规章到国务院条例，再到《中华人民共和国环境影响评价法》作为单行法颁布的发展过程，已经形成了一套完整的法律法规、政策和管理制度体系，在合理产业布局、优化项目选址、控制新的污染和生态破坏、促进产业结构升级和调整、推进清洁生产和循环经济的发展中发挥了重要作用。本章主要介绍中国环境影响评价制度的发展历程和特征、我国环境保护法律法规及其法律效力。

第一节　中国环境影响评价制度的发展

一、中国环境影响评价制度发展历程

1969年美国颁布了《国家环境政策法》，建立了全球最早的环境影响评价制度，其目的是使可能影响环境的工程建设、规划或其他活动对环境造成的影响减少到最小。随后，欧盟、日本等纷纷效仿，相继建立了环境影响评价制度。1972年联合国斯德哥尔摩人类环境会议之后，我国开始对环境影响评价制度进行探讨和研究，1979年《中华人民共和国环境保护法（试行）》的颁布，标志着我国从立法上建立了环境影响评价制度。此后，环境影响评价制度作为我国环境管理"八项制度"之一，在中国环境保护工作中发挥了极其重要的作用。

经过四十余年发展，我国环境影响评价的运行体系逐渐形成了由审批机构（政府生态环境行政主管部门）、技术评估机构（生态环境行政主管部门下设的评估中心或第三方评估单位）、评价机构（环评单位）、实施机构（项目建设单位），以及监督方（社会公众）五方共同组成的格局。其中，技术评估机构由政府通过合理合规的方式确定，开展环境影响评价技术文件的技术评估；评价机构是为政府和建设单位提供咨询服务的第三方机构；公众通常由项目周边的群众、环保非政府组织（NGO）、环保或行业专家、媒体等构成。

我国环境影响评价的发展历程大致可以分为萌芽阶段、成长规范阶段、提高发展阶段、快速发展阶段和优化提升阶段五个阶段，详见图2-1。

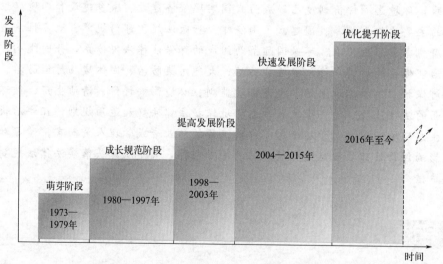

图2-1　我国环境影响评价制度发展历程

（1）萌芽阶段（1973年—1979年）　1973年第一次全国环境保护会议后，环境影响评价的概念开始引入我国。高等学校和科研单位的一些专家、学者，在学术会议和报刊上宣传和倡导环境影响评价，并且参与环境质量评价及方法的研究和探索。同年，"北京西郊环境质量评价研究"协作组成立。随后，官厅水库流域、南京市、茂名市开展了环境质量评价。

1977年，中国科学院召开区域环境学术讨论会，推动了大中城市环境质量现状评价。1978年12月31日，中发〔1978〕79号文件批转的国务院环境保护领导小组《环境保护法工作汇报要点》中，首次提出了环境影响评价的意向。1979年4月，国务院和环境保护领导小组在《关于全国环境保护工作会议情况的报告》中，把环境影响评价作为一项方针政策再次提出。在国家支持下，北京师范大学等单位率先在江西永平铜矿开展了我国第一个建设项目的环境影响评价工作。

《中华人民共和国环境保护法（试行）》（1979年）第六条规定"一切企业、事业单位的选址、设计、建设和生产，都必须充分注意防止对环境的污染和破坏。在进行新建、改建和扩建工程时，必须提出对环境影响的报告书，经环境保护部门和其他有关部门审查批准后才能进行设计"，以立法形式在我国建立了环境影响评价制度。在以后的环境保护法律、法规中，不断对环境影响评价的内容、范围、程序以及技术方法进行规范，初步形成了国家、地方、行业相配套的建设项目环境影响评价的多层次法规体系，并建设了一支环境影响评价专业队伍。

（2）成长规范阶段（1980年—1997年） 从环境影响评价制度的初步建立到《建设项目环境保护管理条例》颁布，环境影响评价制度经历了从一张白纸到初具形态的成长规范期。

1989年颁布的《中华人民共和国环境保护法》第十三条规定："建设污染环境的项目，必须遵守国家有关建设项目环境保护管理的规定。建设项目的环境影响报告书，必须对建设项目产生的污染和对环境的影响作出评价，规定防治措施，经项目主管部门预审并依照规定的程序报环境保护行政主管部门批准。环境影响报告书经批准后，计划部门方可批准建设项目设计任务书。"该条款对环境影响评价制度的执行对象和任务、工作原则和审批程序、执行时段和与基本建设程序之间的关系作了原则性规定，是行政法规中环境影响评价制度有关具体规定的法律依据。

针对建设项目的多渠道立项和开发区的不断兴起，1993年国家环境保护总局及时下发了《关于进一步做好建设项目环境保护管理工作的几点意见》，提出了先评价、后建设，环境影响评价分类管理和对开发区进行区域环境影响评价的规定。1994年开始了环境影响评价招标试点，开展了区域环境影响评价实践，以及环境影响评价后评估试点，同时强化了清洁生产、公众参与、生态环境影响评价等内容。1996年召开了第四次全国环境保护工作会议，各级环境保护主管部门认真落实《国务院关于环境保护若干问题的决定》，严格把关，坚决控制新污染，对不符合环境保护要求的项目实行"一票否决"。与此同时，各地加强了对建设项目的审批和检查，并实施污染物总量控制制度。

1993年—1997年期间，环境影响评价技术规范的制订工作得到加强，国家环境保护总局相继发布了《环境影响评价技术导则》（总纲、大气环境、地面水环境、声环境）、《辐射环境保护管理导则》（电磁辐射监测仪器和方法、电磁辐射环境影响评价方法与标准）、《火电厂建设项目环境影响报告书编制规范》、《环境影响评价技术导则 非污染生态影响》等。

（3）提高发展阶段（1998年—2003年） 1998年11月29日国务院253号令发布实施《建设项目环境保护管理条例》（下称《条例》），这是建设项目环境管理的第一个行政法规，明确规定国家实行建设项目环境影响评价制度，将环境影响评价作为《条例》中的一章做了详细规定。1999年1月20—22日，在北京召开了第三次全国建设项目环境保护管理工作会议，认真研究贯彻《条例》，把中国环境影响评价制度推向了一个新的发展阶段。

2002年，国家发展计划委和国家环境保护总局联合发布《关于规范环境影响咨询收费有关问题的通知》，规范了建设项目环境影响咨询收费行为。收费标准的出台保障了环境影响评价从业人员的经济利益，吸引了大量环保科研人员投入环境影响评价工作中。

2003年，《中华人民共和国环境影响评价法》颁布实施，极大提高了环境影响评价的社会地位和知名度，也提高了环境影响评价的执行率。至此，环境影响评价不仅具有了坚实的经济基础，更有了坚强的法律保障，成为蓬勃发展的朝阳行业。

（4）快速发展阶段（2004年—2015年）《中华人民共和国环境影响评价法》实施后，环境影响评价事业的发展进入快车道，并逐渐被社会熟知，最终成为知名的环境管理制度之一。

2005年的圆明园湖底防渗工程项目，使环境影响评价首次大规模地进入社会公众的视线。2005年3月，某大学教授质疑圆明园湖底防渗工程破坏生态；随后，国家环境保护总局表示，该工程未进行建设项目环境影响评价，应立即停止建设，并依法补办环境影响评价审批手续；4月，国家环境保护总局举行公众听证会，就圆明园遗址公园湖底防渗工程项目的环境影响问题，听取专家、社会团体、公众和有关部门的意见。圆明园湖底防渗工程项目在环境影响评价发展史上的重要意义在于：它客观上完成了一次全民环保教育，使环境影响评价走向普通百姓，并深入人心。

2006年，环保部门首次公布了一批大型企业的环境影响评价违法问题，在社会上引起强烈反响，被媒体称为"环评风暴"，这将环境影响评价推到了环保工作的最前沿。2007年初，环保部门对环境影响评价违法违规现象突出的流域、区域和行业首次实行"区域限批""行业限批"。2008年修订的《中华人民共和国水污染防治法》使"区域限批"法制化。2009年10月1日，《规划环境影响评价条例》正式实施，进一步提高了规划的科学性，有利于从源头预防环境污染和生态破坏。此后，环境影响评价逐渐成为环保部门的重要工作抓手，很多以前执行不力的管理制度开始得到落实。污染物总量控制、环境风险评价等章节逐渐被增加到环境影响报告中，成为环境影响报告的重要审查内容。

在这期间，环境影响评价作为项目建设前的一道重要门槛，在控制污染物排放、提高清洁生产水平、减少生态破坏、节约自然资源、调整产业结构和布局、优化经济增长、推动决策的科学化和民主化等方面发挥了重要作用。以2010年为例，环保部就对44个总投资近2500亿元，涉及"两高一资"、低水平重复建设和产能过剩项目做出退回报告书、不予批复或暂缓审批处理。

环境影响评价效果日益显著的同时，环境影响评价制度的自身建设也在这一时期得到快速发展。2004年—2005年，《环境影响评价工程师职业资格制度暂行规定》《环境影响评价工程师职业资格考试实施办法》《建设项目环境影响评价资质管理办法》等文件相继发布，环境影响评价工程师制度开始实施。随后发布了《建设项目环境风险评价技术导则》《环境影响评价技术导则 地下水环境》《环境影响评价公众参与暂行办法》等规范性文件，修订了《中华人民共和国环境保护法》《中华人民共和国大气污染防治法》《中华人民共和国水污染防治法》《环境空气质量标准》《环境影响评价技术导则 总纲》《环境影响评价技术导则 大气环境》《环境影响评价技术导则 生态影响》《环境影响评价技术导则 地下水环境》等法规标准。环境影响评价相关法规标准的不断出台和完善，为提高环境影响评价队伍的工作能力、保证环境影响报告质量起到了积极作用，环境影响评价工作更加严谨专业。

环境影响评价行业在经历了快速发展之后，自身问题也不断暴露出来，诸如项目未批先建、无环境影响评价资质的中介机构扰乱环境影响评价市场等。环境影响评价制度实行近四十年，无论是社会公众还是建设单位，甚至环境影响评价从业人员，都对这项制度提出了不少意见和建议，环境影响评价改革势在必行。自 2010 年起，环境保护部开始启动环保系统事业单位环境影响评价机构体制改革，促使环境影响评价技术服务机构与行政主管部门脱钩，向专业化、规模化方向发展。2015 年，环保系统所属环境影响评价单位首先开始脱钩。

(5) 优化提升阶段（2016 年至今）　为充分发挥环境影响评价从源头预防环境污染和生态破坏的作用，推动实现绿色发展和改善生态环境质量总体目标，全面提高环境影响评价有效性，与排污许可制相融合，实现制度关联、目标措施一体，并适应省级以下环保机构监测监察执法垂直管理制度改革新形势，2016 年 7 月和 2018 年 12 月，全国人大常委会两次修正《中华人民共和国环境影响评价法》，取消环评机构资质行政许可，不断推进环境影响评价"放管服"改革。

在 2018 年的国家机构改革中，环境保护部变更为生态环境部，与此同时环境影响评价司变为环境影响评价与排放管理司，承担规划环境影响评价、政策环境影响评价、项目环境影响评价以及排污许可综合协调和管理工作，名称的变化反映了职责的整合和管理思路的调整，从过去以项目准入为主的管理向既抓宏观又抓微观的全流程管理转变，逐步构建起以"三线一单"为空间管控基础、项目环境影响评价为环境准入把关、排污许可为企业运行守法依据的管理新框架，不断深化整个环境影响评价与排污许可体制机制建设。

2016 年以来，环境影响评价与排污许可围绕支撑环境质量改善，立足服务高质量发展，全面推进"放管服"改革，不断提升源头预防和过程监管效能。"三线一单"从试点推进到全面铺开，完成了所有省级成果发布，发布实施了《区域空间生态环境评价工作实施方案》《长江经济带战略环境评价"三线一单"编制工作实施方案》《"生态保护红线、环境质量底线、资源利用上线和环境准入负面清单"编制技术指南（试行）》，确立了先试点、后推进、边实践、边应用的工作思路，明确了国家指导、省为主体、地市参与的工作模式，全国生态环境分区管控体系初步建立。排污许可确立核心制度地位，先后出台了《控制污染物排放许可制实施方案》（国办发〔2016〕81 号）、《排污许可证管理暂行规定》（环水体〔2016〕186 号）、《固定污染源排污许可分类管理名录（2017 年版）》、《排污许可管理办法（试行）》（环境保护部部令　第 48 号）、《固定污染源排污许可分类管理名录（2019 年版）》、《排污许可管理条例》（中华人民共和国国务院令　第 736 号），构建了以排污许可制为核心的固定污染源监管制度体系。环境影响评价"放管服"力度空前，通过修订《中华人民共和国环境影响评价法》取消了竣工环保验收和环境影响评价机构资质审批等多项行政许可，登记表由审批改为在线备案，审批和监管全面向基层下沉。放管结合，不断探索监管新思路、新手段，发布《建设项目环境影响报告书（表）编制监督管理办法》（生态环境部部令　第 9 号），建立以信用监管为手段的新型监管机制。规划环境影响评价、项目环境影响评价与排污许可进一步聚焦重点、优化流程、提高效能，法律法规和标准规范体系更加健全，法治化、规范化、精细化、信息化、便民化水平进一步提高，为协同推进生态环境高水平保护和经济高质量发展发挥了重要作用。推进"互联网＋监管"工作，全国排污许可证同一平台核发和监管，推进全国环境影响评价在同一平台申报和审批的试点工作，提升智能化监管水平。

面向新发展阶段，党中央、国务院高度重视环境影响评价制度，将其作为生态文明体制改革的重要内容，作出一系列重要部署。习近平总书记和其他中央领导同志多次作出重要指示批示，指出环境影响评价是约束建设项目和工业园区准入的法制保障，是在发展中守住绿水青山的第一道防线，为环境影响评价工作提供了重要指导和根本遵循。2020年3月，中共中央办公厅、国务院办公厅印发了《关于构建现代环境治理体系的指导意见》，要求从源头防治污染，推进生产服务绿色化，健全环境治理监管体系、信用体系、法律体系等。2021年11月，中共中央、国务院印发《关于深入打好污染防治攻坚战的意见》，提出：健全以环境影响评价制度为主体的源头预防体系，严格规划环境影响评价审查和项目环境影响评价准入，开展重大经济技术政策的生态环境影响分析和重大生态环境政策的社会经济影响评估。

二、中国环境影响评价制度特征

经过几十年发展，我国环境影响评价制度在吸收国外经验的基础上，不断适应具有中国特色社会主义体制和改革开放的国情，形成了鲜明的特点。

1. 具有法律强制性

我国环境影响评价制度是由一系列法律法规和部门规章组成的，具有完整的法律体系，是由《中华人民共和国宪法》《中华人民共和国环境保护法》《中华人民共和国环境影响评价法》《建设项目环境保护管理条例》等法律法规体系命令规定的一项法律制度，以法律形式要求必须遵照执行，具有不可违抗的强制性。

《中华人民共和国环境影响评价法》第四章中明确了环境影响评价制度中各相关单位的法律责任，包括规划编制机关、规划审批机关、建设单位、环境影响报告编制技术单位、生态环境主管部门及其他相关部门等。

2. 评价对象和范围不断扩展

在环境影响评价制度建立初期，由于我国正在进行大规模的经济建设，开展较多的是单项工程的环境影响评价。《中华人民共和国环境影响评价法》首次将规划正式确定为环境影响评价的对象，并明确指出：国务院有关部门、设区的市级以上地方人民政府及其有关部门，对其组织编制的土地利用的有关规划，区域、流域、海域的建设、开发利用规划，以及工业、农业、畜牧业、林业、能源、水利、交通、城市建设、旅游、自然资源开发的有关专项规划，在中华人民共和国领域和中华人民共和国管辖的其他海域内建设对环境有影响的项目，应当依法进行环境影响评价。《中华人民共和国环境影响评价法》将评价对象从建设项目扩展到规划，是我国环境保护事业的历史性突破，不仅丰富了我国环境影响评价的层次，而且对于落实科学发展、实施可持续发展战略具有重要意义。虽然《中华人民共和国环境影响评价法》未将政策和计划纳入规定的环境影响评价对象，但借鉴国外战略环境影响评价的成功经验，我国正积极推进战略环境影响评价，并已经开展了战略环境影响评价的研究试点工作，如2010年环境保护部组织开展了环渤海沿海地区、海峡西岸经济区、北部湾经济区、成渝经济区和黄河中上游能源化工区等五大区域重点产业发展战略环境影响评价。今后在试点的基础上，战略环境影响评价将逐步实施。

3. 纳入基本建设和管理程序

《中华人民共和国环境影响评价法》规定："建设项目的环境影响评价文件未依法经审批部门审查或者审查后未予批准的，建设单位不得开工建设；建设项目建设过程中，建设单位应当同时实施环境影响报告书、环境影响报告表以及环境影响评价文件审批部门审批意见中提出的环境保护对策措施。"同时还明确："在项目建设、运行过程中产生不符合经审批的环境影响评价文件的情形的，建设单位应当组织环境影响的后评价，采取改进措施，并报原环境影响评价文件审批部门和建设项目审批部门备案；原环境影响评价文件审批部门也可以责成建设单位进行环境影响的后评价，采取改进措施。"这样就更加具体地把环境影响评价制度结合到建设项目的建设与管理程序中，使其成为重要的一个环节。

《规划环境影响评价条例》规定，"规划编制机关在报送审批综合性规划草案和专项规划中的指导性规划草案时，应当将环境影响篇章或者说明作为规划草案的组成部分一并报送规划审批机关。未编写环境影响篇章或者说明的，规划审批机关应当要求其补充；未补充的，规划审批机关不予审批"，"规划编制机关在报送审批专项规划草案时，应当将环境影响报告书一并附送规划审批机关审查；未附送环境影响报告书的，规划审批机关应当要求其补充；未补充的，规划审批机关不予审批"。同时还规定："对环境有重大影响的规划实施后，规划编制机关应当及时组织规划环境影响的跟踪评价，将评价结果报告规划审批机关，并通报环境保护等有关部门。"这些规定将环境影响评价制度整合到规划编制与实施程序中，使其成为规划实施与管理中不可缺少的环节。

4. 实行分类管理、分级审批制度

分类管理是按建设项目或规划可能对环境造成的影响程度分别编制环境影响评价文件。其中建设项目分类管理按照《建设项目环境影响评价分类管理名录》执行并不断更新，目前有效版本为《建设项目环境影响评价分类管理名录（2021年版）》（生态环境部部令 第16号）；规划分类管理按照《编制环境影响报告书的规划的具体范围（试行）》和《编制环境影响篇章或说明的规划的具体范围（试行）》执行，目前生态环境部正在推动规划分类管理名录修订工作。

分级审批是指对于不同投资主体、不同投资规模、不同行业等的建设项目，由生态环境部、省（自治区和直辖市）、市、县等不同级别生态环境主管部门负责审批其环境影响评价文件。具体的分级管理办法按照《建设项目环境影响评价文件分级审批规定》执行，《环境保护部直接审批环境影响评价文件的建设项目目录》和《环境保护部委托省级环境保护部门审批环境影响评价文件的建设项目目录》进一步明确生态环境部负责审批的建设项目环境影响评价文件类型，同时各省、自治区和直辖市也可根据本地区情况制定建设项目环境影响评价文件分级审批规定。规划环境影响评价文件的审查，遵循同级审查的原则，即规划环境影响评价文件由规划审批机关的同级生态环境主管部门会同规划审批机关进行审查。

5. 实行环评编制监督管理制度

2018年12月29日，《中华人民共和国环境影响评价法》修改通过，其中第十九条规定，"建设单位可以委托技术单位对其建设项目开展环境影响评价，编制建设项目环境影响报告书、环境影响报告表；建设单位具备环境影响评价技术能力的，可以自行对其建设项目开展环境影响评价，编制建设项目环境影响报告书、环境影响报告表"，明确了建设单位可以自行编制环境影响报告，同时不再要求必须由具有环评资质的技术单位编制环境影响报告。为了保证环境影响报告的编制质量，生态环境部制定了《建设项目环境影响报告书（表）编制监督管理办法》《建设项目环境影响报告书（表）编制能力建设指南（试行）》等规章制度，加强环境影响报告的监督管理。

第二节 环境保护法律法规

一、环境保护法律法规体系

目前,我国已建立了由法律、国务院行政法规、政府部门规章、地方性法规和地方政府规章、生态环境标准、环境保护国际公约组成的完整的环保法律法规体系,其框架体系见图2-2。

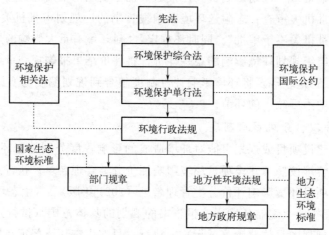

图 2-2 环境保护法律法规体系框架图

1. 环境保护法律

(1) 宪法 《中华人民共和国宪法》(2018年修正)第九条规定:"国家保障自然资源的合理利用,保护珍贵的动物和植物。禁止任何组织或者个人用任何手段侵占或者破坏自然资源。"第二十六条规定:"国家保护和改善生活环境和生态环境,防治污染和其他公害。"《中华人民共和国宪法》体现了国家环境保护的总政策,是环境保护立法的重要依据和指导原则。

(2) 环境保护综合法 1979年9月13日,《中华人民共和国环境保护法(试行)》颁布,标志着我国的环境保护工作进入法治轨道,推动了我国环境保护立法工作的全面开展。1989年颁布实施的《中华人民共和国环境保护法》是中国环境保护的综合法,在环境保护法律体系中处于核心地位。该法共47条,分为"总则""环境监督管理""保护和改善环境""防治环境污染和其他公害""法律责任""附则"六章。其中明确规定了环境影响评价制度的相关要求。2014年4月24日第十二届全国人民代表大会常务委员会对《中华人民共和国环境保护法》进行了修订,这次修订增加了按日计罚、查封扣押、行政拘留等条款,加大了处罚力度,因此被称为"史上最严环保法"。新环保法明确规定:"企业事业单位和其他生产经营者违法排放污染物,受到罚款处罚,被责令改正,拒不改正的,依法作出处罚决定的行政机关可以自责令改正之日的次日起,按照原处罚数额按日连续处罚。"同时新环保法还明确了国家在重点生态功能区、生态敏感区和脆弱区等区域划定生态保护红线,实行严格保护。

(3) 环境影响评价法　为了实施可持续发展战略，预防因规划和建设项目实施对环境造成不良影响，促进经济、社会和环境的协调发展，中华人民共和国第九届全国人民代表大会常务委员会第三十次会议于 2002 年 10 月 28 日修订通过《中华人民共和国环境影响评价法》，自 2003 年 9 月 1 日起施行，随后又于 2016 年 7 月 2 日、2018 年 12 月 29 日进行了修正。《中华人民共和国环境影响评价法》作为一部独特的环境保护单行法，规定了规划和建设项目环境影响评价的相关法律要求，是我国环境立法的一项重大进展。该法将环境影响评价的对象从建设项目扩展到规划层面，力求从决策的源头防止环境污染和生态破坏，标志着我国环境与资源立法进入了一个新阶段。

专栏 2-1　《中华人民共和国环境影响评价法》中的法律责任

《中华人民共和国环境影响评价法》规定了以下法律责任：

第二十九条　规划编制机关违反本法规定，未组织环境影响评价，或者组织环境影响评价时弄虚作假或者有失职行为，造成环境影响评价严重失实的，对直接负责的主管人员和其他直接责任人员，由上级机关或者监察机关依法给予行政处分。

第三十条　规划审批机关对依法应当编写有关环境影响的篇章或者说明而未编写的规划草案，依法应当附送环境影响报告书而未附送的专项规划草案，违法予以批准的，对直接负责的主管人员和其他直接责任人员，由上级机关或者监察机关依法给予行政处分。

第三十一条　建设单位未依法报批建设项目环境影响报告书、报告表，或者未依照本法第二十四条的规定重新报批或者报请重新审核环境影响报告书、报告表，擅自开工建设的，由县级以上生态环境主管部门责令停止建设，根据违法情节和危害后果，处建设项目总投资额百分之一以上百分之五以下的罚款，并可以责令恢复原状；对建设单位直接负责的主管人员和其他直接责任人员，依法给予行政处分。

建设项目环境影响报告书、报告表未经批准或者未经原审批部门重新审核同意，建设单位擅自开工建设的，依照前款的规定处罚、处分。

建设单位未依法备案建设项目环境影响登记表的，由县级以上生态环境主管部门责令备案，处五万元以下的罚款。

海洋工程建设项目的建设单位有本条所列违法行为的，依照《中华人民共和国海洋环境保护法》的规定处罚。

第三十二条　建设项目环境影响报告书、环境影响报告表存在基础资料明显不实，内容存在重大缺陷、遗漏或者虚假，环境影响评价结论不正确或者不合理等严重质量问题的，由设区的市级以上人民政府生态环境主管部门对建设单位处五十万元以上二百万元以下的罚款，并对建设单位的法定代表人、主要负责人、直接负责的主管人员和其他直接责任人员，处五万元以上二十万元以下的罚款。

接受委托编制建设项目环境影响报告书、环境影响报告表的技术单位违反国家有关环境影响评价标准和技术规范等规定，致使其编制的建设项目环境影响报告书、环境影响报告表存在基础资料明显不实，内容存在重大缺陷、遗漏或者虚假，环境影响评价结论不正确或者不合理等严重质量问题的，由设区的市级以上人民政府生态环境主管部门对技术单位处所收费用三倍以上五倍以下的罚款；情节严重的，禁止从事环境影响报告书、环境影响报告表编制工作；有违法所得的，没收违法所得。

> 编制单位有本条第一款、第二款规定的违法行为的,编制主持人和主要编制人员五年内禁止从事环境影响报告书、环境影响报告表编制工作;构成犯罪的,依法追究刑事责任,并终身禁止从事环境影响报告书、环境影响报告表编制工作。
>
> 第三十三条 负责审核、审批、备案建设项目环境影响评价文件的部门在审批、备案中收取费用的,由其上级机关或者监察机关责令退还;情节严重的,对直接负责的主管人员和其他直接责任人员依法给予行政处分。
>
> 第三十四条 生态环境主管部门或者其他部门的工作人员徇私舞弊,滥用职权,玩忽职守,违法批准建设项目环境影响评价文件的,依法给予行政处分;构成犯罪的,依法追究刑事责任。

(4) 其他相关法 其他相关法主要包括环境保护单行法(污染防治法和自然资源保护法)和环境保护相关法。污染防治法包括《中华人民共和国大气污染防治法》《中华人民共和国水污染防治法》《中华人民共和国噪声污染防治法》《中华人民共和国固体废物污染环境防治法》《中华人民共和国放射性污染防治法》等;自然资源保护法包括《中华人民共和国水法》《中华人民共和国森林法》《中华人民共和国矿产资源法》《中华人民共和国水土保持法》《中华人民共和国草原法》《中华人民共和国野生动物保护法》等;环境保护相关法主要包括《中华人民共和国清洁生产促进法》《中华人民共和国循环经济促进法》等。

2. 环境保护法规

(1) 行政法规 环境保护行政法规是由国务院制定并公布或经国务院批准有关主管部门公布的环境保护规范性文件,包括两种:一是根据法律授权制定的环境保护法的实施细则或条例,如《中华人民共和国水污染防治法实施细则》;二是针对环境保护的某个领域制定的条例、规定和办法,如《建设项目环境保护管理条例》。环境保护行政法规几乎覆盖了所有环境保护的行政管理领域,其效力低于环境保护法律,在实际工作中起到解释法律、规定环境执法的行政程序等作用,在一定程度上弥补了环境保护综合法和单行法的不足。

(2) 部门规章 环境保护部门规章是由国务院生态环境主管部门单独发布或者与国务院有关部门联合发布的环境保护规范性文件,是以有关环境保护法律法规为依据而制定的,或者是针对某些尚无法律法规调整的领域做出的相应规定。例如《国家危险废物名录》《环境影响评价公众参与办法》《建设项目环境影响报告书(表)编制监督管理办法》等。

(3) 地方性法规和地方政府规章 环境保护地方性法规和地方政府规章是依照宪法和法律享有立法权的地方权力机关和地方行政机关(包括省、自治区、直辖市、省会城市、国务院批准的较大的市及计划单列市的人民代表大会及其常务委员会、人民政府)制定的环境保护规范性文件。这些规范性文件是根据本地的实际情况和特殊的环境问题,为实施环境保护法律法规而制定的,具有较强的可操作性。

3. 环境保护国际公约

环境保护国际公约是指我国缔结和参加的环境保护国际公约、条约和议定书。截至目前,中国已加入多项国际环境公约,涉及臭氧层保护、化学品和危险废物、气候变化、生物多样性保护、核与辐射安全等方面，如《联合国气候变化框架公约》《联合国海洋法公约》《联合国防治荒漠化公约》《保护臭氧层维也纳公约》《控制危险废物越境转移及其处置巴塞尔公约》《生物多样性公约》《卡塔赫纳生物安全议定书》等。

环境保护国际公约规定了国家或其他国际环境法主体在保护、改善和合理利用环境资源等问题上的权利和义务，具有强制性，即国际法中的"条约必须遵守原则"，缔约各方必须按照公约的规定行使自己的权利，履行自己的义务，不得违反。国际公约与我国环境法有不同规定时，优先适用国际公约的相关规定，但我国声明保留的条款除外。

二、环境保护法律法规的法律效力

环境保护法律法规因立法单位的不同而具有不同的法律效力。根据《中华人民共和国立法法》的相关规定，宪法具有最高的法律效力，一切法律、行政法规、地方性法规、自治条例和单行条例、规章都不得同宪法相抵触。法律的效力高于行政法规、地方性法规、规章。行政法规的效力高于地方性法规和规章。

地方性法规的效力高于本级和下级地方政府规章。省、自治区人民政府制定的规章的效力高于本行政区域内较大的市人民政府制定的规章。自治条例和单行条例依法对法律、行政法规、地方性法规作变通规定的，在本自治地方适用自治条例和单行条例的规定。经济特区法规根据授权对法律、行政法规、地方性法规作变通规定的，在本经济特区适用经济特区法规的规定。部门规章之间、部门规章与地方政府规章之间具有同等效力，在各自的权限范围内施行。同一机关制定的法律、行政法规、地方性法规、自治条例和单行条例、规章，特别规定与一般规定不一致的，适用特别规定；新的规定与旧的规定不一致的，适用新的规定。

法律之间对同一事项的新的一般规定与旧的特别规定不一致，不能确定如何适用时，由全国人民代表大会常务委员会裁决。行政法规之间对同一事项的新的一般规定与旧的特别规定不一致，不能确定如何适用时，由国务院裁决。

地方性法规、规章之间不一致时，由有关机关依照下列规定的权限做出裁决：

① 同一机关制定的新的一般规定与旧的特别规定不一致时，由制定机关裁决。

② 地方性法规与部门规章之间对同一事项的规定不一致，不能确定如何适用时，由国务院提出意见，国务院认为应当适用地方性法规的，应当决定在该地方适用地方性法规的规定；认为应当适用部门规章的，应当提请全国人民代表大会常务委员会裁决。

③ 部门规章之间、部门规章与地方政府规章之间对同一事项的规定不一致时，由国务院裁决。根据授权制定的法规与法律规定不一致，不能确定如何适用时，由全国人民代表大会常务委员会裁决。

法律、行政法规、地方性法规、自治条例和单行条例、规章不溯及既往，但为了更好地保护公民、法人和其他组织的权利和利益而作的特别规定除外。

思考题

1. 简述我国环境影响评价制度发展历程。
2. 查阅相关资料，归纳总结现阶段环境影响评价的主要特点。

3. 阐述我国环境影响评价法律法规体系及组成情况。

4. 结合推动构建现代环境治理体系的形势和要求，讨论分析以环境影响评价制度为主体的源头预防体系和以排污许可制度为核心的固定污染源监管制度体系的衔接与改革发展动向。

小测验

第三章

生态环境标准体系

引言

　　生态环境标准是落实生态环境法律法规的重要手段，是支撑生态环境保护工作的重要基础。以保护生态环境和保障人体健康为落脚点，我国持续完善标准体系、推动环境管理战略转型、支撑环境管理重点工作、优化工作机制和加强能力建设，生态环境标准工作机制不断创新完善，工作模式从以标准制修订为主向标准制修订、宣传培训、实施评估的全过程模式转变。大力推进生态文明建设、实施新型环境管理制度对生态环境标准工作提出了新要求，要充分发挥标准在环境质量改善、污染物减排、经济结构调整、产业技术进步等方面的促进作用，就必须积极营造人人知标准、守标准、用标准的良好氛围。只有系统学习、认识我国的生态环境标准体系，才能更好地普及标准化知识，传播标准化理念，进一步提升标准化工作的社会影响，推动我国环境管理战略转型，有力支撑污染防治行动计划的实施。只有科学认识我国在生态环境标准体系建设方面的成效，夯实强化标准制修订的科学基础，才能为进一步完善生态环境标准体系、提高标准管理的规范性和高效性贡献力量。着眼于现代环境治理体系和人类命运共同体的构建，未来生态环境标准体系应以满足环境管理需求和突破环保标准发展瓶颈为重点，补短板、建机制、强基础，建立支撑适用、协同配套、科学合理、规范高效的生态环境标准体系与管理机制，为环境管理提供强有力的标准支持。

导读

　　生态环境标准是具有法律效力的技术标准，是国家为了维护环境质量、实施污染控制，按照法定程序制定的各种技术规范的总称，是环境执法和环境管理工作的技术依据。经过四十余年的发展，我国目前已形成两级六类的生态环境标准体系，分别为国家标准和地方标准，类别包括生态环境质量标准、生态环境风险管控标准、污染物排放标准、生态环境监测标准、生态环境基础标准和生态环境管理技术规范，同时推动形成了火电、炼焦、钢铁、水泥、石油炼制、石油化工、无机化工、工业锅炉、砖瓦、玻璃、轻型汽车等重点行业污染物排放标准。通过本章内容学习，熟悉我国生态环境标准的概念、地位、作用和制定，熟悉我国生态环境标准体系的构成，掌握不同类型和级别标准之间的关系。

第一节 生态环境标准概述

一、生态环境标准的概念

生态环境标准是为了防治环境污染，维护生态平衡，保护人群健康，由国务院生态环境主管部门和省、自治区、直辖市人民政府依据国家有关法律规定，对环境保护工作中需要统一的各项技术规范和技术要求制定的标准。具体来讲，生态环境标准是为了保护公众健康，促进生态良性循环，实现社会经济发展目标，根据环境政策和法规，在综合考虑自然环境特征、社会经济条件和科学技术水平的基础上规定环境中污染物的允许含量和污染源排放污染物的数量、浓度、时间和速率，以及其他相关事项的技术规范。

生态环境标准是国家环境政策在技术方面的具体体现，是行使环境监督管理权力和进行环境评价的主要依据，是推动环境科技进步的动力。由此可以看出，生态环境标准随环境问题的产生而出现，随科技进步和环境科学的发展而发展。生态环境标准为社会生产力的发展创造良好的条件，但又受到社会生产力发展水平的制约。

二、生态环境标准的地位和作用

生态环境标准是为了保护人群健康，防治环境污染和维护生态平衡，对有关技术要求所做的统一规定，在我国环保工作中有着极其重要的地位和不可替代的作用。

（1）生态环境标准是国家环境保护法规的重要组成部分　生态环境标准具有的法规约束性是由我国环境保护法律法规所赋予的。《中华人民共和国环境保护法》《中华人民共和国大气污染防治法》《中华人民共和国水污染防治法》《中华人民共和国海洋环境保护法》《中华人民共和国噪声污染防治法》《中华人民共和国固体废物污染环境防治法》等法律法规中都规定了实施生态环境标准的条款，使生态环境标准成为环境保护法规的重要组成部分，同时也成为环境执法必不可少的依据。

（2）生态环境标准是生态环境保护规划的体现　通俗地讲，生态环境保护规划是指在什么地方通过什么途径到什么时候达到什么标准。一方面，通过生态环境保护规划可以实施生态环境标准；另一方面，生态环境标准又为生态环境保护规划提出了明确的目标和检验尺度，使得其更具可操作性。因此，可以认为生态环境标准是生态环境保护规划的具体体现。

（3）生态环境标准是生态环境主管部门依法行政的依据　依法建立的环境管理制度，其基本特征之一就是定量管理。这就要求在污染控制与环境管理目标之间建立起一种定量评价关系，并在此基础上进行综合分析。通过生态环境标准统一评价的基础和方法，是强化环境管理的有效途径。生态环境标准不仅为环境管理提供技术支撑，而且可以提升环境管理的技术水平。

(4) 生态环境标准是推动环境保护科技进步的动力　生态环境标准是以科学、技术和经验的综合成果为基础制定的，具有科学性和先进性，代表了今后一段时期内科学技术发展的趋势。生态环境标准在某种程度上就成为判断污染防治技术、生产工艺和设备是否先进可行的基本依据，以及筛选和评估环境保护科技成果的一个重要尺度，因而可以对技术进步起到推动和引导作用。

(5) 生态环境标准是进行环境评价的准绳　不管是进行环境质量现状评价，编制环境质量报告，还是进行环境影响评价，编制环境影响报告，都需要生态环境标准。只有依靠生态环境标准，才能做出定量化的比较和评价，正确判断环境质量的好坏，从而有力支撑为实现环境质量目标而开展的环境污染综合防治工作。

(6) 生态环境标准具有投资导向作用　生态环境标准中指标值的高低是确定污染源治理污染资金投入的重要依据，在基本建设和技术改造项目中也是根据标准值确定治理程度，提前安排污染防治资金。因此，生态环境标准对环境投资具有导向作用。

三、生态环境标准的制定

生态环境标准是按照严格的科学方法和程序制定的。生态环境标准的制定还要参考国家和地区在一定时期内的自然环境特征、科学技术水平和社会经济发展状况。生态环境标准过于严格，不符合实际，会限制社会经济的发展；过于宽松，又不能达到保护环境的基本要求，造成环境污染或生态破坏加重，影响人体健康。

1. 生态环境标准的制定原则

(1) 以人为本、改善环境原则　保护人体健康和改善环境质量是制定生态环境标准的主要目的，也是制定标准的出发点和归宿，是各类生态环境标准都应遵循的基本原则。

(2) 政策性、科学性原则　制定生态环境标准应符合规范要求，有充分的科学依据，要体现国家生态环境保护方针、政策、法律、法规，不得增加法律法规规定之外的行政权力事项或者减少法定职责等内容，同时应综合考虑社会、经济、技术等因素，符合我国国情，有利于促进环境效益、经济效益、社会效益的统一。

(3) 与国际接轨原则　随着经济全球化，标准趋同已成为世界各国标准化的目标，采用国际标准既是加入世界贸易组织（WTO）的一般要求，也有利于提高我国环境监测能力和水平，提升参与国际竞争的能力。因此，应积极借鉴吸收国外先进标准，逐步与国际接轨。

(4) 因地制宜、区别对待原则　我国不同地区的自然环境、社会经济、环境容量、环境自净能力存在差异，国家生态环境标准中对有些项目未作规定，因此地方生态环境主管部门可以根据当地的自然环境特点、经济技术水平，制定地方生态环境标准。

(5) 协调配套、预留过渡期原则　生态环境质量标准、生态环境风险管控标准、污染物排放标准等标准发布前，应当明确配套的污染防治、监测、执法等方面的指南、标准、规范及相关制定或者修改计划，以及标准宣传培训方案，确保标准有效实施。生态环境标准发布时，应留出适当的实施过渡期。

2. 生态环境标准的制定目的

对下列需要统一的技术规范和技术要求，应制定相应的生态环境标准。

① 为保护生态环境，保障公众健康，增进民生福祉，促进经济社会可持续发展，限制环境中有害物质和因素，制定生态环境质量标准；

② 为保护生态环境，保障公众健康，推进生态环境风险筛查与分类管理，维护生态环境安全，控制生态环境中的有害物质和因素，制定生态环境风险管控标准；

③ 为改善生态环境质量，控制排入环境中的污染物或者其他有害因素，根据生态环境质量标准和经济、技术条件，制定污染物排放标准；

④ 为监测生态环境质量和污染物排放情况，开展达标评定和风险筛查与管控，规范布点采样、分析测试、监测仪器、卫星遥感影像质量、量值传递、质量控制、数据处理等监测技术要求，制定生态环境监测标准；

⑤ 为统一规范生态环境标准的制订技术工作和生态环境管理工作中具有通用指导意义的技术要求，制定生态环境基础标准；

⑥ 为规范各类生态环境保护管理工作的技术要求，制定生态环境管理技术规范。

3. 生态环境标准的制定方法

每个国家都根据本国的具体情况制定环境标准，各类标准因其特殊性而有不同的制定方法。如根据环境基准值制定环境质量标准，按照污染物扩散规律或最佳技术法制定污染物排放标准等。

（1）国家生态环境标准的制定　国务院生态环境主管部门依法制定并组织实施国家生态环境标准，评估国家生态环境标准实施情况。制定国家生态环境标准，应当根据生态环境保护需求编制标准项目计划，组织相关事业单位、行业协会、科研机构或者高等院校等开展标准起草工作，广泛征求国家有关部门、地方政府及相关部门、行业协会、企业事业单位和公众等方面的意见，并组织专家进行审查和论证。

机动车等移动源大气污染物排放标准由国务院生态环境主管部门统一制定。

（2）地方生态环境标准的制定　地方生态环境质量标准、地方生态环境风险管控标准和地方污染物排放标准可以对国家相应标准中未规定的项目作出补充规定，也可以对国家相应标准中已规定的项目作出更加严格的规定。对本行政区域内没有国家污染物排放标准的特色产业、特有污染物，或者国家有明确要求的特定污染源或者污染物，应当补充制定地方污染物排放标准。

省级人民政府依法制定地方生态环境质量标准、地方生态环境风险管控标准和地方污染物排放标准，省级人民政府或者其委托的省级生态环境主管部门应当在标准发布后依法报国务院生态环境主管部门备案。国务院生态环境主管部门依法开展地方生态环境标准备案，指导地方生态环境标准管理工作。

第二节　生态环境标准体系

一、我国生态环境标准体系与构成

由于环境包括水、空气、土壤等诸多要素，环境要素不同，各行业和部门的要求也不同，因而生态环境标准只能分门别类地制定，所有这些分门别类的标准的总和构成一个相互联系的统一体，称为生态环境标准体系。该体系不是一成不变的，而是随经济技术水平以及人类对生态环境质量的要求不断地发展和完善。我国生态环境标准体系主要由国家生态环境标准、地方生态环境标准构成，见图 3-1。

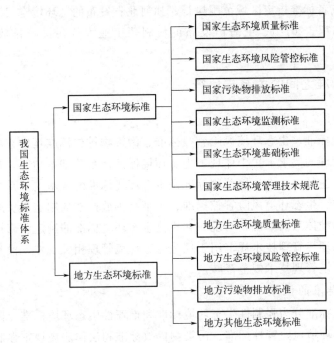

图 3-1　我国生态环境标准体系

1. 国家生态环境标准

国家生态环境标准包括国家生态环境质量标准、国家生态环境风险管控标准、国家污染物排放标准、国家生态环境监测标准、国家生态环境基础标准和国家生态环境管理技术规范。国家生态环境标准在全国范围或者标准指定区域范围执行。

(1) 国家生态环境质量标准　生态环境质量标准包括大气环境质量标准、水环境质量标准、海洋环境质量标准、声环境质量标准、核与辐射安全基本标准。生态环境质量标准是开展生态环境质量目标管理的技术依据，由生态环境主管部门统一组织实施。

(2) 国家生态环境风险管控标准　生态环境风险管控标准包括土壤污染风险管控标准以及法律法规规定的其他环境风险管控标准。

(3) 国家污染物排放标准　污染物排放标准包括大气污染物排放标准、水污染物排放标准、固体废物污染控制标准、环境噪声排放控制标准和放射性污染防治标准等。

(4) 国家生态环境监测标准　生态环境监测标准包括生态环境监测技术规范、生态环境监测分析方法标准、生态环境监测仪器及系统技术要求、生态环境标准样品等。

(5) 国家生态环境基础标准　生态环境基础标准包括生态环境标准制订技术导则，生态环境通用术语、图形符号、编码和代号（代码）及其相应的编制规则等。

(6) 国家生态环境管理技术规范　生态环境管理技术规范包括大气、水、海洋、土壤、固体废物、化学品、核与辐射安全、声与振动、自然生态、应对气候变化等领域的管理技术指南、导则、规程、规范等。生态环境管理技术规范为推荐性标准，在相关领域环境管理中实施。

2. 地方生态环境标准

地方生态环境标准包括地方生态环境质量标准、地方生态环境风险管控标准、地方污染物排放标准和地方其他生态环境标准。地方生态环境标准在发布该标准的省、自治区、直辖市行政区域范围或者标准指定区域范围执行。如河北省发布的《环境空气质量 非甲烷总烃限值》(DB 13/1577—2012)、上海市发布的《制药工业大气污染物排放标准》(DB 31/310005—2021)等。

二、生态环境标准之间的关系与执行

1. 生态环境标准之间的关系

生态环境质量标准、生态环境风险管控标准、污染物排放标准是生态环境标准体系的主体，从环境监督管理的要求上集中体现了生态环境标准体系的基本功能，是实现生态环境标准体系目标的基本途径；生态环境监测标准是生态环境标准的技术支持系统，主要配套支持生态环境质量标准、生态环境风险管控标准、污染物排放标准的制定和实施；生态环境基础标准是生态环境标准体系的基础，对统一和规范生态环境标准的制定、修订、执行等具有重要指导作用；生态环境管理技术规范用于规范生态环境管理相关工作，没有上位法授权的标准可以纳入生态环境管理技术规范范畴。

2. 生态环境标准的执行

国家生态环境标准分为强制性生态环境标准和推荐性生态环境标准。国家和地方生态环境质量标准、生态环境风险管控标准、污染物排放标准和法律法规规定强制执行的其他生态环境标准，以强制性标准的形式发布。法律法规未规定强制执行的国家和地方生态环境标准，以推荐性标准的形式发布。强制性生态环境标准必须执行。推荐性生态环境标准被强制性生态环境标准或者规章、行政规范性文件引用并赋予其强制执行效力的，被引用的内容必须执行，推荐性生态环境标准本身的法律效力不变。

地方生态环境标准严于国家生态环境标准。在执行上，有地方生态环境质量标准、地方生态环境风险管控标准和地方污染物排放标准的地区，应当依法优先执行地方标准。在污染物排放标准中，按照以下优先顺序执行：

① 地方污染物排放标准优先于国家污染物排放标准；地方污染物排放标准未规定的项目，应当执行国家污染物排放标准的相关规定。

② 同属国家污染物排放标准的，行业型污染物排放标准优先于综合型和通用型污染物排放标准；行业型或者综合型污染物排放标准未规定的项目，应当执行通用型污染物排放标准的相关规定。

③ 同属地方污染物排放标准的，流域（海域）或者区域型污染物排放标准优先于行业型污染物排放标准，行业型污染物排放标准优先于综合型和通用型污染物排放标准。流域（海域）或者区域型污染物排放标准未规定的项目，应当执行行业型或者综合型污染物排放标准的相关规定；流域（海域）或者区域型、行业型或者综合型污染物排放标准均未规定的项目，应当执行通用型污染物排放标准的相关规定。

3. 环境影响评价标准的确定

根据评价范围内各环境要素的环境功能区划及环境质量改善目标，确定各评价因子适用的生态环境质量标准、生态环境风险管控标准、污染物排放标准。尚未划定环境功能区划的区域，由地方人民政府生态环境主管部门确认各环境要素应执行的生态环境质量标准、生态环境风险管控标准、污染物排放标准。国家和地方标准中没有规定的项目，可参考国际通用标准。

思考题

1. 为了更好地保护生态环境，生态环境标准是否应制定得越严格越好？分析说明生态环境标准制定的基本原则和要求。

2. 梳理我国生态环境标准体系，分析国家生态环境标准与地方生态环境标准、综合型或通用型污染物排放标准与行业型污染物排放标准之间的关系。

3. 以你所在省（自治区、直辖市）为例，收集汇总与环境影响评价相关的地方主要生态环境标准。

4. 以你所在省（自治区、直辖市）的某建设项目大气环境影响评价专题为例，说明其应执行的主要生态环境标准。

小测验

第四章

环境影响评价的内容与程序

引言

　　环境影响评价必须客观、公开、公正，综合考虑规划或者建设项目实施后对各种环境因素及其所构成的生态系统可能造成的影响，为决策提供科学依据。《中华人民共和国环境影响评价法》明确了环境影响评价的基本内容和管理程序，《建设项目环境影响评价技术导则　总纲》和《规划环境影响评价技术导则　总纲》又进一步明确了建设项目和规划环境影响评价技术文件的编制内容和工作流程，为环境影响评价技术文件的编制提供了依据。围绕重点环境要素和重点行业，生态环境部组织制定并发布了生态、大气、地表水、地下水、土壤、噪声、环境风险等环境要素的环境影响评价技术导则和广播电视、铀矿冶、城市轨道交通、钢铁建设项目、输变电、煤炭等重点行业领域的环境影响评价技术导则。从环境影响评价法到总纲再到环境要素或行业的环境影响评价技术导则，有助于全面了解环境影响评价内容、工作和管理流程，是有效实施环境影响评价制度的基石。目前生态环境领域"放管服"改革正全面推进，既有简政放权、放管结合的内容，也有依法严格执法、坚决反对"一刀切"的内容，只有动态跟踪我国环境影响评价制度改革，及时把握新发展阶段环境影响评价内容与程序的优化，才能更好地服务于环境影响评价工作。

导读

　　目前我国环境影响评价的对象主要包括建设项目和规划。针对不同评价对象，环境影响评价文件在内容设置上也存在差异。环境影响评价文件编制、审批或审查涉及环境影响评价工作程序和管理程序，工作程序用于指导环境影响评价文件编制单位开展工作，管理程序用于指导环境影响评价文件审批或审查部门开展工作。其中，工作程序大致可分为前期准备、调研和工作方案制定，分析论证和预测评价，环境影响评价文件编制三个阶段；管理程序涉及环境影响评价分类管理、环境影响报告编制监督管理、环境影响评价分级审批等内容。本章重点介绍环境影响评价的基本内容，以及环境影响评价工作程序和管理程序，要求掌握不同类型环境影响评价文件的基本内容或专题设置，同时熟悉环境影响评价的工作程序，了解环境影响评价的管理程序。

第一节　环境影响评价文件的基本内容

一、建设项目环境影响评价文件的基本内容

建设项目环境影响评价文件主要包括建设项目环境影响报告书、建设项目环境影响报告表和建设项目环境影响登记表。

1. 建设项目环境影响报告书的基本内容

根据《中华人民共和国环境影响评价法》，建设项目环境影响报告书应当包括以下内容：建设项目概况；建设项目周围环境现状；建设项目对环境可能造成影响的分析、预测和评估；建设项目环境保护措施及其技术、经济论证；建设项目对环境影响的经济损益分析；对建设项目实施环境监测的建议；环境影响评价的结论。

根据工程特点、环境特征、评价等级、国家和地方环境保护要求，建设项目环境影响报告书的基本内容应根据评价内容与深度进行选择，同时还应根据国家或地方新的环境保护要求适当调整或增加评价专题。《建设项目环境影响评价技术导则　总纲》（HJ 2.1—2016）对建设项目环境影响报告书的内容设置做了明确要求，报告书的基本内容应包括以下几个部分：①概述；②总则；③建设项目工程分析；④环境现状调查与评价；⑤环境影响预测与评价；⑥环境保护措施及其可行性论证；⑦环境影响经济损益分析；⑧环境管理与监测计划；⑨环境影响评价结论；⑩附录附件。

根据建设项目特点和所处环境敏感程度，评价内容根据实际情况可设置相应的评价专题，如环境风险评价、方案比选等。

环境影响报告书应全面、概括地反映环境影响评价的全部工作，文字应简洁、准确，文本应规范，计量单位应标准化，数据应真实、可信，资料应翔实，应强化先进信息技术的应用，图表信息应满足环境质量现状评价和环境影响预测评价的要求。通常，概述可简要说明建设项目的特点、环境影响评价的工作过程、分析判定相关情况、关注的主要环境问题及环境影响、环境影响评价的主要结论等。总则应包括编制依据、评价因子与评价标准、评价工作等级和评价范围、相关规划及环境功能区划、主要环境保护目标等。工程分析应体现工程特点，环境现状调查应反映环境特征，主要环境问题应阐述清楚，影响预测方法应科学，预测结果应可信，环境保护措施应可行、有效，评价结论应明确。附录和附件应包括项目依据文件、相关技术资料、引用文献等。评价内容较多的报告书，其重点评价项目可另编分项报告书；主要的技术问题可另编专题技术报告。

2. 建设项目环境影响报告表的基本内容

根据生态环境部《关于印发〈建设项目环境影响报告表〉内容、格式及编制技术指南的通知》（环办环评〔2020〕33号），将建设项目环境影响报告表分为污染影响类和生态影响

类，配套制定了《建设项目环境影响报告表编制技术指南（污染影响类）（试行）》和《建设项目环境影响报告表编制技术指南（生态影响类）（试行）》。

（1）污染影响类环境影响报告表编制内容　依据《建设项目环境影响报告表编制技术指南（污染影响类）（试行）》，以污染影响为主要特征的建设项目应编写"建设项目环境影响报告表（污染影响类）"，其主要内容包括：①建设项目基本情况；②建设项目工程分析；③区域环境质量现状、环境保护目标及评价标准；④主要环境影响和保护措施；⑤环境保护措施监督检查清单；⑥结论。

建设项目产生的环境影响需要深入论证的，应按照环境影响评价相关技术导则开展专项评价工作。根据建设项目排污情况及所涉环境敏感程度，确定专项评价的类别。专项评价一般不超过两项，印刷电路板制造类建设项目专项评价不超过三项。

（2）生态影响类环境影响报告表编制内容　依据《建设项目环境影响报告表编制技术指南（生态影响类）（试行）》，以生态影响为主要特征的建设项目应编写"建设项目环境影响报告表（生态影响类）"，部分同时涉及污染和生态影响的建设项目，也填写"建设项目环境影响报告表（生态影响类）"，其主要内容包括：①建设项目基本情况；②建设内容；③生态环境现状、保护目标及评价标准；④生态环境影响分析；⑤主要生态环境保护措施；⑥生态环境保护措施监督检查清单；⑦结论。

建设项目产生的生态环境影响需要深入论证的，应按照环境影响评价相关技术导则开展专项评价工作。根据建设项目特点和涉及的环境敏感区类别，确定专项评价的类别。专项评价一般不超过两项，水利水电、交通运输（公路、铁路）、陆地石油和天然气开采类建设项目不超过三项。

3. 建设项目环境影响登记表的基本内容

环境影响登记表应包括以下内容：①项目内容和规模；②原辅材料（包括名称、用量）及主要设施规格、数量；③水及能源消耗量；④废水排放量及排放去向；⑤周围环境简况；⑥生产工艺流程简述；⑦拟采取的防治污染措施。

国家对环境影响登记表实行备案管理。建设项目环境影响登记表不要求必须委托技术单位填写，建设单位可自行填写。

二、规划环境影响评价文件的基本内容

规划环境影响评价文件主要包括规划环境影响报告书和规划环境影响篇章或说明。规划环境影响评价文件应图文并茂、数据翔实、论据充分、结构完整、重点突出、结论和建议明确。

1. 规划环境影响报告书的基本内容

依据《规划环境影响评价条例》，规划环境影响报告书主要包括以下内容：

① 规划实施对环境可能造成影响的分析、预测和评估。主要包括资源环境承载能力分析、不良环境影响的分析和预测以及与相关规划的环境协调性分析。

② 预防或者减轻不良环境影响的对策和措施。主要包括预防或者减轻不良环境影响的政策、管理或者技术等措施。

③ 环境影响评价结论。主要包括规划草案的环境合理性和可行性，预防或者减轻不良环境影响的对策和措施的合理性和有效性，以及规划草案的调整建议。

《规划环境影响评价技术导则　总纲》（HJ 130—2019）进一步细化了规划环境影响报

告书的章节设置，规定规划环境影响报告书主要包括以下内容：

① 总则。概述任务由来，明确评价依据、评价目的与原则、评价范围、评价重点、执行的环境标准、评价流程等。

② 规划分析。介绍规划不同阶段目标、发展规模、布局、结构、建设时序，以及规划包含的具体建设项目的建设计划等可能对生态环境造成影响的规划内容；给出规划与法规政策、上层位规划、区域"三线一单"管控要求、同层位规划在环境目标、生态保护、资源利用等方面的符合性和协调性分析结论，重点明确规划之间的冲突与矛盾。

③ 现状调查与评价。通过调查评价区域资源利用状况、环境质量现状、生态状况及生态功能等，说明评价区域内的环境敏感区、重点生态功能区的分布情况及保护要求，分析区域水资源、土地资源、能源等各类自然资源现状利用水平和变化趋势，评价区域环境质量达标情况和演变趋势、区域生态系统结构与功能状况和演变趋势，明确区域主要生态环境问题、资源利用和保护问题及其成因。对已开发区域进行环境影响回顾性分析，说明区域生态环境问题与上一轮规划实施的关系。明确提出规划实施的资源、生态、环境制约因素。

④ 环境影响识别与评价指标体系构建。识别规划实施可能影响的资源、生态、环境要素及其范围和程度，确定不同规划时段的环境目标，建立评价指标体系，给出评价指标值。

⑤ 环境影响预测与评价。设置多种预测情景，估算不同情景下规划实施对各类支撑性资源的需求量和主要污染物的产生量、排放量，以及主要生态因子的变化量。预测与评价不同情景下规划实施对生态系统结构和功能、环境质量、环境敏感区的影响范围与程度，明确规划实施后能否满足环境目标的要求。根据不同类型规划及其环境影响特点，开展人群健康风险分析、环境风险预测与评价。评价区域资源与环境对规划实施的承载能力。

⑥ 规划方案综合论证和优化调整建议。根据规划环境目标可达性论证规划的目标、规模、布局、结构等规划内容的环境合理性，以及规划实施的环境效益。介绍规划环境影响评价与规划编制互动情况。明确规划方案的优化调整建议，并给出调整后的规划布局、结构、规模、建设时序。

⑦ 环境影响减缓对策和措施。给出减缓不良生态环境影响的环境保护方案和管控要求。

⑧ 规划所包含建设项目环评要求。如规划方案中包含具体的建设项目，应给出重大建设项目环境影响评价的重点内容要求和简化建议。

⑨ 环境影响跟踪评价计划。说明拟定的跟踪监测与评价计划。

⑩ 公众参与和会商意见处理。说明公众意见、会商意见回复和采纳情况。

⑪ 评价结论。归纳总结评价工作成果，明确规划方案的环境合理性，以及优化调整建议和调整后的规划方案。

此外，报告需附必要的表征规划发展目标、规模、布局、结构、建设时序以及表征规划涉及的资源与环境的图、表和文件，以及现状评价、环境影响评价、规划优化调整、环境管控、跟踪评价计划等成果图件。

2. 规划环境影响篇章（或说明）的基本内容

依据《规划环境影响评价条例》，规划环境影响篇章（或说明）主要包括以下内容：

① 规划实施对环境可能造成影响的分析、预测和评估。主要包括资源环境承载能力分析、不良环境影响的分析和预测以及与相关规划的环境协调性分析。

② 预防或者减轻不良环境影响的对策和措施。主要包括预防或者减轻不良环境影响的政策、管理或者技术等措施。

《规划环境影响评价技术导则　总纲》(HJ 130—2019)进一步细化了规划环境影响篇章(或说明)的章节设置,规定规划环境影响篇章(或说明)主要包括以下内容:

① 环境影响分析依据。重点明确与规划相关的法律法规、政策、规划和环境目标、标准。

② 现状调查与评价。通过调查评价区域资源利用状况、环境质量现状、生态状况及生态功能等,分析区域水资源、土地资源、能源等各类资源现状利用水平,评价区域环境质量达标情况和演变趋势、区域生态系统结构与功能状况和演变趋势等,明确区域主要生态环境问题、资源利用和保护问题及其成因。明确提出规划实施的资源、生态、环境制约因素。

③ 环境影响预测与评价。分析规划与相关法律法规、政策、上层位规划和同层位规划在环境目标、生态保护、资源利用等方面的符合性和协调性。预测与评价规划实施对生态系统结构和功能、环境质量、环境敏感区的影响范围与程度。根据规划类型及其环境影响特点,开展环境风险预测与评价。评价区域资源与环境对规划实施的承载能力,以及环境目标的可达性。给出规划方案的环境合理性论证结果。

④ 环境影响减缓措施。给出减缓不良生态环境影响的环境保护方案和环境管控要求。针对主要环境影响提出跟踪监测和评价计划。

此外,根据评价需要,在篇章(或说明)中附必要的图、表。

第二节　环境影响评价的工作程序

一、建设项目环境影响评价的工作程序

根据《建设项目环境影响评价技术导则　总纲》(HJ 2.1—2016)的规定,环境影响评价工作一般分为三个阶段。第一阶段为准备阶段,主要工作为研究有关文件,进行初步的工程分析和环境现状调查,筛选重点评价项目,确定各单项环境影响评价的工作等级,编制评价大纲;第二阶段为正式工作阶段,其主要工作为进一步实施工程分析和环境现状调查,并进行环境影响预测和环境影响评价;第三阶段为报告编制阶段,其主要工作为汇总、分析第二阶段工作所得的各种资料、数据,给出结论,完成环境影响报告书(表)的编制。

(1) 准备阶段　该阶段主要工作包括:确定环境影响评价文件的类型;研究相关文件,进行初步的工程分析(分析判定建设项目选址选线、规模、性质和工艺路线等与国家和地方有关环境保护法律法规、标准、政策、规范、相关规划、规划环境影响评价结论及审查意见的符合性,并与生态保护红线、环境质量底线、资源利用上线和生态环境准入清单进行对照,作为开展环境影响评价工作的前提和基础)和环境现状调查;环境影响识别和评价因子筛选,明确评价重点和环境保护目标,确定评价标准、工作等级和评价范围。此外,还包括编制环境影响评价工作方案。

(2) 正式工作阶段　该阶段主要开展评价范围内环境现状调查、监测与评价,建设项目工程分析、污染源源强核算,环境影响预测与评价。

(3) 报告编制阶段　该阶段主要开展环境保护措施经济技术论证,同时整理前面两阶段的工作成果,得出评价结论,汇总完成环境影响报告的编制。

建设项目环境影响评价的工作程序见图 4-1。

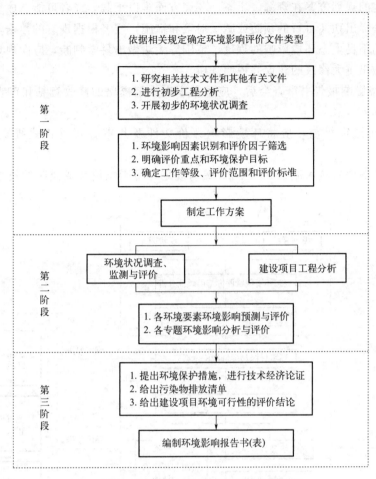

图 4-1 建设项目环境影响评价工作程序图

二、规划环境影响评价的工作程序

根据《规划环境影响评价技术导则 总纲》（HJ 130—2019）规定，规划环境影响评价应在规划编制的早期阶段介入，并与规划编制、论证及审定等关键环节和过程充分互动，互动内容一般包括：

① 在规划前期阶段，同步开展规划环境影响评价工作。通过对规划内容的分析，收集与规划相关的法律法规、环境政策等，收集上层位规划和规划所在区域战略环境影响评价及"三线一单"成果，对规划区域及可能受影响的区域进行现场踏勘，收集相关基础数据资料，初步调查环境敏感区情况，识别规划实施的主要环境影响，分析提出规划实施的资源、生态、环境制约因素，反馈给规划编制机关。

② 在规划方案编制阶段，完成现状调查与评价，提出环境影响评价指标体系，分析、预测和评价拟定规划方案实施的资源、生态、环境影响，并将评价结果和结论反馈给规划编制机关，作为方案比选和优化的参考和依据。

③ 在规划的审定阶段，进一步论证拟推荐的规划方案的环境合理性，形成必要的优化调整建议，反馈给规划编制机关。针对推荐的规划方案提出不良环境影响减缓措施和环境影响跟踪评价计划，编制环境影响报告书。

如果拟选定的规划方案在资源、生态、环境方面难以承载，或者可能造成重大不良生态环境影响且无法提出切实可行的预防或减缓对策和措施，或者根据现有的数据资料和专家知识对可能产生的不良生态环境影响的程度、范围等无法做出科学判断，应向规划编制机关提出对规划方案做出重大修改的建议并说明理由。

④ 规划环境影响报告书审查会后，应根据审查小组提出的修改意见和审查意见对报告书进行修改完善。

⑤ 在规划报送审批前，应将环境影响评价文件及其审查意见正式提交给规划编制机关。

规划环境影响评价技术流程见图4-2。编写规划环境影响篇章或说明的技术流程可参照执行。

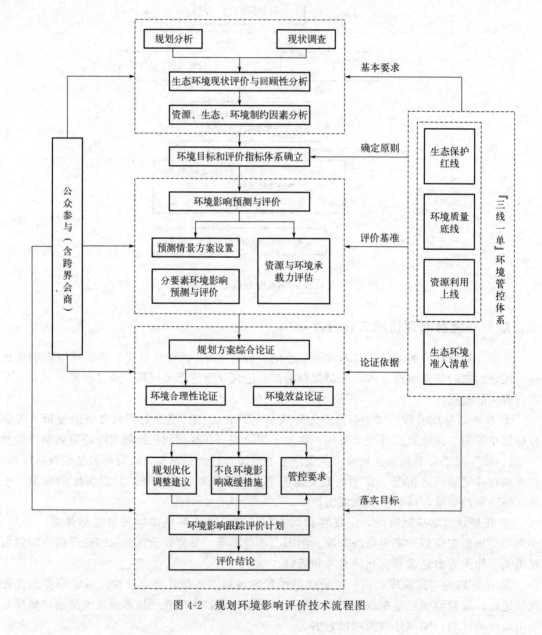

图4-2 规划环境影响评价技术流程图

第三节 环境影响评价的管理程序和管理制度

一、建设项目环境影响评价

1. 建设项目环境影响评价管理程序

建设项目环境影响评价始于建设单位的环境影响申报（咨询），建设单位应根据现行有效的《建设项目环境影响评价分类管理名录》《建设项目环境影响评价文件分级审批规定》等文件确定项目编制环境影响评价文件（包括报告书、报告表、登记表）的类型和审批部门，然后自行或委托环境影响报告编制技术单位开展环境影响评价文件的编制工作。环境影响评价文件编制完成后，对需要评估的，生态环境主管部门应委托第三方技术机构进行技术评估，并出具评估意见，由环境影响报告编制单位进行修改完善后报生态环境主管部门审批。建设单位获得环境影响评价文件批复后开工建设，在建设项目竣工后进行环境保护竣工验收，通过验收后方能正式投产。

各级生态环境主管部门在审批环境影响报告时应贯彻以下基本原则：

① 审查该项目是否符合城市环境功能区划和城市总体发展规划，是否做到合理布局；
② 审查该项目是否做到污染物达标排放；
③ 审查该项目是否满足国家和地方规定的污染物总量控制指标；
④ 审查该项目建成后是否能维持地区环境质量，符合功能区要求。

环境影响报告的审查以技术审查为基础，审查方式是专家评审会还是其他形式可由负责审批的生态环境主管部门根据具体情况确定。

2. 建设项目环境影响评价管理制度

(1) 建设项目环境影响评价分类管理　为了防止建设项目产生新的污染、破坏生态环境，《建设项目环境保护管理条例》和《中华人民共和国环境影响评价法》要求对建设项目环境影响评价实行分类管理、分级审批制度。建设单位应当按照《建设项目环境影响评价分类管理名录》的规定，分别组织编制环境影响报告书、环境影响报告表或填报环境影响登记表。对可能造成重大环境影响的建设项目，应当编制环境影响报告书，对产生的环境影响进行全面评价；可能造成轻度环境影响的建设项目，应当编制环境影响报告表，对产生的环境影响进行分析或者专项评价；对环境影响很小、不需要进行环境影响评价的建设项目，应当填报环境影响登记表。

(2) 建设项目环境影响报告编制监督管理　为规范建设项目环境影响报告编制行为及其监督管理，维护环境影响评价技术服务市场秩序，保障环境影响评价工作质量，生态环境部制定了《建设项目环境影响报告书（表）编制监督管理办法》，明确了建设单位可以委托技术单位编制环境影响报告，同时建设单位具备环境影响评价技术能力的也可以自行编制环境影响报告。此外，要求编制人员应当为编制单位中具备环境影响评价技术能力的全职人员，编制主持人应当具备环境影响评价工程师职业资格。建设单位应当对其环境影响报告的内容和结论负责，接受委托的技术单位对其编制的环境影响报告承担相应责任。

(3) 建设项目环境影响评价分级审批　为进一步加强和规范建设项目环境影响评价文件审批，提高审批效率，明确审批权责，《建设项目环境影响评价文件分级审批规定》规定对建设项目环境影响评价实行分级审批制度：建设项目环境影响评价文件的分级审批权限，原则上按照建设项目的审批、核准和备案权限及建设项目对环境的影响性质和程度确定，各级生态环境主管部门负责建设项目环境影响评价文件的审批工作。其中生态环境部负责审批的建设项目类型主要根据《生态环境部审批环境影响评价文件的建设项目目录（2019本）》确定，主要包括：核设施、电磁辐射设施、海洋工程、绝密工程等特殊性质的建设项目；跨省（区、市）的建设项目；其他由国务院或国务院授权有关部门审批的应编制环境影响报告书的项目。

二、规划环境影响评价

1. 规划环境影响评价管理程序

规划环境影响评价始于规划编制机关的规划编制阶段，规划编制机关应在规划编制过程中对规划开展环境影响评价，根据《中华人民共和国环境影响评价法》《规划环境影响评价条例》的相关规定，综合性规划和指导性专项规划编写环境影响篇章或者说明，专项规划编写环境影响报告书。规划编制机关可自行编制或委托规划环境影响评价技术机构编制环境影响评价文件。环境影响评价文件编制完成后，由对应的生态环境主管部门召集有关部门代表和专家组成审查小组，对环境影响报告书进行审查，并出具审查意见。规划审批机关在审批规划草案时，应当将环境影响评价结论以及审查意见作为决策的重要依据。对环境有重大影响的规划实施后，规划编制机关应当及时组织规划环境影响的跟踪评价，将评价结果报告规划审批机关，并通报生态环境等有关部门。

2. 规划环境影响评价管理制度

（1）规划环境影响评价文件管理　依据《中华人民共和国环境影响评价法》和《规划环境影响评价条例》，规划编制机关应当在规划编制过程中对规划进行环境影响评价；环境影响篇章或者说明、环境影响报告书，应由规划编制机关编制或者组织规划环境影响评价技术机构编制。规划编制机关应当对环境影响评价文件的质量负责。其中国务院有关部门、设区的市级以上地方人民政府及其有关部门，对其组织编制的土地利用的有关规划和区域、流域、海域的建设、开发利用规划（简称综合性规划），应当根据规划实施后可能对环境造成的影响，编写环境影响篇章或者说明；工业、农业、畜牧业、林业、能源、水利、交通、城市建设、旅游、自然资源开发的有关专项规划，应当在规划草案报送审批前编制环境影响报告书。专项规划中的指导性规划，应当编写环境影响篇章或者说明。国家环保总局会同国务院有关部门于2004年发布《编制环境影响报告书的规划的具体范围（试行）》和《编制环境影响篇章或说明的规划的具体范围（试行）》，规定了进行环境影响评价的规划的具体范围。

（2）规划环境影响评价文件审查　根据《中华人民共和国环境影响评价法》和《规划环境影响评价条例》相关规定，设区的市级以上人民政府在审批专项规划草案时，应当先由人民政府指定的生态环境主管部门或者其他部门召集有关部门代表和专家组成审查小组，对环境影响报告书进行审查，审查小组应提出书面审查意见。由省级以上人民政府有关部门负责审批的专项规划，其环境影响报告书的审查办法，由国务院生态环境主管部门会同国务院有关部门制定。审查小组的成员应当客观、公正、独立地对环境影响报告书提出书面审查意见，规划审批机关、规划编制机关、审查小组的召集部门不得干预。审查意见应当包括下列内容：

①基础资料、数据的真实性；②评价方法的适当性；③环境影响分析、预测和评估的可靠性；④预防或者减轻不良环境影响的对策和措施的合理性和有效性；⑤公众意见采纳与不采纳情况及其理由的说明的合理性；⑥环境影响评价结论的科学性。

在报送审批综合性规划草案和专项规划中的指导性规划草案时，规划编制机关应当将环境影响篇章或者说明作为规划草案的组成部分一并报送规划审批机关。未编写环境影响篇章或者说明的，规划审批机关应当要求其补充；未补充的，规划审批机关不予审批。在报送审批专项规划草案时，应当将环境影响报告书一并附送审批机关审查；未附送环境影响报告书的，审批机关不予审批。规划审批机关应当将环境影响报告书结论以及审查意见作为决策的重要依据。规划审批机关对环境影响报告书结论以及审查意见不予采纳的，应当逐项就不予采纳的理由做出书面说明，并存档备查。有关单位、专家和公众可以申请查阅；但是，依法需要保密的除外。

思考题

1. 归纳分析规划环境影响评价和建设项目环境影响评价二者在环境影响评价文件基本内容、工作程序和管理程序上的主要差异。
2. 归纳总结污染影响类和生态影响类建设项目环境影响报告表在结构和评价重点上的差异。
3. 查阅相关资料，分析如何将碳排放影响评价纳入环境影响评价体系。
4. 查阅相关资料，分析"放管服"背景下国家和地方环境影响评价改革和流程简化的主要探索性工作。

小测验

第二篇 环境影响评价技术方法

引言

《中华人民共和国环境影响评价法》的颁布实施，将环境影响评价的范畴从建设项目扩展到相关规划，迈出了环境保护参与宏观综合决策的历史性步伐。贯彻实施《中华人民共和国环境影响评价法》，选择适宜的技术方法对规划或建设项目开展分析、预测和评估，将从决策源头防止环境污染和生态破坏，在天蓝、地净、水清的美丽中国建设中发挥越来越大的作用。

环境影响评价技术方法是环境影响评价课程的重点，特别是环境影响识别与评价因子筛选、污染源源强核算、评价工作等级与评价范围确定、环境影响预测与评价等方法的学习及实践应用。在本篇内容学习中，首先应坚持以习近平生态文明思想为指引，牢固树立"绿水青山就是金山银山"的理念，在充分学习国家或地方生态环境保护法律法规、标准、政策、技术导则和规范、编制指南等基础上，掌握环境影响识别与评价指标筛选方法、工程分析主要方法、评价等级和评价范围确定方法、现状调查与评价方法、环境影响预测与评价方法。同时，关注环境影响评价热点和发展趋势，加强可持续发展、气候变化与碳减排、卫星遥感和无人机航测、预测模型等前沿理论和技术方法学习。此外，加强政策规划学习，将《大气污染防治行动计划》、《水污染防治行动计划》、《土壤污染防治行动计划》、《"十四五"噪声污染防治行动计划》、"三线一单"（生态保护红线、环境质量底线、资源利用上线、环境准入负面清单）、垃圾分类等要求融入污染防治对策与环境管理，突出环境影响评价的源头预防作用，持续保护和改善环境质量，并不断提高公众的环境保护意识。

环境影响评价是一门知识更新较快的课程，近年修订或发布了众多环境影响评价技术导则、编制指南和技术规范，因此需要将持续学习的理念贯穿始终，及时掌握前沿理论和技术方法、环境影响评价最新技术导则、技术规范等要求。

导读

环境影响报告的质量有赖于环境影响评价技术方法的选择与应用。随着我国环境影响评价工作的大力推进，环境影响评价的技术方法也在不断完善与发展，为环境影响评价工作的规范性和专业性提供了有力保障和支撑。

本篇共分六章，重点介绍环境影响评价的常用技术方法。第五章围绕环境影响识别与评价因子筛选，介绍其基本内容和主要方法；第六章介绍工程分析的方法，以及不同类型项目工程分析的基本要求和内容；第七章就地表水、地下水、大气、声、土壤、生态、环境风险的评价等级与评价范围进行介绍；第八章介绍环境现状调查与评价主要内容和总体要求，以及各环境要素、生态、环境风险的调查与评价方法；第九章介绍环境影响预测与评价，主要包括地表水、地下水、大气、声、土壤、生态和环境风险的影响预测因子、预测方法或模型，以及评价方法；第十章主要介绍污染防治对策与环境管理方法，包括环境保护措施与对策、环境影响的经济损益分析、环境管理与环境监测、总量控制与排污许可制度、公众参与。

第五章

环境影响识别与评价因子筛选

引言

环境影响评价要求在规划或建设项目实施之前，分析其建设阶段、生产运行期、服务期满后等不同阶段的各种行为与可能受影响的环境要素间的作用效应关系、影响性质、影响范围、影响程度等，筛选出受规划或建设项目实施影响显著的资源、生态、环境要素，从而确定环境影响预测与评价的重点。环境影响评价强调全过程分析，要求学生养成"博学之、审问之、慎思之、明辨之、笃行之"的学习态度，培养专业素养、积累专业知识，掌握不同规划、不同类型建设项目的特点，以及国家全新生态环境保护政策要求（例如，碳达峰与碳中和、"三线一单"管控要求等）和环境影响评价发展动向，不断提高环境影响识别分析能力，准确识别不同阶段环境影响评价的重点，做到有的放矢。

导读

环境影响识别是开展环境影响评价工作的基础，应根据开发活动特点和影响区域环境特征识别开发活动的环境影响。环境影响识别就是在了解和分析开发活动所在区域发展规划、环境保护规划、环境功能区划、环境现状等环境特征和拟开发活动特征的基础上，分析和列出开发活动对环境可能产生影响的行为，以及可能受上述行为影响的各环境要素及相关参数。环境影响识别应明确开发活动在施工过程、生产运行期、服务期满后等不同阶段的各种行为与可能受影响的环境要素间的相互作用效应关系、影响性质、影响范围、影响程度等，定量或定性分析开发活动对各环境要素可能产生的污染影响与生态破坏，包括有利与不利影响、长期与短期影响、可逆与不可逆影响、直接与间接影响、累积与非累积影响等。在环境影响识别结果基础上，结合区域环境功能要求、环境保护目标，筛选确定评价因子。

通过本章内容学习，要求掌握环境影响识别的基本方法，以及不同环境要素评价因子的筛选，同时熟悉环境影响识别的基本内容和技术考虑。

第一节 环境影响识别概述

一、环境影响识别的定义

环境影响识别是指通过系统地检查拟建项目（或规划）的各项活动与各环境要素之间的关系，识别可能的环境影响（特别是不利影响），包括环境影响因子、影响对象（环境因子）、环境影响程度、环境影响方式等。

环境影响识别的任务是区分、筛选出显著的、可能影响项目（或规划）决策和管理的、需要进一步评价的主要环境影响（或问题），从而减少环境影响预测的盲目性、增加环境影响综合分析的可靠性，使污染防治对策更具针对性。

二、环境影响识别的基本内容

1. 环境影响因子识别

环境影响因子识别，首先要确定开发活动影响地区的自然环境和社会环境状况，确定影响评价的工作范围。然后根据工程的组成、特性及功能，结合工程影响地区的特点，从自然环境和社会环境两个方面选择需要进行影响评价的因子。自然环境影响因子包括地形、地质、地貌、水文、气候、水环境质量、空气质量、土壤、草原、森林、陆生生物与水生生物等方面的影响因子；社会环境影响因子包括城镇、耕地、房屋、交通、文物古迹、风景名胜、自然保护区、人群健康以及重要的军事、文化设施等方面的影响因子。

此外，项目（或规划）不同阶段（建设阶段、生产运行阶段、服务期满后）对环境的影响存在较大差异，可以分别对其进行识别。建设阶段的主要影响一般包括施工机械、工程车辆等的噪声和振动影响，建筑扬尘影响，土石方开挖对生态环境的影响，以及施工人员产生的生活污水和固体废物对周围环境的影响等；生产运行阶段的主要影响是项目投入运行后各种污染物排放对周围环境的影响；服务期满后（如垃圾填埋场、矿山开采类项目）的环境影响主要是项目废弃（或封场）后持续产生的污染物对环境的影响。一般而言，不同项目在建设阶段的影响差异较小，而在生产运行阶段和服务期满后的影响差异较大。

2. 环境影响程度识别

在环境影响识别中，可以使用一些定性的、具有"程度"判断功能的词语来表征环境影响的程度，如"重大"影响、"轻度"影响、"微弱"影响等。通常按照不利影响与有利影响两类分别划分等级，可按照3个等级或5个等级来定性划分影响程度。如按照5个等级划定影响程度，不利影响可分为极端不利、非常不利、中度不利、轻度不利、微弱不利，有利影响可分为微弱有利、轻度有利、中等有利、大有利、特有利。以上等级划分没有统一标准，可以根据实际情况灵活选择。

3. 环境敏感区识别

根据《建设项目环境影响评价分类管理名录（2021年版）》，环境敏感区是指依法设立的各级各类保护区域和对建设项目产生的环境影响特别敏感的区域。环境敏感区可以分为需特殊保护地区、生态敏感与脆弱区、社会关注区和其他敏感区域，具体分类见表5-1。

表 5-1 环境敏感区分类

类别	具体敏感区域(点)
需特殊保护地区	国家公园、自然保护区、风景名胜区、世界文化和自然遗产地、海洋特别保护区、饮用水水源保护区
生态敏感与脆弱区	永久基本农田、基本草原、自然公园(森林公园、地质公园、海洋公园等)、重要湿地、天然林,重点保护野生动物栖息地,重点保护野生植物生长繁殖地,重要水生生物的自然产卵场、索饵场、越冬场和洄游通道,天然渔场,水土流失重点预防区和重点治理区、沙化土地封禁保护区、封闭及半封闭海域,以及其他生态保护红线管控范围等
社会关注区	以居住、医疗卫生、文化教育、科研、行政办公为主要功能的区域,以及文物保护单位
其他敏感区域	环境质量未达到规划功能要求的区域

4. 环境影响的初步识别

根据《建设项目环境影响评价分类管理名录(2021年版)》,可以对建设项目的环境影响进行初步识别。考虑项目类型、规模、可能对环境敏感区等的影响,将环境影响大小划分为"重大影响""轻度影响""影响很小",具体判断标准见表5-2。

表 5-2 环境影响初步识别

类别	判断标准
重大影响	1. 原料、产品或生产过程中涉及的污染物种类多、数量大或毒性大,难以在环境中降解的建设项目。 2. 可能造成生态系统结构发生重大变化、重要生态功能改变或生物多样性明显减少的建设项目。 3. 可能对脆弱生态系统产生较大影响或可能引发和加剧自然灾害的建设项目。 4. 容易引起跨行政区环境影响纠纷的建设项目。 5. 所有流域开发、开发区建设、城市新区建设和旧区改建等区域性开发活动或建设项目
轻度影响	1. 污染因素单一,而且污染物种类少、产生量小或毒性较低的建设项目。 2. 对地形、地貌、水文、土壤、生物多样性等有一定影响,但不改变生态系统结构和功能的建设项目。 3. 基本不对环境敏感区造成影响的小型建设项目
影响很小	1. 基本不产生废水、废气、废渣、粉尘、恶臭、噪声、振动、热污染、放射性、电磁波等不利环境影响的建设项目。 2. 基本不改变地形、地貌、水文、土壤、生物多样性等,不改变生态系统结构和功能的建设项目。 3. 不对环境敏感区造成影响的小型建设项目

三、环境影响识别的技术考虑

建设项目的环境影响识别中,在技术方面一般应考虑以下问题:
① 项目的特性(如项目的类型、规模大小等)。
② 项目涉及的当地环境特性及环境保护要求(如自然环境、社会环境、环境保护功能区划、环境保护规划等)。
③ 识别主要的环境敏感区和环境敏感目标。
④ 从自然环境和社会环境两方面识别环境影响。
⑤ 突出对重要的或社会关注的环境要素的识别。

应识别出可能导致的主要环境影响(影响对象)、主要环境影响因子(规划或项目中造成主要环境影响者),说明环境影响属性(性质),判断影响程度、影响范围和可能的时间跨度。

第二节 环境影响识别方法

目前，环境影响识别的方法主要有清单法、矩阵法、叠图法、网络法等，其中描述型清单法和相关矩阵法较为常用。

一、清单法

清单法又称核查表法，是将可能受开发方案影响的环境因子和可能产生的影响性质，在一张表上一一列出进行核查的识别方法，故亦称"列表清单法"或"一览表法"。该法虽是较早发展起来的识别方法，但现在还在普遍使用，并衍生出了多种形式，常见的有简单型清单、描述型清单和分级型清单。

1. 简单型清单

简单型清单仅是一个可能受影响的环境因子表，不作其他说明，可作定性的环境影响识别分析，但不能作为决策依据。表 5-3 为某公路建设项目环境影响识别简单清单。

表 5-3 某公路建设项目环境影响识别简单清单

影响因子	不利影响						有利影响			
	短期	长期	可逆	不可逆	局部	大范围	短期	长期	显著	一般
水生生态系统		×		×	×					
森林		×		×	×					
渔业		×		×						
稀有濒危物种		×		×		×				
陆地野生生物		×		×		×				
空气质量	×									
陆上运输								×	×	
社会经济								×	×	
...										

注："×"表示有影响。

2. 描述型清单

相比简单型清单，描述型清单增加了环境因子度量的准则。描述型清单是环境影响识别常用的方法，目前有两种类型的描述型清单，即环境资源分类清单和问卷式清单。

（1）环境资源分类清单　环境资源分类清单是对受影响的环境因素（环境资源）先作简单的划分，以突出有价值的环境因子。通过环境影响识别，将具有显著性影响的环境因子作为后续评价的主要内容。该类清单已按工业类、能源类、水利工程类、交通类、农业工程、森林资源、市政工程等类别编制了环境影响识别表，这些环境影响识别表在世界银行《环境评价资源手册》等均可查到，可供具体建设项目环境影响识别时参考。

（2）问卷式清单　问卷式清单是指在清单中详细列出有关"项目-环境影响"要询问的问题，针对项目的各项活动和环境影响进行询问。答案可以是"有"或"无"。如果回答为"有"影响，则在表中注释栏中说明影响的程度、发生影响的条件以及环境影响的方式等。

表5-4为某建设项目环境影响识别描述型清单，增加了影响性质及是否存在影响的识别。

表5-4 某建设项目环境影响识别描述型清单

影响阶段	影响性质	自然环境				生态环境			社会经济环境		
		水环境	大气环境	噪声	固体废物	植被	水土流失	动植物保护	工业	农业	生活质量
施工期	短期	Y	Y	Y	Y	Y	Y			Y	Y
	长期										
	可逆	Y	Y	Y	Y	Y	Y				
	不可逆									Y	Y
	直接	Y	Y	Y	Y	Y	Y			Y	Y
	间接	Y									
	有利										
	不利	Y	Y	Y	Y	Y	Y			Y	
运营期	短期										
	长期	Y	Y	Y				Y	Y		
	可逆										
	不可逆	Y	Y	Y				Y	Y		
	直接	Y	Y	Y							
	间接							Y	Y		
	有利								Y		
	不利	Y	Y	Y						Y	

注："Y"表示有影响。

3. 分级型清单

分级型清单是在描述型清单基础上，增加了对环境影响程度的分级。

二、矩阵法

矩阵法是由清单法发展而来的，不仅具有影响识别功能，还具有影响综合分析评价功能。它将清单中所列内容系统地加以排列，把拟建项目或规划的各项活动和受影响的环境要素组成一个矩阵，在拟建项目或拟实施规划的各项活动和环境影响之间建立起直接的因果关系，以定性或半定量的方式说明拟建项目或规划的环境影响。

矩阵法步骤为：①梳理建设项目或规划要素，作为矩阵的行；②识别可能受影响的主要环境要素，作为矩阵的列；③确定矩阵行与列之间的关系。该方法主要有相关矩阵法和迭代矩阵法，其中相关矩阵法较为常用。相关矩阵法，即通过系统地列出拟建项目或规划各阶段的各项活动，以及可能受拟建项目或规划各项活动影响的环境要素构建矩阵，确定各项活动和环境要素及环境因子之间的相互作用关系。

表5-5为某市工业布局规划环境影响识别相关矩阵，通过专家打分的方式进行赋值，最终可以初步判定该规划的实施对空气质量、土地资源、能源、土壤环境的影响较大。

表 5-5　某市工业布局规划环境影响识别相关矩阵

影响因素		环境质量					城市生态				资源利用		
		空气质量	水环境质量	土壤环境	声环境	固体废物	陆地生物多样性	园林绿化	近岸海域生物多样性	自然灾害	能源	水资源	土地资源
发展规模	工业经济规模增加	-2	-3	-1	-1	-3	-1	+1	-1		-3	-3	-3
	工业用地规模增加	-2	-2	-2	-1	-2	-2	±1	-1		-2	-2	-3
工业结构及布局	工业结构调整	-2	-2	-1	-1	-1					-3	-2	-1
产业布局及发展	电子信息产业聚集区	-1	-1	-1	-1	-2	-1				-1	-1	-1
	汽车产业聚集区	-1	-1	-1	-1	-2	-2				-3	-3	-1
	化工产业聚集区	-3	-3	-3	-1	-2					-1		-1
	航空航天产业聚集区	-1	-1	-1	-1	-1					-1	-1	-1
	环保产业聚集区	-1	-1										
	新能源产业聚集区	-2	-1	-2	-2	-1	-2	±1			-1	-1	-2
交通	城市道路系统建设	-1	-1	-2	-2	-1	-2	-1	-2		-3	-1	-2
	铁路建设	-3	-1	-2	-2	-1		-1				-2	-1
	港口建设	-1	-2			-2			-2		-3		-1
能源	电厂建设	-2	+3	-1	-1	+2			+2				
	热电联产发展	+2	+3	+1	+1	+3			-2	+3	+2		
水资源	污水/中水处理厂建设	-1	-2	-1	-1			+1	+2		-3	+3	
	海水淡化厂建设	+1	+1	+1	+1		+3	+3	+3		+2	+3	
基础设施建设	防灾减灾工程建设									+3			
资源环境保护	生态工业区建设	+3	+1	+1	+1	+3			-1		+3	+2	
	生态保护与建设	-1	-1	-2			-5	+1	-1	+3	+3	+1	+2
	清洁能源使用比例增加												
	垃圾处理厂新建、改造、扩建												
合计		-20	-15	-18	-15	-15	-5				-19	-11	-19

注：表中"+"表示有利影响，"-"表示不利影响；"1"表示轻微影响，"2"表示中等影响，"3"表示重大影响。

三、叠图法

叠图法〔包括手工叠图法和地理信息系统（GIS）支持下的叠图法〕是通过应用一系列的环境、资源图件叠置来识别和预测环境影响、标示环境要素和不同区域的相对重要性，以及表征对不同区域和不同环境要素的影响。其目的是形成一张能综合反映环境影响空间特征的地图，适用于比较不同方案下环境受到的影响，尤其是累积影响。

（1）特点　叠图法能够直观、形象、简明地表示建设项目或规划实施的单个影响和复合影响的空间分布，适用范围广。缺点是只能用于可在地图上表示的影响，无法准确描述源与受体的因果关系和受影响环境要素的重要程度。

（2）适用范围　叠图法主要用于涉及地理空间较大的建设项目或规划，如线性生态影响型项目（公路、铁道、管道等）和区域开发项目，以及空间属性较强的规划和以生态影响为主的规划（如城市规划、土地利用规划、区域与流域开发利用规划、交通规划、旅游规划、农业与林业规划等）的环境影响评价。

（3）方法应用　叠图法应用示例详见图 5-1。将收集到的具有生态价值的区域的遥感图像、水质情况、景观影响情况的专题图等基础资料，使用 GIS 完成数字化处理，对全部数据作统一处理，以带地理信息的栅格影像为底图，叠加上工厂的规划方案 A、道路系统的规划方案 B 的各种信息，即可进行环境影响评价的叠图分析，最后形成一张能反映环境影响空间特征的综合结果图。

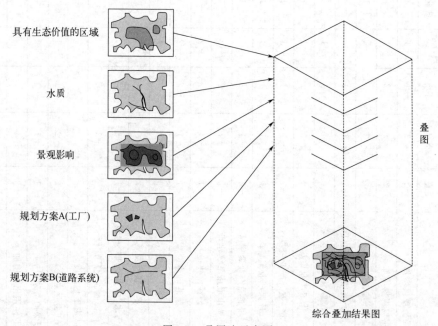

图 5-1　叠图法示意图

地理信息系统具有强大的图层分析功能，可通过选择不同的图层，实现不同项目对某一环境要素的影响范围和程度叠加，以直观形象地描述多个项目对环境要素的影响。

四、网络法

网络法是采用因果关系分析网络来解释和描述拟建项目的各项活动和环境要素之间的关

系，除了具有相关矩阵法的功能外，还可识别间接影响和累积影响。

第三节 环境影响评价因子的筛选

在环境影响识别结果基础上，结合区域环境功能要求、环境保护目标，筛选确定评价因子，应重点关注环境制约因素。此外，评价因子应当反映建设项目的特点、环境影响的主要特征、区域环境的基本状况、生态影响的方式和结果。

一、水环境影响评价因子的筛选

1. 评价因子

水环境影响评价因子是从所调查的水质参数中选取的。水质参数一般包括两类：一类是常规水质参数，它能反映水质一般状况；另一类是特征水质参数，它能代表拟建项目将来的排水水质。

① 常规水质参数。以《地表水环境质量标准》（GB 3838—2002）中所列的 pH 值、溶解氧、高锰酸盐指数、化学需氧量、五日生化需氧量、总氮或氨氮、酚、氰化物、砷、汞、铬、总磷及水温为基础，根据水域类别、评价等级及污染源状况适当增减。

② 特征水质参数。根据建设项目特点、水域类别和评价等级，以及建设项目所属行业的特征水质参数表进行选择，根据具体情况可以适当增减。

③ 其他参数。被调查水域的环境质量要求较高（如自然保护区、饮用水水源地、珍稀水生生物保护区、经济鱼类养殖区等），并且评价等级为一级或二级时，应考虑调查水生生物和底质。水生生物方面主要调查浮游动植物、藻类、底栖无脊椎动物的种类和数量，水生生物群落结构等；底质方面主要考虑建设项目排水水质调查结果，选择其中主要的污染物、对地表水环境危害较大（如重金属等）以及国家和地方要求控制的污染物作为评价因子。

2. 不同类型项目评价因子筛选要求

（1）水污染影响型建设项目评价因子筛选要求

① 按照污染源源强核算技术指南，开展建设项目污染源与水污染因子识别，结合建设项目所在水环境控制单元或区域水环境质量现状，筛选出水环境现状调查评价与影响预测评价的因子；

② 行业污染物排放标准中涉及的水污染物应作为评价因子；

③ 在车间或车间处理设施排放口排放的第一类污染物应作为评价因子；

④ 水温应作为评价因子；

⑤ 面源污染所含的主要污染物应作为评价因子；

⑥ 建设项目排放的，且为建设项目所在水环境控制单元的水质超标因子或潜在污染因子（指近三年来水质浓度值呈上升趋势的水质因子）应作为评价因子。

（2）水文要素影响型建设项目评价因子筛选要求

① 水文要素影响型建设项目评价因子，应根据建设项目对地表水体水文要素影响的特征确定。河流、湖泊及水库主要评价水面面积、水量、水温、径流过程、水位、水深、流速、水面宽、冲淤变化等因子；湖泊和水库需要重点关注湖底水域面积或蓄水量及水力停留时间等因子。感潮河段、入海河口及近岸海域主要评价流量、流向、潮区界、潮流界、纳潮

量、水位、流速、水面宽、水深、冲淤变化等因子。

② 建设项目可能导致受纳水体富营养化的，评价因子还应包括与富营养化有关的因子（如总磷、总氮、叶绿素a、高锰酸盐指数和透明度等。其中，叶绿素a为必须评价的因子）。

3. 筛选方法

对于河流，可以按照下列公式计算水质参数的排序指标（ISE），并将计算结果进行排序，优先选取ISE值较大或为负值的参数。

$$\mathrm{ISE} = \frac{C_{pi}Q_{pi}}{(C_{si}-C_{hi})Q_{hi}}$$

式中　C_{pi}——水污染物 i 的排放浓度，mg/L；

　　　Q_{pi}——含水污染物 i 的废水排放量，m³/s；

　　　C_{si}——水质参数 i 的地表水水质标准，mg/L；

　　　C_{hi}——河流上游水质参数 i 的浓度，mg/L；

　　　Q_{hi}——河流上游来水流量，m³/s。

ISE值越大，说明拟建项目对河流中该项水质参数的影响越大。

二、大气环境影响评价因子的筛选

1. 基本原则

大气环境影响评价中，应根据拟建项目的特点和当地大气污染状况对污染因子（即对评价的大气污染物）进行筛选，筛选时应遵循以下基本原则：

① 根据污染物最大地面空气质量浓度占标率 P_i 及地面空气质量浓度达标准值10%时所对应的最远距离 $D_{10\%}$ 确定主要污染因子。

② 考虑评价区域内已造成严重污染的污染物（已超过环境功能区标准限值）。

③ 考虑列入国家主要污染物总量控制指标的污染物。

2. 筛选方法

计算污染物的最大地面空气质量浓度占标率 P_i，根据 P_i 大小进行排序，优先选择 P_i 大的污染物。污染物最大地面空气质量浓度占标率 P_i 的计算公式如下：

$$P_i = \frac{C_i}{C_{0i}} \times 100\%$$

式中　P_i——第 i 个污染物的最大地面空气质量浓度占标率，%；

　　　C_i——采用估算模型计算出的第 i 个污染物的最大1h地面空气质量浓度，μg/m³；

　　　C_{0i}——第 i 个污染物的环境空气质量标准，μg/m³。

C_{0i} 一般选用《环境空气质量标准》中1h平均质量浓度的二级浓度限值，如项目位于一类环境空气功能区，应选择相应的一级浓度限值；对该标准中未包含的污染物，使用《环境影响评价技术导则　大气环境》（HJ 2.2—2018）附录D其他污染物空气质量浓度参考限值中各评价因子1h平均质量浓度限值。对仅有8h平均质量浓度限值、日平均质量浓度限值或年平均质量浓度限值的，可分别按2倍、3倍、6倍折算为1h平均质量浓度限值。

大气环境影响评价因子主要为项目排放的基本污染物及其他污染物。当建设项目排放的 SO_2 和 NO_x 年排放量大于或等于500t/a时，评价因子应增加二次 $PM_{2.5}$，见表5-6。当规

划项目排放的 SO_2、NO_x 及 VOCs 年排放量达到表 5-6 规定的量时，评价因子应相应增加二次 $PM_{2.5}$ 和 O_3。

表 5-6　二次污染物评价因子筛选

类别	污染物排放量/(t/a)	二次污染物评价因子
建设项目	$SO_2+NO_x \geqslant 500$	$PM_{2.5}$
规划项目	$SO_2+NO_x \geqslant 500$	$PM_{2.5}$
	$NO_x+VOCs \geqslant 500$	O_3

思考题

1. 讨论分析在环境影响评价中为什么要开展环境影响识别，以及建设项目环境影响识别应考虑的主要因素。

2. 以你熟悉的区域为例，举例说明周边存在哪些环境敏感区，以及如何获取这些环境敏感区的基本信息。

3. 通常将环境质量达不到规划功能要求的区域划定为敏感区，讨论分析将此类区域划定为敏感区的主要原因。

4. 矩阵法是常用的环境影响识别方法，采用矩阵法可以得出定量的识别结果，讨论分析如何使构建的矩阵更加科学合理、赋值更加准确。

5. 针对大气和水环境影响评价，举例分析如何筛选并确定环境影响评价因子。

小测验

第六章

工程分析内容与方法

引言

　　工程分析是指对工程的一般特征、污染特征，以及可能导致环境污染或生态破坏的影响因素开展全面分析的过程，其主要任务是掌握开发建设活动与环境保护全局的关系，同时为环境影响评价工作提供所需的基础数据。

　　我国承担着国际社会上承诺的碳减排目标压力。党的十八大报告明确提出"单位国内生产总值能源消耗和二氧化碳排放大幅下降，主要污染物排放总量显著减少"。党的十九大报告明确提出要"建立健全绿色低碳循环发展的经济体系"。党的二十大报告指出，"推动绿色发展，促进人与自然和谐共生"，"积极稳妥推进碳达峰碳中和"。为此，在工程分析内容上，应强化"三线一单"成果在产业布局和结构调整、重大项目选址中的应用，将环境质量底线作为硬约束。此外，以二氧化碳排放达峰目标和中和愿景为导向，充分发挥环评制度源头防控作用，根据地方实际工作要求，积极开展污染物和碳排放的源项识别、源强核算、减污降碳措施可行性论证及方案比选，制定协同控制最优方案。在工程分析方法上，应遵循绿色发展、循环经济、清洁生产理念，加强清洁生产标准、环境保护工程技术规范、污染源源强核算技术指南等技术规范学习，选择可能对环境产生较大影响的主要因素（例如污染物源强等）进行深入分析，最大限度提高资源能源利用效率，减少污染物的产生和排放。

导读

　　要明确建设项目可能造成的环境影响，必须知道可能的影响因素产生环节和影响程度，即污染物产生节点、产生量和排放量。通过工程分析，确定建设项目的产污环节并准确核算污染源源强，从而为环境影响预测、评价和污染控制等提供基础数据。本章主要介绍工程分析的定义、类型与基本要求作用，工程分析的主要方法，以及污染影响型项目工程分析和生态影响型项目工程分析。根据《污染源源强核算技术指南》，拓展学习污染源源强核算的总体要求、源强核算程序、源强核算原则要求等内容，以及钢铁工业、水泥工业、制浆造纸、制药工业等行业建设项目环境影响评价中废气污染物、废水污染物、噪声、固体废物源强核算程序、核算方法等。通过本章内容学习，要求掌握工程分析的常用方法，以及污染影响型和生态影响型项目工程分析的工作内容和分析方法选择。

第一节 工程分析概述

一、工程分析的定义

工程分析是指对工程的一般特征、污染特征，以及可能导致环境污染或生态破坏的影响因素开展全面分析的过程。具体而言，建设项目环境影响评价的工程分析，是对建设项目的工程方案和整个工程活动进行分析，从环境保护角度分析项目性质、清洁生产水平、污染防治方案，以及总图布置、选址选线方案等，并提出要求和建议，确定项目在建设期、生产运行期，以及退役或服务期满后的主要环境影响因素。

工程分析可以为项目决策提供主要依据，为环境影响评价提供基础数据资料，为生产工艺和环保设计提供优化建议等。

二、工程分析的类型与基本要求

1. 工程分析的类型

按照建设项目对环境影响的方式和途径不同，可以把建设项目分为污染影响型项目和生态影响型项目。与此相对应，建设项目的工程分析也分为污染影响型项目的工程分析和生态影响型项目的工程分析。

污染影响型项目主要分析污染物排放对大气环境、水环境、土壤环境或声环境的影响，其工程分析是以项目的工艺过程作为分析重点，核心是确定项目污染源。资源、能源的储运，交通运输及土地开发利用是否分析及分析的深度，应根据工程和周边环境的特点，以及评价工作等级决定。

生态影响型项目主要分析项目建设期、运行期（使用期）对生态环境的影响，其工程分析将建设期的占地和施工方式、使用期的运行方式作为分析重点，核心是确定工程主要生态影响因素。

此外，有些项目（如采掘、建材类项目）各阶段既有显著的污染物排放，又有明显的生态影响，这时应进行全面分析，不能片面地只强调某一方面影响。

2. 工程分析的基本要求

工程分析应遵循清洁生产的理念，突出行业特点。根据不同类型建设项目的工程内容及其特征，对照污染防治最佳可行技术、《国家重点行业清洁生产技术导向目录》等，从工艺过程的主要产污节点、工艺的环境友好性以及清洁生产措施与末端治理措施的协同性等出发，选择可能对环境产生较大影响的主要因素进行深入分析。

工程分析的内容应满足"全过程、全时段、全方位、多角度"的技术要求。"全过程"指对项目的分析应包括施工期、运营期以及服务期满后等；"全时段"指不但要考虑正常生产状态,同时还要考虑异常、紧急等非正常状态;"全方位"指不但要考虑主体生产装置,同时还应考虑配套、辅助设施;"多角度"指在重点考虑环保设施的情况下,还应从清洁生产、节约资源等角度出发,对项目的污染物源强进行深入细致的分析。

三、工程分析的作用

工程分析是环境影响评价工作开展的基础,宏观上可以掌握开发活动或建设项目与区域乃至国家环境保护全局的关系,微观上可以为环境影响预测、评价,以及减缓或消除负面环境影响的措施提供基础数据。工程分析的作用主要体现在以下几个方面。

(1) 为项目决策提供重要依据 工程分析一般从环境保护角度对建设项目性质、产品结构、生产规模、原辅材料使用、工艺技术、设备选型、能源结构、技术经济指标、总图布置方案、清洁生产水平、环保措施方案、规划方案、选址选线、施工方式、运行方式等开展分析,分析建设项目的法规政策符合性、污染物达标排放的可行性、总图布置合理性及选址选线合理性等方面,并提出要求和建议,从而为项目决策提供科学依据。

(2) 为各专题预测评价提供基础数据 对于污染影响型项目,工程分析从环境保护角度定量分析项目的基本技术经济数据,重点对生产工艺的产污环节进行详细分析,确定污染源源强大小,从而为环境影响预测、污染防治对策和污染物排放总量控制等提供可靠的基础数据。生态影响型项目工程分析应重点分析工程占地(包括永久占地和临时占地)类型和面积、土石方量、所涉及的不同类型生态系统及其重要程度等方面。

(3) 为环保设计提供优化建议 建设项目的环保设计需要环境影响评价作为指导,工程分析应力求对生产工艺进行优化论证,并提出符合清洁生产要求的清洁生产工艺建议,指出工艺设计上应该重点考虑的防污减污问题。此外,工程分析对环保措施方案中拟选工艺、设备及其先进性、可靠性、实用性所提出的意见也是优化环保设计的重要参考。

(4) 为项目的环境管理提供建议指标和科学数据 防治环境污染,除了采取合适的环境保护治理技术措施外,还必须严格执行环境管理。工程分析筛选出的主要污染因子是项目生产单位和环境管理部门日常管理的主要对象,所提出的环境保护措施是工程验收的重要依据,核定的污染物排放总量是建设项目污染控制的目标。

第二节 工程分析的主要方法

建设项目工程分析通常根据项目规划、可行性研究和设计方案等技术资料开展工作。目前,工程分析的主要方法有实测法、物料衡算法、产排污系数法、类比分析法、实验法、台账法、查阅参考资料分析法等。

一、实测法

实测法是指通过现场测定得到污染物产生或排放相关数据,进而核算出污染物单位时间产生量或排放量(Q)的方法。计算公式如下:

$$Q=CL$$

式中 C——实测的污染物算术平均浓度,水污染物单位为 mg/L,大气污染物单位为 mg/m^3;

L——废水或废气排放量,废水单位为 L/h,废气单位为 m^3/h。

实测法适用于已运行项目的污染源,容易受到采样频次的限制。如果实测的数据没有代表性，也不易得到真实的污染物排放量。

二、物料衡算法

在建设项目的产品方案、工艺路线、生产规模、原材料和能源消耗，以及污染治理措施确定的情况下，运用质量守恒定律核算污染物排放量是常用的方法，即在生产过程中投入系统的物料总量须等于产品数量和物料流失量之和，其计算通式如下：

$$\sum G_{投入} = \sum G_{产品} + \sum G_{回收} + \sum G_{流失}$$

式中 $\sum G_{投入}$——投入系统的物料总量；
  $\sum G_{产品}$——系统产出产品和副产品总量；
  $\sum G_{流失}$——系统中物料流失总量；
  $\sum G_{回收}$——系统中回收的物料总量。

当投入的物料在生产过程中发生化学反应时，可按下列总物料衡算公式进行核算：

$$\sum G_{排放} = \sum G_{投入} - \sum G_{回收} - \sum G_{处理} - \sum G_{转化} - \sum G_{产品}$$

式中 $\sum G_{投入}$——投入物料中的某物质总量；
  $\sum G_{产品}$——进入产品结构中的某物质总量；
  $\sum G_{回收}$——进入回收产品中的某物质总量；
  $\sum G_{处理}$——经净化处理掉的某物质总量；
  $\sum G_{转化}$——生产过程中被分解、转化的某物质总量；
  $\sum G_{排放}$——以污染物形式排放的某物质总量。

工程分析中常用的物料衡算有总物料衡算、有毒有害物料衡算、有毒有害元素物料衡算。在可行性研究文件提供的基础资料比较翔实或熟悉生产工艺的情况下，应优先采用物料衡算法计算污染物排放量，理论上该方法是最准确的。

三、产排污系数法

产排污系数法是指根据不同的原辅材料、产品、工艺、规模和治理措施，选取相关行业污染源源强核算技术指南给定的产排污系数，依据单位时间产品产量计算出污染物产生（排放）量，并结合所采用治理措施情况，核算污染物单位时间产生（排放）量的方法。计算公式如下：

$$Q = KW$$

式中 Q——单位时间污染物产生（排放）量，kg/h；
  K——单位产品产（排）污系数，kg/t；
  W——单位时间产品产量，t/h。

排污系数法是在特定条件下产生的，随不同区域、生产技术条件的不同而不同，经验排污系数和实际排污系数可能有很大差异，因此在选择和确定系数时应根据实际情况加以修正。相关排污系数可以参考污染源源强核算技术指南、全国污染源普查系数手册等资料。

四、类比分析法

类比分析法是利用与拟建项目类型相同的现有项目的设计资料或实测数据进行工程分析的方法。为提高类比数据的准确性，应充分注意分析对象与类比对象的相似性和可比性。

① 工程一般特征的相似性。包括建设项目的性质、建设规模、车间组成、产品结构、工艺路线、生产方法、原辅材料、燃料来源与成分、用水量和设备类型等。

② 污染物排放特征的相似性。包括污染物排放类型、浓度、强度与数量，排放方式与去向，以及污染方式与途径等。

③ 环境特征的相似性。包括气象条件、地貌状况、生态特点、环境功能以及区域污染情况等方面。

五、实验法

实验法是指通过模拟实验确定相关参数，核算污染物单位时间产生量或排放量的方法。

六、台账法

台账法是指通过排污单位的基本信息、生产设施运行管理信息、污染治理设施运行管理信息、监测数据等，核算污染物单位时间产生量的方法。

七、查阅参考资料分析法

查阅参考资料分析法是利用同类工程已有的环境影响评价资料、可行性研究报告、文献资料等进行工程分析的方法。虽然该方法较为简便，但所获得数据资料的准确性较难保证，通常只在评价等级较低的建设项目工程分析中使用。

第三节 污染影响型项目工程分析

一、污染影响型项目工程分析内容设置

对于环境影响以污染要素为主的建设项目来说，工程分析的主要内容原则上应根据建设项目的工程特征，包括建设项目的类型、性质、规模、开发建设方式与强度、能源与资源用量、污染物排放特征以及项目所在地的环境条件来确定。污染影响型建设项目工程分析主要包括五部分内容，各部分工作内容如表6-1所示，其中污染物分析是污染影响型建设项目工程分析的核心内容。

表6-1 污染影响型项目工程分析基本工作内容

工程分析项目	工作内容
工程概况	• 工程一般特征简介 • 物料与能源消耗定额 • 项目组成与工程内容分析 • 主要设备和装置
工艺流程及产污环节分析	• 项目工艺流程分析 • 污染物产生环节分析
污染物分析	• 污染源分布及污染物源强核算 • 物料平衡与水平衡分析 • 无组织排放源强统计与分析 • 非正常排放源强统计与分析 • 污染物排放总量建议指标

续表

工程分析项目	工作内容
环保措施方案分析	• 分析环保措施及所选工艺和设备的先进水平和可靠程度 • 分析与处理工艺有关技术经济参数的合理性 • 分析环保措施投资构成及其在总投资中占有的比例
总图布置方案分析	• 分析建设项目选址的合理性 • 分析厂区与周围保护目标之间所定防护距离的安全性 • 根据气象、水文等自然条件分析工程和车间布置的合理性 • 分析环境敏感点（保护目标）处置措施的可行性

二、污染影响型项目工程分析工作内容

污染影响型项目工程分析具体工作内容如下。

1. 工程概况

（1）工程一般特征简介　工程一般特征简介主要介绍项目的基本情况，包括工程名称、建设性质、建设地点、建设规模、产品方案、主要技术经济指标、配套工程、储运方式、占地面积、职工人数、运行方式、工程总投资等，并附上项目总平面布置图。

（2）物料与能源消耗定额　物料与能源消耗定额包括主要原辅材料、助剂、能源（煤、油、天然气、电和蒸汽）、用水等，以及各自的来源、成分和消耗量。对于具有致癌、致畸、致突变的物质及具有持久性影响的污染物应给出组分。

（3）项目组成与工程内容分析　项目组成主要包括主体工程、辅助工程、公用工程、环保工程、办公及生活设施、储运工程等，从项目组成角度分析项目存在的主要环境问题，列出项目组成表，为项目产生的环境影响分析和提出合适的污染防治措施奠定基础。

对于分期建设项目，应按不同建设期分别说明建设规模；对于改扩建项目，必须分析现有工程的基本情况，一般包括现有工程的组成和规模、产品方案、主要生产工艺，与改扩建项目有关的环保设施和措施，同时统计核算现有污染物排放量，分析其达标排放情况，明确现存的主要环境问题及工程拟采取的"以新带老"措施。此外，改扩建项目与现有工程的依托关系也需要明确。

（4）主要设备和装置　主要包括生产设备和辅助设备，如供热、供汽、供气、供电（自备发电机）和污染治理设施等。

2. 工艺流程及产污环节分析

（1）项目工艺流程分析　在项目可行性研究报告或设计文件基础上，根据工艺过程的描述及同类项目生产的实际情况，绘制项目施工期和运营期工艺流程图。绘制工艺流程图应包括涉及产生污染物的装置和工艺过程，不产生污染物的过程和装置可以简化。

（2）污染物产生环节分析　根据项目工艺流程图，分析工艺过程的主要产污环节，并在工艺流程图中标明污染物的产生位置和污染物的类型，必要时列出主要化学反应式和副反应式。此外，在总平面布置图上标出污染源的准确位置，以便为其他专题评价提供可靠的污染源资料。

3. 污染物分析

（1）污染源分布及污染物源强核算　污染源分布及污染物源强核算主要内容详见表6-2。

表 6-2 污染源分布及污染物源强核算内容

类别	主要内容
污染源分布	• 污染源分布和污染物类型及排放量是各专题评价的基础,需按照建设过程、生产过程和服务期满后(退役期)三个阶段详细核算和统计; • 根据已经绘制的工艺流程产污位置图,按照排放点标明污染物排放部位,用代号代表不同污染物类型,并依据其在工艺流程中的先后顺序进行编号,如用 G_i 代表废气,W_i 代表废水,S_i 代表固体废物等,然后列表逐点统计各种污染因子的排放浓度、数量、速率、形态等
污染物源强核算	• 根据污染物产生环节(包括生产、装卸、储存、运输)和产生方式(如有组织排放、无组织排放),核算建设项目常规污染物和特征污染物(包括挥发性有机物、重金属污染物、三致物质、持久性有机污染物等)产生的位置、种类、方式、浓度和总量等
大气污染源	• 有组织排放源的分布、排放参数、污染物产生和排放情况; • 无组织排放源的分布、污染物产生情况、源强估算方法; • 非正常排放的发生条件、位置、强度和持续时间
水污染源	• 污水种类与收集处理方案、废水的重复利用率; • 正常工况下的污染物(特别是水中优先控制污染物)产生情况、参数; • 非正常排放的发生条件、位置、强度和持续时间
噪声污染源	• 主要声源的空间位置、种类、方式和强度、源强估算和确定方法
固体废物	• 一般工业固体废物和危险废物的种类、性质、组分、数量和含水率等
振动源(振动有较大影响的项目)	• 振动源的空间位置、强度(采取措施前后的变化)、源强的确定方法

对于新建项目污染物排放量统计,要求核算"两本账",即生产过程中的污染物产生量和经过污染防治措施实现污染物削减后的最终排放量,见表 6-3。

表 6-3 新建项目污染物排放量统计　　　　　　　　　　　单位:t/a

类别	污染物名称	产生量	治理削减量	排放量
废水				
废气				
固体废物				

对于改扩建项目污染物排放量统计则要求核算主要污染物排放变化的"三本账",即某种污染物改扩建前排放量、改扩建项目实施后扩建部分排放量、改扩建完成后总排放量(扣除"以新带老"削减量),见表 6-4,其关系式为:

改扩建完成后总排放量＝改扩建前排放量－"以新带老"削减量＋扩建部分排放量

表 6-4　改扩建项目污染物排放量统计　　　　　　　　　　　单位：t/a

类别	污染物名称	改扩建前排放量	扩建部分排放量	"以新带老"削减量	改扩建完成后总排放量	增减量变化
废水						
废气						
固体废物						

污染物源强核算方法可采用类比分析法、实测法、实验法、绩效法、排污系数法、物料衡算法等。

（2）物料平衡与水平衡分析　收集相关数据资料，根据质量守恒定律开展物料平衡与水平衡核算。投入的原材料和辅助材料的总量等于产出的产品和副产物以及污染物的总量；所用的新鲜水总量加上原料带来的水量等于产品带走的水量、损失水量和排放废水量之和。通过物料平衡，可以核算产品和副产品的产量，并计算出污染物的源强大小；根据水平衡，可以考虑废水的综合利用，减少废水排放。

此外，需要根据不同行业、不同项目的具体特点，进行不同类型的物料平衡分析，诸如总物料平衡、有毒有害物料平衡和有毒有害元素物料平衡。

（3）无组织排放源强统计与分析　无组织排放是指没有排气筒或排气筒高度低于15m排放源的污染物排放。主要表现在生产工艺过程中弥散型污染物的挥发，设备、管道和管件的跑冒滴漏，以及污染物在空气中的蒸发、扩散等。无组织排放源强的确定方法主要有以下三种。

① 物料衡算法：通过项目物料的投入产出分析，核算无组织排放量；
② 类比法：通过与工艺相同、原料相似的同类项目进行类比，核算无组织排放量；
③ 反推法：通过对同类项目正常生产时无组织排放监控点的现场监测，利用面源扩散模式反推，确定无组织排放量。

（4）非正常排放源强统计与分析　项目非正常排放是指生产运行阶段的开停车、部分设备检修、工艺设备的运转异常、工艺设备或环保设施达不到设计指标要求、一般性事故和泄漏时的污染物排放。此类非正常排污分析应确定非正常排放污染物的来源、种类及强度，发生的频率和处置措施等。

（5）污染物排放总量建议指标　在核算污染物排放量的基础上，按照国家对污染物排放总量控制指标的要求，提出项目污染物排放总量控制建议指标，污染物排放总量控制建议指标应包括国家规定的指标和项目的特征污染物。提出的污染物排放总量控制建议指标需满足以下要求：污染物能达标排放、符合其他相关环保要求（如特殊控制的区域与河段）、技术上可行。

4．环保措施方案分析

（1）分析环保措施及所选工艺和设备的先进水平和可靠程度　根据建设项目产生的污染

物特点,充分调查同类企业现有的环保处理方案的经济技术运行指标,分析建设项目可行性研究阶段提出的环保措施方案运行可靠程度和先进水平,并提出进一步改进的意见。

(2) 分析与处理工艺有关技术经济参数的合理性　根据现有同类环保设施的运行技术经济指标,结合建设项目环保设施的基本特点,分析论证建设项目环保设施的技术经济参数的合理性,并提出进一步改进的意见。

(3) 分析环保措施投资构成及其在总投资中所占比例　汇总建设项目环保设施的各项投资,分析其投资结构,并计算环保投资在总投资中所占的比例。环保投资一览表是指导建设项目环保工程竣工验收的重要参考依据。对于改扩建项目,表中还应包括"以新带老"的环保投资内容。环保投资及"三同时"一览表可参考表6-5。

表6-5　环保投资及"三同时"一览表

序号	项目	环保措施及验收内容	投资估算/万元	备注
一	大气污染防治措施			
1				
2				
…				
二	水污染防治措施			
1				
2				
…				
三	噪声污染防治措施			
1				
2				
…				
四	固体废物处理处置措施			
1				
2				
…				
五	生态环境保护措施			
六	"以新带老"措施			
七	环境监测			
八	其他			
	合计			

5. 总图布置方案分析

(1) 分析建设项目选址的合理性　对于建设项目的选址、选线和规模,应从是否与规划相协调、是否符合法规要求、是否满足环境功能区要求、是否影响敏感的环境保护目标或造成重大资源经济和社会文化损失等方面进行环境合理性论证,说明建设项目与有关经过批复的有效城镇发展总体规划、区域或流域规划、环境保护规划和环境功能区划、相关保护区规划及土地利用规划等的相容性。

（2）分析厂区与周围保护目标之间所定防护距离的安全性　参考国家有关环境、卫生和安全防护距离规范，调查、分析厂区各功能单元与周围保护目标之间是否满足有关防护距离的要求，不能满足要求的，应通过调整平面布置或改变选址、搬迁保护目标等措施来满足要求。绘制总图布置方案与外环境关系图，图中应标明环境敏感点与建设项目的方位、距离和环境敏感的性质。

（3）根据气象、水文等自然条件分析工程和车间布置的合理性　在充分掌握项目建设地点的气象、水文和地质资料等基础上，综合考虑不同污染源的污染特性，以满足厂界环境控制要求和对环境敏感点影响最小为原则，合理布置生产装置、仓库、公用工程等各功能单元。

（4）分析环境敏感点（保护目标）处置措施的可行性　分析项目所产生污染物的特点及污染特征，结合现有的有关资料，确定建设项目对附近环境敏感点的影响，分析环境敏感点搬迁、防护等保护措施的必要性。

6. 其他环节环境影响因素分析

对项目其他辅助环节是否存在环境影响进行分析，特别是非工艺过程的污染物排放。如果有，也应该进行核算，并在汇总表中列出。

（1）资源、能源、产品、废物等的储运　建设项目资源、能源、产品、废物等的装卸、转运、贮存等环节也可能会产生各种环境影响，应进行分析、识别。

（2）交通运输　建设项目的建设和运行可能会使当地及附近地区的交通运输负荷有明显的增加并且给环境带来不可忽视的影响，因此应分析运输方式，物流输入、输出平衡等，明确交通运输过程的主要污染物排放。

（3）土地开发利用分析　通过了解拟建项目所在区域的土地利用规划，分析项目建设与土地利用规划的协调性，以及项目建设开发利用土地带来的环境影响因素。

三、污染影响型项目工程分析方法选择

污染影响型项目工程分析的重点是污染源污染物排放量的核算，常用的方法有实测法、物料衡算法、类比分析法、产排污系数法和反推法等。本章第二节已对前面四种方法做了介绍。反推法是类比同类工程的无组织排放源强，无法得到直接的无组织排放数据，但可类比同类项目正常生产时无组织排放监控点的现场浓度监测数据，然后根据扩散模式反推源强，进而确定无组织排放量。

第四节　生态影响型项目工程分析

一、生态影响型项目工程分析概述

1. 基本要求

① 按照《建设项目环境影响评价技术导则　总纲》（HJ 2.1—2016）的要求开展工程分析，主要采用工程设计文件的数据和资料以及类比工程的资料，明确建设项目地理位置、建

设规模、总平面布置及施工布置、施工方式、施工时序、建设周期和运行方式,各种工程行为及其发生的地点、时间、方式和持续时间,以及设计方案中的生态保护措施等。

② 结合建设项目特点和区域生态环境状况,分析项目在施工期、运行期以及服务期满后(可根据项目情况选择)可能产生生态影响的工程行为及其影响方式,判断生态影响性质和影响程度。重点关注影响强度大、范围广、历时长或涉及重要物种、生态敏感区的工程行为。

③ 工程设计文件中包括工程位置、工程规模、平面布局、工程施工及工程运行等不同比选方案的,应对不同方案进行工程分析。现有方案均占用生态敏感区,或明显可能对生态保护目标产生显著不利影响的,还应补充提出基于减缓生态影响考虑的比选方案。

2. 工程分析的时段

生态影响型项目工程分析时段包括施工期、运营期和服务期满后(退役期),其中施工期和运营期是工程分析的重点。在实际工作中,针对各类生态影响型建设项目的影响性质和所处区域环境特点的差异,关注的工程行为和重要生态影响会有所侧重,不同阶段有不同问题需要关注和解决。

施工期时间跨度较长,少则几个月,多则几年。对生态影响而言,施工期和运营期的影响同等重要且各具特点,施工期产生的直接生态影响一般属于临时性质,但在一定条件下,其产生的间接影响可能是永久性的。在实际工程中,施工期生态影响关注直接影响的同时,还应关注其可能造成的间接影响。施工期是环境影响评价必须重点关注的时段。

运营期通常会比施工期长得多,该时期的生态和污染影响可能会造成区域性的环境问题,如水库蓄水会使周边区域地下水位抬升,进而可能造成区域土壤盐渍化或沼泽化,矿工采矿时大量疏干排水可能导致地表沉降和地面植被生长不良甚至荒漠化。运营期是环境影响评价必须重点关注的时段。

退役期不仅包括主体工程的退役,也涉及主要设备和相关配套工程的退役,如矿井(区)闭矿、渣场封闭、设备报废更新等,也可能存在需要解决的环境问题。

3. 工程分析的对象

一方面,要求工程组成全面,应包括临时性/永久性、勘察期/施工期/运营期/退役期的所有工程;另一方面,要求突出重点工程,对环境影响范围大、影响时间长的工程和处于环境保护目标附近的工程应重点分析。

工程组成应有完善的项目组成表,一般按主体工程、配套工程和辅助工程分别说明工程位置、规模、施工和运营设计方案、主要技术参数和服务年限等主要内容。

重点工程分析既要考虑工程本身的环境影响特点,也要考虑区域环境特点和区域敏感目标。在各评价阶段,应突出该时段存在主要环境影响的工程;区域环境特点不同,同类工程的环境影响范围和程度可能会存在明显差异;同样的环境影响强度,因与区域敏感目标相对位置关系不同,其环境影响敏感性也可能会不同。

二、生态影响型项目工程分析工作内容

生态影响型建设项目的种类涉及交通运输项目、水利水电项目、矿业工程和农业建设项目等。不同类型的生态影响型建设项目,对生态的影响程度和影响范围存在明显差异,但可以采用适宜的方法,从共性和特殊性等方面对不同类型的建设项目进行工程分析。生态影响型建设项目工程分析主要包括六部分内容,各部分工作内容见表6-6。

表 6-6　生态影响型项目工程分析基本工作内容

工程分析项目	工作内容	基本要求
工程概况	• 一般特征简介 • 工程特征 • 项目组成 • 施工和运营方案 • 工程布置示意图 • 比选方案	工程组成全面,突出重点工程
项目初步论证	• 法律法规、环境政策和相关规划符合性论证 • 总图布置和选址选线合理性论证	从宏观层面进行论证,必要时提出替代或调整方案
影响源识别	• 工程行为识别,包括重点工程识别、原有工程识别 • 污染源识别	从工程自身的环境影响特点出发进行识别,确定项目环境影响的来源和强度
环境影响识别	• 社会影响识别 • 生态影响识别 • 环境污染识别	应结合项目自身环境影响特点、区域环境特点和具体环境敏感目标综合考虑
环境保护方案分析	• 施工和运营方案合理性分析 • 工艺和设施的先进性和可靠性分析 • 环境保护措施的有效性分析 • 环保设施处理效率合理性和可靠性分析 • 环境保护投资合理性分析	从经济、环境、技术和管理方面论证环境保护方案的可行性
其他分析	• 非正常工况分析 • 事故风险识别 • 风险防范与应急措施说明	可在工程分析中专门分析,也可纳入其他部分或专题进行分析

1. 工程概况

介绍项目的名称、建设地点（线路）、性质、规模和工程特性,给出工程的经济技术指标和工程特征表;介绍工程项目组成及施工布置,按项目的工程特点给出项目组成表,项目组成表应包括主体工程、辅助工程、配套工程、公用工程、环保工程,以及大型临时工程等,并说明工程在不同时期的主要工程活动内容与方式;阐述工程施工和运营设计方案,并给出施工期和运营期的工程布置示意图;介绍项目的比选方案。

项目地理位置图、总平面布置图、施工平面布置图、物料（含土石方）平衡图和水平衡图、工程特征表、项目组成表是生态影响型项目工程概况不可缺少的内容。

2. 项目初步论证

主要从宏观层面进行项目可行性论证,必要时提出替代或调整方案。初步论证主要包括以下三方面的内容:

① 建设项目与法律法规、环境政策和相关规划的符合性;
② 建设项目选址选线、施工布置和总图布置的合理性;
③ 区域循环经济的可行性,提出替代或调整方案。

3. 影响源识别

生态影响型建设项目除了主要产生生态影响外,同时也会有不同程度的污染影响,其影响源识别主要从工程自身的环境影响特点出发,识别可能带来生态影响或污染影响的来源,主要包括工程行为识别(包括重点工程识别、原有工程识别)、污染源识别。影响源分析中,应尽可能给出定量或半定量数据。

① 工程行为识别。应明确给出土地征用量、临时用地量、地表植被破坏面积、取土量、弃渣量、库区淹没面积和移民数量等。

② 污染源识别。原则上按污染型项目要求进行,从废水、废气、固废、噪声与振动等方面分别考虑,明确污染源位置、属性、产生量、处理处置量和最终排放量。

对于改扩建项目,还应分析原有工程存在的环境问题,识别原有工程影响源和源强。

4. 环境影响识别

环境影响识别一般从社会影响、生态影响和环境污染三个方面考虑,在结合项目自身环境影响特点、区域环境特点和具体环境敏感目标的基础上进行识别。生态影响型建设项目的生态影响识别,不仅要识别工程行为造成的直接影响,而且要注意污染影响造成的间接生态影响,甚至工程行为和污染影响在时空上的累积效应(累积影响),明确各类影响的性质(有利/不利)和属性(可逆/不可逆、临时/长期等)。

5. 环境保护方案分析

环境保护方案分析要求从经济、环境、技术和管理方面论证环境保护措施和设施的可行性,必须满足达标排放、总量控制、环境规划和环境管理要求,技术先进且与社会经济发展水平相适应,确保环境保护目标可达性。环境保护方案分析应包括以下内容:

① 施工和运营方案合理性分析;
② 工艺和设施的先进性和可靠性分析;
③ 环境保护措施的有效性分析;
④ 环保设施处理效率合理性和可靠性分析;
⑤ 环境保护投资估算及合理性分析。

通过环境保护方案分析,对于不合理的环境保护措施应提出比选方案,进行比选分析后提出推荐方案或替代方案。对于改扩建工程,应明确"以新带老"环保措施。

6. 其他分析

其他分析主要包括非正常工况类型及源强、事故风险识别和源项分析,以及风险防范与应急措施说明。

三、生态影响型项目工程分析方法选择

生态影响型项目工程分析的重点是分析项目在施工期、运营期和退役期等阶段导致的水土流失、耕地减少、生物量损失等生态影响,常用的方法有实验法、系数法等。对于污染源污染物的排放,可以参考污染影响型项目工程分析方法选择。

思考题

1. 查阅相关资料,分类统计目前已发布的污染源源强核算技术指南,并归纳总结污染

源源强核算的主要方法及其适用条件。

2. 污染源源强核算是工程分析的重点和难点，讨论分析如何获取建设项目工程分析所需基础数据，以及如何准确核算源强。

3. 建设项目按照建设性质通常可分为哪几类？讨论分析不同类别建设项目工程分析有何异同。

4. 归纳分析污染影响型和生态影响型项目工程分析在工作内容和分析方法上存在的主要差异。

小测验

第七章

环境影响评价工作等级与评价范围

引言

环境影响评价工作等级通常分为三级。一级评价要求对单项环境要素的环境影响进行全面、详细和深入的评价，并采用定量化计算来完成；二级评价要求对单项环境要素的重点环境影响进行详细、深入评价，一般应采用定量化计算和定性描述来完成；三级评价要求对单项环境要素的环境影响进行一般评价，可以采用定性描述来完成。

基于环境影响识别和初步工程分析结果，根据各环境要素环境影响评价技术导则中的方法，应准确确定建设项目环境影响评价工作等级。当建设项目周边涉及特殊保护地区、生态敏感与脆弱区、社会关注区、环境质量已达不到环境功能区划要求的地区等环境敏感区时，即使这些环境敏感区在评价范围外，也应从环境敏感区优先保护的角度出发，根据建设项目的扰动和影响范围，具体问题具体分析，适当将评价范围延伸至所关心的环境敏感区。

导读

建设项目各环境要素专题评价工作等级主要根据建设项目类别和项目特征、所在地区的环境特征和环境敏感程度等因素进行划分，一般划分为三个评价等级：一级、二级、三级。水污染影响型建设项目地表水三级评价还包括三级A和三级B；环境风险评价工作等级除一级、二级、三级外，还包括简单分析。评价范围主要根据评价等级、工程特点、影响方式及程度、环境质量管理要求等综合确定。本章介绍地表水环境影响、地下水环境影响、大气环境影响、声环境影响、土壤环境影响、生态环境影响、环境风险评价工作等级划分依据，以及评价范围的相关要求。通过学习本章，要求掌握各环境要素环境影响评价工作等级划分依据与方法，以及评价范围的确定。

第一节　地表水环境影响评价工作等级与评价范围

一、评价工作分级方法

根据《环境影响评价技术导则　地表水环境》（HJ 2.3—2018），建设项目地表水环境影响包括水污染影响型和水文要素影响型两种类型，其评价等级主要根据影响类型、废水排放方式、废水排放量或影响情况、受纳水体环境质量现状、水环境保护目标等综合判定。

1. 水污染影响型建设项目

水污染影响型建设项目根据废水排放量、水污染物污染当量数，直接排放废水的建设项目评价等级分为一级、二级和三级A，间接排放废水的建设项目评价等级可直接确定为三级B，评价等级划分详见表7-1。

表 7-1　水污染影响型建设项目评价等级判定

评价等级	判定依据	
	排放方式	废水排放量Q；水污染物当量数W（无量纲）
一级	直接排放	$Q \geqslant 20000 m^3/d$ 或 $W \geqslant 600000$
二级	直接排放	其他
三级A	直接排放	$Q < 200 m^3/d$ 且 $W < 6000$
三级B	间接排放	—

注：1. 水污染物当量数等于该污染物的年排放量除以该污染物的污染当量值，计算排放污染物的污染当量数，应区分第一类水污染物和其他类水污染物，统计第一类污染当量数总和，然后与其他类污染物按照污染物当量数从大到小排序，取最大当量数作为建设项目评价等级确定的依据。

2. 废水排放量按行业排放标准中规定的废水种类统计，没有相关行业排放标准要求的通过工程分析合理确定，应统计含热量大的冷却水的排放量，可不统计间接冷却水、循环水以及其他含污染物极少的清净下水的排放量。

3. 厂区存在堆积物（露天堆放的原料、燃料、废渣等以及垃圾堆放场）、降尘污染的，应将初期雨污水纳入废水排放量，相应的主要污染物纳入水污染当量计算。

4. 建设项目直接排放第一类污染物的，其评价等级为一级；建设项目直接排放的污染物为受纳水体超标因子的，评价等级不低于二级。

5. 直接排放受纳水体影响范围涉及饮用水水源保护区、饮用水取水口、重点保护与珍稀水生生物的栖息地、重要水生生物的自然产卵场等保护目标时，评价等级不低于二级。

6. 建设项目向河流、湖库排放温排水引起受纳水体水温变化超过水环境质量标准要求，且评价范围有水温敏感目标时，评价等级为一级。

7. 建设项目利用海水作为调节温度介质的，排水量$\geqslant 500 \times 10^4 m^3/d$，评价等级为一级；排水量$< 500 \times 10^4 m^3/d$，评价等级为二级。

8. 仅涉及清净下水排放的，如其排放水质满足受纳水体水环境质量标准要求，评价等级为三级A。

9. 依托现有排放口，且对外环境未新增排放污染物的直接排放建设项目，评价等级参照间接排放，定为三级B。

10. 建设项目生产工艺中有废水产生，但作为回用水利用，不排放到外环境的，按三级B评价。

2. 水文要素影响型建设项目

水文要素影响型建设项目评价等级划分根据水温、径流与受影响地表水域等三类水文要素的影响程度进行判定，相关说明见表7-2。

表 7-2 水文要素影响型建设项目评价等级判定

评价等级	水温	径流		受影响地表水域		
	年径流量与总库容之比 α/%	兴利库容与年径流量之比 β/%	取水量与多年平均径流量之比 γ/%	工程垂直投影面积及外扩范围 A_1/km²；工程扰动水底面积 A_2/km²；过水断面宽度占用比例或占用水域面积比例 R/%		工程垂直投影面积及外扩范围 A_1/km²；工程扰动水底面积 A_2/km²
				河流	湖库	入海河口、近岸海域
一级	$\alpha \leq 10$；或稳定分层	$\beta \geq 20$；或完全年调节与多年调节	$\gamma \geq 30$	$A_1 \geq 0.3$；或 $A_2 \geq 1.5$；或 $R \geq 10$	$A_1 \geq 0.3$；或 $A_2 \geq 1.5$；或 $R \geq 20$	$A_1 \geq 0.5$；或 $A_2 \geq 3$
二级	$20 > \alpha > 10$；或不稳定分层	$20 > \beta > 2$；或季调节与不完全年调节	$30 > \gamma > 10$	$0.3 > A_1 > 0.05$；或 $1.5 > A_2 > 0.2$；或 $10 > R > 5$	$0.3 > A_1 > 0.05$；或 $1.5 > A_2 > 0.2$；或 $20 > R > 5$	$0.5 > A_1 > 0.15$；或 $3 > A_2 > 0.5$
三级	$\alpha \geq 20$；或混合型	$\beta \leq 2$；或无调节	$\gamma \leq 10$	$A_1 \leq 0.05$；或 $A_2 \leq 0.2$；或 $R \leq 5$	$A_1 \leq 0.05$；或 $A_2 \leq 0.2$；或 $R \leq 5$	$A_1 \leq 0.15$；或 $A_2 \leq 0.5$

注：1. 影响范围涉及饮用水水源保护区、重点保护与珍稀水生生物的栖息地、重要水生生物的自然产卵场、自然保护区等保护目标，评价等级应不低于二级。

2. 跨流域调水、引水式电站、可能受到河流感潮河段咸潮影响的建设项目，评价等级不低于二级。

3. 造成入海河口（湾口）宽度束窄（束窄尺度达到原宽度的 5% 以上），评价等级应不低于二级。

4. 对不透水的单方向建筑尺度较长的水工建筑物（如防波堤、导流堤等），其与潮流或水流主流向切线垂直方向投影长度大于 2km 时，评价等级应不低于二级。

5. 允许在一类海域建设的项目，评价等级为一级。

6. 同时存在多个水文要素影响的建设项目，分别判定各水文要素影响评价等级，并取其中最高等级作为水文要素影响型建设项目评价等级。

二、评价范围和评价时期

建设项目地表水环境影响评价范围指建设项目整体实施后可能对地表水环境造成的影响范围。评价范围应以平面图的方式表示，并明确起止位置等控制点坐标。

1. 评价范围

水污染影响型建设项目和水文要素影响型建设项目的评价范围要求详见表 7-3。

2. 评价时期

建设项目地表水环境影响评价时期根据受影响地表水体类型、评价等级等确定，详见表 7-4。三级 B 评价可不考虑评价时期。

表 7-3 建设项目评价范围相关要求

项目类型	评价范围确定依据		具体要求
水污染影响型建设项目	评价等级、工程特点、影响方式及程度、地表水环境质量管理要求等	一级、二级、三级 A	• 应根据主要污染物迁移转化状况，至少需覆盖建设项目污染影响所及水域。 • 受纳水体为河流时，应满足覆盖对照断面、控制断面与消减断面等关心断面的要求。 • 受纳水体为湖泊、水库时，一级评价，评价范围宜不小于以入湖（库）排放口为中心，半径为 5km 的扇形区域；二级评价，评价范围宜不小于以入湖（库）排放口为中心，半径为 3km 的扇形区域；三级 A 评价，评价范围宜不小于以入湖（库）排放口为中心、半径为 1km 的扇形区域。 • 受纳水体为入海河口和近岸海域时，评价范围按照《海洋工程环境影响评价技术导则》（GB/T 19485—2014）执行。 • 影响范围涉及水环境保护目标的，评价范围至少应扩大到水环境保护目标内受到影响的水域。 • 同一建设项目有两个及两个以上废水排放口，或排入不同地表水体时，按各排放口及所排入地表水体分别确定评价范围；有叠加影响的，叠加影响水域应作为重点评价范围
		三级 B	• 应满足其依托污水处理设施环境可行性分析的要求； • 涉及地表水环境风险的，应覆盖环境风险影响范围所及的水环境保护目标水域
水文要素影响型建设项目	评价等级、水文要素影响类别、影响及恢复程度等		• 水温要素影响评价范围为建设项目形成水温分层水域，以及下游未恢复到天然（或建设项目建设前）水温的水域； • 径流要素影响评价范围为水体天然性状发生变化的水域，以及下游增减水影响水域； • 地表水域影响评价范围为相对建设项目建设前日均或潮均流速及水深或高（累积频率 5%）低（累积频率 90%）水位（潮位）变化幅度超过 5%的水域； • 建设项目影响范围涉及水环境保护目标的，评价范围至少应扩大到水环境保护目标内受影响的水域； • 存在多类水文要素影响的建设项目，应分别确定各水文要素影响评价范围，取各水文要素影响评价范围的外包线作为水文要素的影响评价范围

表 7-4 评价时期确定表

受影响地表水体类型	评价等级		
	一级	二级	水污染影响型（三级 A）/水文要素影响型（三级）
河流、湖库	丰水期、平水期和枯水期；至少丰水期和枯水期	丰水期和枯水期；至少枯水期	至少枯水期
入海河口（感潮河段）	河流：丰水期、平水期和枯水期；河口：春季、夏季和秋季；至少丰水期和枯水期，春季和秋季	河流：丰水期和枯水期；河口：春、秋 2 个季节；至少枯水期或 1 个季节	至少枯水期或 1 个季节
近岸海域	春季、夏季和秋季；至少春、秋 2 个季节	春季或秋季；至少 1 个季节	至少 1 次调查

注：1. 感潮河段、入海河口、近岸海域在丰、枯水期（或春夏秋冬四季）均应选择大潮期或小潮期中一个潮期开展评价（无特殊要求时，可不考虑一个潮期内高潮期、低潮期的差别）。选择原则为：依据调查监测海域的环境特征，以影响范围较大或影响程度较重为目标，定性判别，选择大潮期或小潮期作为调查潮期。
2. 冰封期较长且作为生活饮用水与食品加工用水的水源或有渔业用水需求的水域，应将冰封期纳入评价时期。
3. 具有季节性排水特点的建设项目，根据建设项目排水期对应的水期或季节确定评价时期。
4. 水文要素影响型建设项目对评价范围内的水生生物生长、繁殖与洄游有明显影响的时期，需将对应的时期作为评价时期。
5. 复合影响型建设项目分别确定评价时期，按照覆盖所有评价时期的原则综合确定。

第二节 地下水环境影响评价工作等级与评价范围

一、评价工作分级方法

1. 评价工作等级划分依据

根据《环境影响评价技术导则 地下水环境》(HJ 610—2016)，评价工作等级主要依据建设项目所属地下水环境影响评价项目类别和地下水环境敏感程度进行判定。

① 根据建设项目对地下水水质、水位可能产生的影响，按照水质影响和水位影响，结合《国民经济行业分类》(GB/T 4754—2017)，划分地下水环境影响评价的建设项目类别。地下水水质影响的建设项目类别分为Ⅰ类、Ⅱ类、Ⅲ类，见表7-5；地下水水位影响的建设项目类别见表7-6。

表7-5 涉及地下水水质影响的建设项目类别

行业类别	Ⅰ类建设项目	Ⅱ类建设项目	Ⅲ类建设项目
采矿业	陆地石油开采(0711)；锰矿、铬矿采选(082)；化学矿开采(102)；有色金属矿采选业(铝矿、镁矿采选除外)(09)	陆地天然气开采(0721)；煤炭开采和洗选(061、062、069)；铁矿、其他黑色金属矿采选(081、089)；铝矿、镁矿采选(091)；非金属矿采选(109)	
制造业	纺织业精加工(1713、1723、1733、1743、1752、1762)；皮革鞣制加工(1910)；毛皮鞣制加工(1931)；原油加工及石油制品制造(2511)；其他原油制造(2519)；炼焦(2521)；煤制合成气生产(2522)；煤制液体燃料生产(2523)；化学原料和化学制品制造业(26)；炼钢(有炼焦)(312)；常用有色金属冶炼(321)；贵金属冶炼(322)；稀有稀土金属冶炼(323)；金属表面处理及热处理加工(仅专业电镀企业)(3360)；金属废料和碎屑加工处理(仅废电池)(4210)	纸浆制造(221)；生物质液体燃料生产(2541)；医药制造业(2710~2762)；化纤浆粕制造(2811)，人造纤维(纤维素纤维)制造(2812)，锦纶纤维制造(2821)，涤纶纤维制造(2822)，腈纶纤维制造(2823)，维纶纤维制造(2824)，氨纶纤维制造(2826)，其他合成纤维制造(2829)，生物基化学纤维制造(莱赛尔纤维制造)(2831)；铁合金冶炼(314)；有色金属压延加工(仅冷轧)(325)；非金属废料和碎屑加工处理(仅废油、废轮胎)(4220)	炼铁(311)；农副食品加工业(仅制糖业、屠宰及肉类加工)(134、135)；味精制造(146)
管道运输业		陆地管道运输(仅埋地的原油及成品油管道、厂际间埋地化学品管线)(5720)	
装卸搬运和仓储业	油气仓储(总容量20万立方米及以上的原油、成品油)(5941)	油气仓储(总容量20万立方米以下的原油、成品油)(5941)；危险化学品仓储(5942)	
农、林、牧、渔业		牲畜饲养(年出栏生猪5000头及以上的)(031)；家禽饲养(折合猪的养殖规模)(032)；其他畜牧业(折合猪的养殖规模)(039)	
电力、热力、燃气及水生产和供应业		火力发电(灰场)(4411)；生物质能发电(4417)；污水处理及其再生利用(4620)	煤气生产和供应业(4513)
水利、环境和公共设施管理业	危险废物治理(7724)；固体废物治理(有填埋)(7723)；环境卫生管理(有垃圾填埋服务)(7820)	固体废物治理(有填埋除外)(7723)；垃圾环境卫生管理(有填埋服务除外)(7820)	

表 7-6 涉及地下水水位影响的建设项目类别

行业类别	项目类别
电力、热力、燃气及水生产和供应业	水力发电(总装机 1000 千瓦及以上的水力发电;抽水蓄能电站)(4413)
水利、环境和公共设施管理业	库容 1000 万立方米及以上的水库;跨流域调水;大型河流引水;天然水收集与分配(仅平原区水库蓄水、地下水取水服务)(7630)
农、林、牧、渔业	灌溉活动(仅 30 万亩以上的)(0513)
建筑业	土木工程建筑业(长度大于 3 千米的隧道工程段)(481)
采矿业	黑色金属矿开采(08);有色金属矿开采(09);非金属矿开采(109);化学矿开采(102);陆地石油、天然气开采(0711、0721);煤炭开采(061、069)

② 建设项目的地下水环境敏感程度可分为敏感、较敏感、不敏感三级,分级原则见表 7-7。

表 7-7 地下水环境敏感程度分级

敏感程度	地下水环境敏感特征
敏感	集中式地下水饮用水水源(包括已建成的在用、备用、应急水源,在建和规划的地下水饮用水水源)准保护区;除集中式地下水饮用水水源以外的国家或地方政府设定的与地下水环境相关的其他保护区,如热水、矿泉水、温泉等特殊地下水资源保护区
较敏感	集中式地下水饮用水水源(包括已建成的在用、备用、应急水源,在建和规划的地下水饮用水水源)准保护区以外的补给径流区;未划定准保护区的集中式地下水饮用水水源,其保护区以外的补给径流区;分散式地下水饮用水水源地;特殊地下水资源(如热水、矿泉水、温泉等)保护区以外的分布区等其他未列入上述敏感分级的环境敏感区①
不敏感	上述地区之外的其他地区

① "环境敏感区"是指《建设项目环境影响评价分类管理名录》中所界定的涉及地下水的环境敏感区。

2. 评价工作等级划分

建设项目地下水环境影响评价工作等级划分详见表 7-8。

表 7-8 地下水环境影响评价工作等级分级表

环境敏感程度	Ⅰ类项目	Ⅱ类项目	Ⅲ类项目
敏感	一级	二级	三级
较敏感	一级	三级	三级
不敏感	二级	三级	—

注:"—"指建设项目地下水环境影响评价可仅作简单分析。

① 对于利用废弃盐岩矿井洞穴或人工专制盐岩洞穴、废弃矿井巷道加水幕系统、人工硬岩洞库加水幕系统、地质条件较好的含水层储油、枯竭的油气层储油等形式的地下储油库应进行一级评价,危险废物填埋场应进行一级评价,不按表 7-8 划分评价工作等级。

② 当同一建设项目涉及两个或两个以上场地且无法置于同一评价范围内时,各场地应分别判定评价工作等级,并按相应等级开展评价工作。

③ 线性工程根据所涉地下水环境敏感程度和主要站场(如输油站、泵站、加油站、机务段、服务站等)位置进行分段判定评价工作等级,并按相应等级分别开展评价工作。

二、评价范围

地下水环境现状评价范围应包括与建设项目相关的地下水环境敏感目标,以能说明地下水环境的现状、反映评价区地下水基本流场特征、满足地下水环境影响预测和评价要求为基本原则。

线性工程应以工程边界两侧分别向外延伸200m作为调查评价范围；穿越地下水饮用水水源准保护区时，调查评价范围应至少包含水源保护区。建设项目（除线性工程外）地下水环境影响现状调查评价范围可采用公式计算法、查表法和自定义法确定。

当建设项目所在地水文地质条件相对简单，且所掌握的资料能够满足公式计算法的要求时，可采用公式计算法确定；当不满足公式计算法的要求时，可采用查表法确定。当计算或查表范围超出所处水文地质单元边界时，应以所处水文地质单元边界为宜。

1. 公式计算法

$$L = \alpha K I T / n_e$$

式中　L——下游迁移距离，m；
　　　α——变化系数，$\alpha \geqslant 1$，一般取2；
　　　K——渗透系数，m/d，常见渗透系数参考《环境影响评价技术导则　地下水环境》（HJ 610—2016）附录D表D.1；
　　　I——水力坡度，量纲为1；
　　　T——质点迁移时间，d，取值不小于5000d；
　　　n_e——有效孔隙度，量纲为1。

采用该方法时应包含重要的地下水环境保护目标，调查评价范围如图7-1所示。

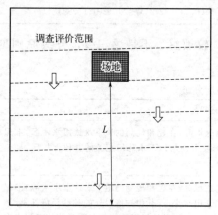

图7-1　调查评价范围示意图

虚线表示等水位线；空心箭头表示地下水流向；
场地上游距离根据评价需求确定；
场地两侧不小于$L/2$

2. 查表法

当不满足公式计算法的要求时，可根据表7-9确定调查评价范围。

表7-9　地下水环境现状调查评价范围参照表

评价工作等级	调查评价面积/km²	备注
一级	≥20	应包括重要的地下水环境保护目标，必要时适当扩大范围
二级	6~20	
三级	≤6	

3. 自定义法

可根据建设项目所在地水文地质条件自行确定评价范围，须说明理由。

第三节　大气环境影响评价工作等级与评价范围

一、评价工作分级方法

选择项目污染源正常排放的主要污染物及排放参数，采用估算模型分别计算项目污染源的最大环境影响，然后按照评价工作分级判据进行分级。

1. 评价工作分级计算及判据

根据项目污染源初步调查结果，分别计算项目排放主要污染物的最大地面空气质量浓度

占标率 P_i（第 i 个污染物，简称"最大浓度占标率"），以及第 i 个污染物的地面浓度达到标准限值10%时所对应的最远距离 $D_{10\%}$。P_i 计算公式如下：

$$P_i = \frac{C_i}{C_{0i}} \times 100\%$$

式中　P_i——第 i 个污染物的最大地面空气质量浓度占标率，%；

　　　C_i——采用估算模型计算出的第 i 个污染物的最大1h地面空气质量浓度，$\mu g/m^3$；

　　　C_{0i}——第 i 个污染物的环境空气质量标准，$\mu g/m^3$。

C_{0i} 一般选用《环境空气质量标准》（GB 3095—2012）中1h平均质量浓度的二级浓度限值，如项目位于一类环境空气功能区，应选择相应的一级浓度限值；对该标准中未包含的污染物，使用《环境影响评价技术导则　大气环境》（HJ 2.2—2018）附录D其他污染物空气质量浓度参考限值中污染物1h平均质量浓度限值。对仅有8h平均质量浓度限值、日平均质量浓度限值或年平均质量浓度限值的，可分别按2倍、3倍、6倍折算为1h平均质量浓度限值。

评价工作等级按表7-10的分级判据进行确定。如果污染物数 i 大于1，取 P 值中最大者 P_{max}。

表 7-10　大气环境影响评价工作等级判别表

评价工作等级	评价工作分级判据
一级评价	$P_{max} \geq 10\%$
二级评价	$1\% \leq P_{max} < 10\%$
三级评价	$P_{max} < 1\%$

2. 相关规定或要求

① 环境质量标准选用《环境空气质量标准》（GB 3095—2012）中的环境空气质量浓度限值，如已有地方环境质量标准，应选用地方标准中的浓度限值。对于《环境空气质量标准》（GB 3095—2012）及地方环境质量标准中未包含的污染物，可参照《环境影响评价技术导则　大气环境》（HJ 2.2—2018）附录D中污染物的浓度限值。对上述标准中都未包含的污染物，可参照选用其他国家、国际组织发布的环境质量浓度限值或基准值，但应作出说明，经生态环境主管部门同意后执行。

② 编制环境影响报告书的项目在采用估算模型计算评价等级时，应输入地形参数。

③ 同一项目有多个污染源（两个及以上）时，则按各污染源分别确定其评价等级，并取评价级别最高者作为项目的评价等级。

④ 对电力、钢铁、水泥、石化、化工、平板玻璃、有色等高耗能行业的多源项目或以使用高污染燃料为主的多源项目，并且编制环境影响报告书的项目，评价等级提高一级。

⑤ 对等级公路、铁路项目，分别按项目沿线主要集中式排放源（如服务区、车站大气污染源）排放的污染物计算其评价等级。

⑥ 对新建包含1km及以上隧道工程的城市快速路、主干路等城市道路项目，按项目隧道主要通风竖井及隧道出口排放的污染物计算其评价等级。

⑦ 对新建、迁建及飞行区扩建的枢纽及干线机场项目，应考虑机场飞机起降及相关辅助设施排放源对周边城市的环境影响，评价等级取一级。

⑧ 确定评价等级同时应说明估算模型计算参数和判定依据，相关内容与格式要求参见HJ 2.2附录C中C.1。

评价因子和评价标准表的内容与格式见表 7-11。

表 7-11　评价因子和评价标准表

评价因子	平均时段	标准值/(μg/m³)	标准来源

二、评价范围

① 一级评价项目根据建设项目排放污染物的最远影响距离（$D_{10\%}$）确定大气环境影响评价范围。即以项目厂址为中心区域，自厂界外延 $D_{10\%}$ 的矩形区域作为大气环境影响评价范围。当 $D_{10\%}$ 超过 25km 时，确定评价范围为边长 50km 的矩形区域；当 $D_{10\%}$ 小于 2.5km 时，评价范围边长取 5km。

② 二级评价项目大气环境影响评价范围边长取 5km。

③ 三级评价项目不需设置大气环境影响评价范围。

④ 对于新建、迁建及飞行区扩建的枢纽及干线机场项目，评价范围还应考虑受影响的周边城市，最大取边长 50km。

⑤ 规划的大气环境影响评价范围以规划区边界为起点，外延规划项目排放污染物的最远影响距离（$D_{10\%}$）的区域。

第四节　声环境影响评价工作等级与评价范围

一、评价工作分级方法

声环境影响评价工作等级一般分为三级，一级为详细评价，二级为一般性评价，三级为简要评价。声环境影响评价工作等级划分详见表 7-12。

表 7-12　声环境影响评价工作等级分级表

评价等级	具体条件
一级评价	• 评价范围内有适用《声环境质量标准》(GB 3096—2008)规定的 0 类声环境功能区域； • 或建设项目建设前后评价范围内声环境保护目标噪声级增量达 5dB(A)以上[不含 5dB(A)]； • 或受影响人口数量显著增加
二级评价	• 建设项目所处的声环境功能区为《声环境质量标准》(GB 3096—2008)规定的 1 类、2 类地区； • 或建设项目建设前后评价范围内声环境保护目标噪声级增量达 3~5dB(A)； • 或受噪声影响人口数量增加较多
三级评价	• 建设项目所处的声环境功能区为《声环境质量标准》(GB 3096—2008)规定的 3 类、4 类地区； • 或建设项目建设前后评价范围内声环境保护目标噪声级增量在 3dB(A)以下[不含 3dB(A)]，且受影响人口数量变化不大

在确定评价等级时，如果建设项目符合两个等级的划分原则，按较高等级评价。机场建设项目航空器噪声影响评价等级为一级。

二、评价范围

声环境影响评价范围详见表 7-13。

表 7-13　声环境影响评价范围

项目类型	评价范围要求
固定声源为主的建设项目	• 满足一级评价的要求，一般以建设项目边界向外 200m 为评价范围。 • 二级、三级评价范围可根据建设项目所在区域和相邻区域的声环境功能区类别及声环境保护目标等实际情况适当缩小。 • 如依据建设项目声源计算得到的贡献值到 200m 处，仍不能满足相应功能区标准值时，应将评价范围扩大到满足标准值的距离
移动声源为主的建设项目	• 满足一级评价的要求，一般以线路中心线外两侧 200m 以内为评价范围。 • 二级、三级评价范围可根据建设项目所在区域和相邻区域的声环境功能区类别及声环境保护目标等实际情况适当缩小。 • 如依据建设项目声源计算得到的贡献值到 200m 处，仍不能满足相应功能区标准值时，应将评价范围扩大到满足标准值的距离
机场项目	• 机场项目按照每条跑道承担飞行量进行评价范围划分：对于单跑道项目，以机场整体的吞吐量及起降架次判定机场噪声评价范围；对于多跑道机场，根据各条跑道分别承担的飞行量情况各自划定机场噪声评价范围并取合集： （1）单跑道机场，机场噪声评价范围应是以机场跑道两端、两侧外扩一定距离形成的矩形范围； （2）对于全部跑道均为平行构型的多跑道机场，机场噪声评价范围应是各条跑道外扩一定距离后的最远范围形成的矩形范围； （3）对于存在交叉构型的多跑道机场，机场噪声评价范围应为平行跑道（组）与交叉跑道的合集范围。 • 对于增加跑道项目或变更跑道位置项目（例如现有跑道变为滑行道或新建一条跑道），在现状机场噪声影响评价和扩建机场噪声影响评价工作中，可分别划定机场噪声评价范围。 • 机场噪声评价范围应不小于计权等效连续感觉噪声级 70dB 等声级线范围。 • 不同飞行量机场推荐噪声评价范围见表 7-14

机场项目噪声评价范围见表 7-14。

表 7-14　机场项目噪声评价范围

机场类别	起降架次 N（单条跑道承担量）	跑道两端推荐评价范围	跑道两侧推荐评价范围
运输机场	N≥15 万架次/年	两端各 12km 以上	两侧各 3km
	10 万架次/年≤N<15 万架次/年	两端各 10~12km	两侧各 2km
	5 万架次/年≤N<10 万架次/年	两端各 8~10km	两侧各 1.5km
	3 万架次/年≤N<5 万架次/年	两端各 6~8km	两侧各 1km
	1 万架次/年≤N<3 万架次/年	两端各 3~6km	两侧各 1km
	N<1 万架次/年	两端各 3km	两侧各 0.5km
通用机场	无直升机	两端各 3km	两侧各 0.5km
	无直升机	两端各 3km	两侧各 1km

第五节　土壤环境影响评价工作等级与评价范围

一、评价工作分级方法

根据《环境影响评价技术导则　土壤环境（试行）》（HJ 964—2018），建设项目土壤环境影响包括生态影响和污染影响两种类型，生态影响型建设项目评价等级主要根据项目类别和敏感程度判定，污染影响型建设项目评价等级主要根据项目类别、占地规模、敏感程度判定。

建设项目所属行业的土壤环境影响评价项目类别分为Ⅰ类、Ⅱ类、Ⅲ类和Ⅳ类。具体分类详见表 7-15。

表 7-15 土壤环境影响评价项目类别

行业类别	I类	II类	III类	IV类
农林牧渔业	灌溉面积大于50万亩（1亩=666.67 m²）的灌区工程	新建5万亩至50万亩的，改造30万亩及以上的灌区工程；年出栏生猪10万头（其他畜禽种类折合养殖规模）及以上的畜禽养殖场或养殖小区	年出栏生猪5000头（其他畜禽种类折合养殖规模）及以上的畜禽养殖场或养殖小区	其他
水利	库容1亿立方米及以上水库；长度大于1000千米的引水工程	库容$1×10^7$ m³至$1×10^8$ m³的水库；跨流域调水的引水工程	其他	
采矿业	金属矿、石油、页岩油开采	化学矿采选、石棉矿采选、煤矿采选、页岩气开采、砂岩气开采、天然气开采（含净化、液化）	其他	
纺织、化纤、皮革等及服装、鞋制造	制革、毛皮鞣制	化学纤维制造；有洗毛、染整、丝绵水、精炼废水的纺织品；有湿法印花、染色、水洗工艺的服装制造；使用有机溶剂的制鞋业	其他	
造纸和纸制品		纸浆、溶解浆、纤维浆制造；造纸（含制浆工艺）	其他	
设备制造、金属制品、汽车制造及其他用品制造①	有电镀工艺的；金属制品表面处理及热处理加工的；使用有机涂层（的喷粉、喷塑和电泳除外）；有钝化工艺的热镀锌	有化学处理工艺的	其他	
石油、化工	石油加工、炼焦；化学原料和化学制品制造；农药制造；涂料、染料、颜料、油墨及其类似产品制造；合成材料制造；炸药、火工及焰火制品制造；化学药品制造；水处理剂等制造；生物化工制品制造	半导体材料、日用化学品制造；化学肥料制造	其他	
金属冶炼和压延加工及非金属矿物制品	有色金属冶炼（含再生有色金属冶炼）	有色金属铸造及合金制造；铬铁合金制造；冷轧压延加工；石棉制品；含焙烧的石墨制品制造	有色金属压延加工；炼铁；球团；烧结炼钢；水泥制造；平板玻璃制造；碳素制品	

续表

行业类别	项目类别			
	Ⅰ类	Ⅱ类	Ⅲ类	Ⅳ类
电力热力燃气及水生产和供应业	生活垃圾及污泥发电	水力发电；火力发电（燃气发电除外）；矸石、油页岩、石油焦等综合利用发电；工业废水处理；燃气生产	生活污水处理；燃煤锅炉总容量65t/h（不含）以上的热力生产工程；燃油锅炉总容量65t/h（不含）以上的热力生产工程	其他
交通运输仓储邮政业		油库（不含加油站的油库）；涉及危险品、化学品、石油、成品油储罐区的码头及仓储；石油及成品油的输送管线	公路的加油站；铁路的维修场所	其他
环境和公共设施管理业	危险废物利用及处置	采取填埋和焚烧方式综合利用的一般工业固体废物处置及城镇生活垃圾（不含餐厨废物）集中处置	一般工业固体废物处置及综合利用（除采取填埋和焚烧方式以外的）；废旧资源加工、再生利用	其他
社会事业与服务业			高尔夫球场；加油站；赛车场	其他
其他行业				全部

注：1. 仅切割组装、单纯混合或分装的，编织物及其制品制造的，影响环境影响源、影响途径、影响因子的识别结果，参照相近或相似项目类别确定。
2. 建设项目土壤环境影响评价项目类别不在本表的，可根据土壤环境影响源、影响途径、影响因子的识别结果，参照相近或相似项目类别确定。
①其他用品制造包括木材加工和木、竹、藤、棕、草制品业，家具制造业，文教、工美、体育和娱乐用品制造业，仪器仪表制造业等制造业。

1. 生态影响型

建设项目所在地土壤环境敏感程度分为敏感、较敏感、不敏感，判断依据见表7-16。同一建设项目涉及两个或两个以上场地或地区，应分别判定其敏感程度；产生两种或两种以上生态影响后果的，敏感程度按相对最高级别判定。

表 7-16 生态影响型敏感程度分级表

敏感程度	判别依据		
	盐化	酸化	碱化
敏感	建设项目所在地干燥度①≥2.5且常年地下水位平均埋深＜1.5m的地势平坦区域；或土壤含盐量＞4g/kg的区域	pH≤4.5	pH≥9.0
较敏感	建设项目所在地干燥度≥2.5且常年地下水水位平均埋深≥1.5m的，或1.8＜干燥度≤2.5且常年地下水水位平均埋深＜1.8m的地势平坦区域；建设项目所在地干燥度＞2.5或常年地下水水位平均埋深＜1.5m的平原区；或2g/kg＜土壤含盐量≤4g/kg的区域	4.5＜pH≤5.5	8.5≤pH＜9.0
不敏感	其他	5.5＜pH＜8.5	

①指采用 E601 观测的多年平均水面蒸发量与降水量的比值，即蒸降比值。

根据土壤环境影响评价项目类别与敏感程度，按照工作等级划分表判定评价工作等级，详见表7-17。

表 7-17 生态影响型评价工作等级划分表

敏感程度	Ⅰ类项目	Ⅱ类项目	Ⅲ类项目
敏感	一级	二级	三级
较敏感	二级	二级	三级
不敏感	二级	三级	—

注："—"表示可不开展土壤环境影响评价工作。

2. 污染影响型

将建设项目按占地规模分为大型（≥50hm²）、中型（5～50hm²）、小型（≤5hm²），建设项目占地主要为永久占地。建设项目所在地周边的土壤环境敏感程度分为敏感、较敏感、不敏感，判定依据见表7-18。

表 7-18 污染影响型敏感程度分级表

敏感程度	判别依据
敏感	建设项目周边存在耕地、园地、牧草地、饮用水水源地或居民区、学校、医院、疗养院、养老院等土壤环境敏感目标的
较敏感	建设项目周边存在其他土壤环境敏感目标的
不敏感	其他情况

根据土壤环境影响评价项目类别、占地规模和敏感程度确定评价工作等级，详见表7-19。

表 7-19　污染影响型评价工作等级划分表

敏感程度	Ⅰ类项目			Ⅱ类项目			Ⅲ类项目		
	大	中	小	大	中	小	大	中	小
敏感	一级	一级	一级	二级	二级	二级	三级	三级	三级
较敏感	一级	一级	二级	二级	二级	三级	三级	三级	—
不敏感	一级	二级	二级	二级	三级	三级	三级	—	—

注："—"表示可不开展土壤环境影响评价工作。

3. 相关规定或要求

① 建设项目同时涉及土壤环境生态影响型与污染影响型时，应分别判定评价工作等级，并按相应等级分别开展评价工作。

② 当同一建设项目涉及两个或两个以上场地时，各场地应分别判定评价工作等级，并按相应等级分别开展评价工作。

③ 线性工程重点针对主要站场（如输油站、泵站、阀室、加油站、维修场所等）位置，分段判定评价等级，并按相应等级分别开展评价工作。

二、评价范围

评价范围应包括建设项目可能影响的范围，能满足土壤环境影响预测和评价要求；改、扩建类建设项目的现状评价范围还应兼顾现有工程可能影响的范围。建设项目（除线性工程外）土壤环境影响现状评价范围可根据建设项目影响类型、污染途径、气象条件、地形地貌、水文地质条件等确定并说明，或参考表 7-20 确定。

表 7-20　土壤环境影响评价现状评价范围

评价工作等级	影响类型	评价范围①	
		占地②范围内	占地范围外
一级	生态影响型	全部	5km 范围内
	污染影响型		1km 范围内
二级	生态影响型	全部	2km 范围内
	污染影响型		0.2km 范围内
三级	生态影响型	全部	1km 范围内
	污染影响型		0.05km 范围内

① 涉及大气沉降途径影响的，可根据主导风向下风向的最大落地浓度点适当调整。
② 矿山类项目指开采区与各场地的占地；改、扩建类的指现有工程与拟建工程的占地。

① 建设项目同时涉及土壤环境生态影响与污染影响时，应各自确定评价范围。

② 危险品、化学品或石油等输送管线应以工程边界两侧向外延伸 0.2km 作为评价范围。

第六节 生态环境影响评价工作等级与评价范围

一、评价工作分级方法

1. 生态敏感区划分

生态敏感区包括法定生态保护区域、重要生境以及其他区域,详见表 7-21。

表 7-21 生态敏感区划分

类别	主要区域
法定生态保护区域	依据法律法规、政策等规范性文件划定或确认的国家公园、自然保护区、自然公园等自然保护地、世界自然遗产、生态保护红线等区域
重要生境	重要物种的天然集中分布区、栖息地,重要水生生物的产卵场、索饵场、越冬场和洄游通道,迁徙鸟类的重要繁殖地、停歇地、越冬地以及野生动物迁徙通道等
其他区域	其他具有重要生态功能、对保护生物多样性具有重要意义的区域

2. 评价工作等级判定

依据建设项目影响区域的生态敏感性和影响程度,评价等级划分为一级、二级和三级。确定评价等级具体原则如表 7-22 所示。

表 7-22 生态环境影响评价工作等级划分表

评价等级	判定依据
一级	涉及国家公园、自然保护区、世界自然遗产、重要生境
二级	涉及自然公园
不低于二级	• 涉及生态保护红线; • 根据《环境影响评价技术导则 地表水环境》(HJ 2.3—2018)判断属于水文要素影响型且地表水评价等级不低于二级的建设项目; • 根据《环境影响评价技术导则 地下水环境》(HJ 610—2016)、《环境影响评价技术导则 土壤环境(试行)》(HJ 964—2018)判断地下水水位或土壤影响范围内分布有天然林、公益林、湿地等生态保护目标的建设项目; • 工程占地规模大于 20km^2 时(包括永久和临时占用陆域和水域),改扩建项目的占地范围以新增占地(包括陆域和水域)确定
三级	• 除上述以外的情况

注:当评价等级判定同时符合上述多种情况时,应采用其中最高的评价等级。

3. 相关规定或要求

① 建设项目涉及经论证对保护生物多样性具有重要意义的区域时,可适当上调评价等级。

② 建设项目同时涉及陆生、水生生态影响时,可针对陆生生态、水生生态分别判定评价等级。

③ 在矿山开采可能导致矿区土地利用类型明显改变,或拦河闸坝建设可能明显改变水文情势等情况下,评价等级应上调一级。

④ 线性工程可分段确定评价等级。线性工程地下穿越或地表跨越生态敏感区,在生态

敏感区范围内无永久、临时占地时，评价等级可下调一级。

⑤ 涉海工程评价等级判定参照《海洋工程环境影响评价技术导则》(GB/T 19485—2014)。

⑥ 符合生态环境分区管控要求且位于原厂界（或永久用地）范围内的污染影响类改扩建项目，位于已批准规划环评的产业园区内且符合规划环评要求、不涉及生态敏感区的污染影响类建设项目，可不确定评价等级，直接进行生态影响简单分析。

二、评价范围

生态影响评价应能够充分体现生态完整性和生物多样性保护要求，涵盖评价项目全部活动的直接影响区域和间接影响区域。评价范围应依据评价项目对生态因子的影响方式、影响程度和生态因子之间的相互影响和相互依存关系确定。可综合考虑评价项目与项目区的气候过程、水文过程、生物过程等生物地球化学循环过程的相互作用关系，以评价项目影响区域所涉及的完整气候单元、水文单元、生态单元、地理单元界限为参照边界。生态影响评价范围具体要求如表 7-23 所示。

表 7-23　生态影响评价范围

项目类别	具体要求
涉及占用或穿(跨)越生态敏感区	• 应考虑生态敏感区的结构、功能及主要保护对象合理确定评价范围
矿山开采项目	• 应涵盖开采区及其影响范围、各类场地及运输系统占地以及施工临时占地范围等
水利水电项目	• 应涵盖枢纽工程建筑物、水库淹没、移民安置等永久占地、施工临时占地以及库区坝上、坝下地表地下、水文水质影响河段及区域、受水区、退水影响区、输水沿线影响区等
线性工程穿越生态敏感区	• 以线路穿越段向两端外延 1km、线路中心线向两侧外延 1km 为参考评价范围，实际确定时应结合生态敏感区主要保护对象的分布、生态学特征、项目的穿越方式、周边地形地貌等适当调整。主要保护对象为野生动物及其栖息地时，应进一步扩大评价范围。涉及迁徙、洄游物种的，其评价范围应涵盖工程影响的迁徙洄游通道范围。 • 穿越非生态敏感区时，以线路中心线向两侧外延 300m 为参考评价范围
陆上机场项目	• 以占地边界外延 3~5km 为参考评价范围，实际确定时应结合机场类型、规模、占地类型、周边地形地貌等适当调整。 • 涉及有净空处理的，应涵盖净空处理区域。 • 航空器爬升或进近航线下方区域内有以鸟类为重点保护对象的自然保护地和鸟类重要生境的，评价范围应涵盖受影响的自然保护地和重要生境范围
涉海工程	• 参照《海洋工程环境影响评价技术导则》(GB/T 19485—2014)确定生态影响评价范围
污染影响类建设项目	• 评价范围应涵盖直接占用区域以及污染物排放产生的间接生态影响区域

第七节　环境风险评价工作等级与评价范围

一、评价工作分级方法

环境风险评价工作等级分为一级、二级、三级。根据建设项目涉及的物质及工艺系统危险性和所在地的环境敏感性确定环境风险潜势（环境风险潜势判定详见第八章第八节），按照表 7-24 确定评价工作等级。风险潜势为Ⅳ及以上,进行一级评价;风险潜势为Ⅲ,进行二级评价;风险潜势为Ⅱ,进行三级评价;风险潜势为Ⅰ,可开展简单分析。

表 7-24 环境风险评价工作等级判别表

环境风险潜势	Ⅳ、Ⅳ⁺	Ⅲ	Ⅱ	Ⅰ
评价工作等级	一级	二级	三级	简单分析①

① 是相对于详细评价工作内容而言,在描述危险物质、环境影响途径、环境危害后果、风险防范措施等方面给出定性的说明。内容主要包括:评价依据、环境敏感目标概况、环境风险识别、环境风险分析、环境风险防范措施及应急要求、分析结论。

二、评价范围

(1) 大气环境风险评价范围　一级、二级评价距建设项目边界一般不低于 5km;三级评价距建设项目边界一般不低于 3km。油气、化学品输送管线项目一级、二级评价距管道中心线两侧一般均不低于 200m;三级评价距管道中心线两侧一般均不低于 100m。当大气毒性终点浓度预测到达距离超出评价范围时,应根据预测到达距离进一步调整评价范围。

(2) 地表水和地下水环境风险评价范围　参照本章第一节中的地表水环境影响评价范围和第二节中的地下水环境影响评价范围确定。

(3) 相关规定和要求环境风险评价范围　应根据环境敏感目标分布情况、事故后果预测可能对环境产生危害的范围等综合确定。项目周边所在区域,评价范围外存在需要特别关注的环境敏感目标,评价范围需延伸至所关心的目标。

思考题

1. 查阅相关资料,总结分析不同环境要素环境影响评价工作等级划分的共同依据,以及评价等级类别的差异。

2. 在污染物最大地面空气质量浓度占标率 P_i 计算中,说明 C_{0i} 确定的基本原则。对于无 1h 平均质量浓度的大气污染物,应如何进行数据处理?查阅《环境空气质量标准》(GB 3095—2012)讨论分析其处理依据。

3. 在声环境影响评价工作等级确定中,讨论如何界定受影响人口数量显著增多、增加较多或变化不大。

4. 建设项目环境风险通常存在多要素环境影响,讨论分析如何确定建设项目环境风险评价范围。

小测验

第八章

环境现状调查与评价

引言

《中华人民共和国环境影响评价法》第四条规定："环境影响评价必须客观、公开、公正，综合考虑规划或者建设项目实施后对各种环境因素及其所构成的生态系统可能造成的影响，为决策提供科学依据。"环境现状调查与评价必须遵循"客观"这一基本原则，通过现场踏勘或采用无人机航拍、卫星遥感等新技术，多渠道收集相关资料，掌握项目所在区域的社会经济状况、自然环境现状、资源赋存与利用状况、环境质量与生态状况、环保基础设施建设及运行情况，发现和识别存在的主要环境问题，确定主要污染源和主要污染物。

基于现状调查资料，评价中必须坚持实事求是，不带任何主观偏见，不掺杂任何部门利益、地方利益或者可能影响评价的其他因素，一切从实际出发，严格按照评价的规则和规范，运用科学的方法对各种环境因素进行准确评价，如实反映真实状况。

导读

环境现状调查与评价是环境影响评价的重要基础工作，一般应根据建设项目所在地区的环境特点，结合环境要素环境影响评价的工作等级，确定各环境要素的现状调查范围，并筛选出应调查的有关参数。对于和建设项目有密切关系的环境要素应全面、详细调查，给出定量的数据并做出分析或评价。对于自然环境的现状调查，可根据建设项目情况进行必要说明。此外，应充分收集和利用评价范围内各例行监测点、断面或站位的环境监测资料或背景值调查资料，当现有资料不能满足要求时，应进行现场调查和监测，现状监测和观测网点应根据各环境要素环境影响评价技术导则要求布设。符合相关规划环境影响评价结论及审查意见的建设项目，可直接引用符合时效的规划环境影响评价的环境调查资料及结论。

本章重点介绍环境现状调查的基本内容、现状分析与评价的主要内容、现状调查与评价的主要方法、污染源调查与评价主要内容，以及地表水、地下水、大气、声、土壤、生态、环境风险现状调查的内容和评价方法。通过学习本章，应掌握环境现状调查的基本内容和要求，以及相关评价方法。

第一节 概 述

一、环境现状调查内容

1. 自然环境现状调查

自然环境现状调查是环境影响评价的组成部分,要分析项目建设对环境的影响,需要对建设项目所在地的自然环境进行调查,以此作为基础资料。自然环境现状调查类别和调查内容详见表 8-1。

表 8-1 自然环境现状调查类别和调查内容汇总

调查类别	调查内容
地理位置	建设项目所处位置的经纬度、行政区位置和交通位置,需说明项目所在地与主要城市、车站、码头、港口、机场等的距离和交通条件
地质	• 根据现有资料,概要说明当地的地质状况,选择以下部分或全部内容:当地地层概况、地壳构造的基本形式(岩层、断层及断裂等)以及与其相应的地貌表现、物理与化学风化情况、当地已探明或已开采的矿产资源情况。 • 评价矿山及其他与地质条件密切相关的建设项目环境影响时,对与建设项目有直接关系的地质构造,如断层、断裂、坍塌、地面沉陷等,要进行较详细的叙述,一些特别有危害的地质现象(如地震等)也应加以说明,必要时应附图辅助说明,若没有现成的地质资料,应做一定的现场调查。 • 若建设项目规模较小且与地质条件无关时,可不介绍地质现状
地形地貌	• 根据现有资料,简要说明以下部分或全部内容:建设项目所在地区海拔高度、地形特征、周围的地貌类型(山地、平原、沟谷、丘陵、海岸等等)以及岩溶地貌、冰川地貌、风成地貌等地貌的情况。崩塌、滑坡、泥石流、冻土等有危害的地貌现象,若不直接或间接威胁到建设项目时,可概要说明其发展情况。 • 当地形地貌与建设项目密切相关时,除应比较详细地叙述上述全部或部分内容外,还应附建设项目周围地区的地形图,特别应详细说明可能直接对建设项目有危害或项目建设诱发的地貌现象的现状与发展趋势,必要时还应进行一定的现场调查
气候与气象	• 建设项目所在地区的主要气候特征、年平均风速和主导风向、年平均气温、极端气温与月平均气温(最冷月和最热月)、年平均相对湿度、平均降水量、降水天数、降水量极值、日照,以及主要天气特征(如梅雨、寒潮、冰雹和台风、飓风)等。 • 如需开展建设项目大气环境影响评价,除应详细叙述上面全部或部分内容外,还应按照《环境影响评价技术导则 大气环境》(HJ 2.2—2018)的要求增加有关内容
地表水环境	• 如果建设项目不开展地表水单项影响评价,应概要说明地表水状况,根据现有资料选择下述部分或全部内容:地表水资源的分布与利用情况、地表水各部分(河、湖、库等)之间及其与海湾和地下水的联系、地表水的水文特征及水质现状、地表水的污染来源。 • 如果建设项目建在海边又无须开展海湾的单项影响评价时,应根据现有资料选择下述部分或全部内容:海湾的地理概况、海湾与当地地表水及地下水之间的联系、海湾的水文特征及水质现状、污染来源等。 • 如需开展建设项目地表水(包括海湾)环境影响评价,除应详细叙述上面全部内容或部分内容外,还应按照《环境影响评价技术导则 地表水环境》(HJ 2.3—2018)的要求增加有关内容
地下水环境	• 如果建设项目不开展地下水环境影响评价,只需根据现有资料,全部或部分简述以下内容:当地地下水开采利用情况、地下水埋深、地下水与地面的联系以及水质状况与污染来源。 • 若需开展地下水环境影响评价,除应比较详细叙述上述内容外,还应根据需要选择以下内容开展进一步调查:水质的物理化学特性、污染源状况、水的储量与运动状态、水质的演变与趋势、水源地及其保护区划分、水文地质方面的蓄水层特性、承压水状况等。当资料不全时,应进行现场采样分析

续表

调查类别	调查内容
土壤与水土流失	• 如果建设项目不开展土壤环境影响评价，只需根据现有资料，全部或部分简述以下内容：建设项目周围地区的主要土壤类型与分布、土壤肥力、土壤污染的主要来源及其质量现状、建设项目周围地区的水土流失现状及原因等。 • 如需开展土壤环境影响评价，除应比较详细叙述上述全部或部分内容外，还应根据需要选择以下内容做进一步调查：土壤的物理化学性质、土壤结构、土壤一次和二次污染状况，以及水土流失的原因、特点、面积、元素和流失量等
生态环境	• 如果建设项目不开展生态影响评价，但项目规模较大时，应根据现有资料简述下列部分或全部内容：建设项目周围地区的植被情况（覆盖度、生长情况）、当地主要生态系统类型（森林、草原、沼泽、荒漠等）及现状，以及有无国家重点保护或稀有的、受危害的或作为资源的野生动植物。若建设项目规模较小，又不需开展生态影响评价时，可不叙述这部分内容。 • 如需开展生态影响评价，除应详细叙述上面全部或部分内容外，还应根据需要选择以下内容开展进一步调查：本地区主要的动植物清单（特别是需要保护的珍稀动植物种类与分布）、生态系统的生产力与稳定性状况、生态系统与周围环境的关系，以及影响生态系统的主要环境因素等

2. 社会经济状况调查

社会经济状况调查一般包括评价范围内的人口规模、分布、结构（包括性别、年龄等）和增长状况，人群健康（包括地方病等）状况，农业与耕地（含人均），经济规模与增长率，人均收入水平，交通运输结构、空间布局及运量情况，等等。重点关注评价区域的产业结构、主导产业及其布局、重大基础设施布局及建设情况等，并附相应图件。

3. 环保基础设施建设及运行情况调查

环保基础设施建设及运行情况调查内容一般包括评价范围内的污水处理设施规模、分布、处理能力和处理工艺、服务范围，能源消耗及大气污染综合治理情况，区域噪声污染控制情况，固体废物处理与处置方式、危险废物安全处置情况（包括规模、分布、处理能力、处理工艺、服务范围和服务年限等），现有生态保护工程建设及实施效果，已发生的环境风险事故情况，等等。

4. 资源赋存与利用状况调查

资源赋存与利用状况调查内容详见表8-2。

表 8-2 资源赋存与利用状况调查内容

调查类别	调查内容
土地资源	主要用地类型、面积及其分布、利用状况，区域水土流失现状，并附土地利用现状图
水资源	水资源总量、时空分布及开发利用强度（包括地表水和地下水），饮用水水源保护区分布、保护范围，其他水资源利用状况（如海水、雨水、污水及中水）等，并附有关的水系图及水文地质相关图件或说明
能源	能源生产和消费总量、结构及弹性系数，能源利用效率等情况
矿产资源	矿产资源类型与储量、生产和消费总量、资源利用效率等，并附矿产资源分布图
旅游资源	旅游资源和景观资源的地理位置、范围和主要保护对象、保护要求，以及开发利用状况等，并附相关图件
近岸海域	海域面积及其利用状况、岸线资源及其利用状况，并附相关图件
生物资源	重要生物资源（如林地资源、草地资源、渔业资源）和其他对区域经济社会有重要意义的资源的地理位置、范围及其开发利用状况，并附相关图件

5. 环境质量与生态状况调查

环境质量与生态状况调查内容详见表 8-3。

表 8-3 环境质量与生态状况调查内容

调查类别	调查内容
水环境	水(包括地表水和地下水)功能区划、海洋功能区划、近岸海域环境功能区划、保护目标及各功能区水质达标情况,主要水污染因子和特征污染因子、主要水污染物排放总量及其控制目标、地表水控制断面位置及达标情况、主要水污染源分布和污染贡献率(包括工业、农业和生活污染源)、单位国内生产总值废水及主要水污染物排放量,并附水功能区划图、控制断面位置图、海洋功能区划图、近岸海域环境功能区划图、主要水污染源排放口分布图和现状监测点位图
大气环境	大气环境功能区划、保护目标及各功能区环境空气质量达标情况,主要大气污染因子和特征污染因子、主要大气污染物排放总量及其控制目标、主要大气污染源分布和污染贡献率(包括工业、农业和生活污染源)、单位国内生产总值主要大气污染物排放量,并附大气环境功能区划图、重点污染源分布图和现状监测点位图
声环境	声环境功能区划、保护目标及各功能区声环境质量达标情况,并附声环境功能区划图和现状监测点位图
土壤环境	主要土壤类型及其分布、土壤肥力、土壤污染的主要来源、土壤环境质量现状,并附土壤类型分布图
生态环境	生态系统的类型(森林、草原、荒漠、冻原、湿地、水域、海洋、农田等)及其结构、功能和过程;植物区系与主要植被类型,特有、狭域、珍稀、濒危野生动植物的种类、分布和生长状况,生态功能区划与保护目标要求,生态保护红线,等等;主要生态问题的类型、成因、空间分布、发生特点等。附区域生态保护红线图、生态功能区划图、重点生态功能区划图及野生动植物分布图等
固体废物	固体废物(一般工业固体废物、一般农业固体废物、危险废物、生活垃圾)产生量及单位国内生产总值固体废物产生量,危险废物的产生量、产生源分布等
敏感点敏感区	调查环境敏感区的类型、分布、范围、敏感性(或保护级别)、主要保护对象及相关环境保护要求等,并附相关图件

二、现状分析与评价

环境现状分析与评价主要内容详见表 8-4。

表 8-4 环境现状分析与评价主要内容

类别	主要内容
资源利用现状评价	根据评价范围内各类资源的供需状况和利用效率等,分析区域资源利用和保护存在的问题
环境与生态现状评价	• 按照环境功能区划的要求,评价区域水环境质量、大气环境质量、土壤环境质量、声环境质量现状和变化趋势,分析影响其质量的主要污染因子和特征污染因子及其来源;评价区域环保设施的建设与运营情况,主要环境敏感区保护,以及目前需要解决的主要环境问题。 • 根据生态功能区划的要求,评价区域生态系统的组成、结构与功能状况,分析生态系统面临的压力和存在的问题,生态系统的变化趋势和变化的主要原因。评价生态系统的完整性和敏感性,当评价区域面积较大且生态系统状况差异也较大时,应进行生态环境敏感性分级、分区,并附相应图表。当评价区域涉及受保护的敏感物种时,应分析该敏感物种的生态学特征;当评价区域涉及生态敏感时,应分析其生态现状、保护现状和存在的问题等。明确目前区域生态保护和建设方面存在的主要问题。 • 分析评价区域已发生的环境风险事故的类型、原因及造成的环境危害和损失,分析区域环境风险防范存在的问题。 • 分性别、年龄段分析评价区域的人群健康状况和存在的问题

续表

类别	主要内容
主要行业经济和污染贡献率分析	分析评价区域主要行业的经济贡献率、资源消耗率（该行业的资源消耗量占资源消耗总量之比）和污染贡献率（该行业的污染物排放量占污染物排放总量之比），并与国内先进水平、国际先进水平进行对比分析，评价区域主要行业的资源、环境效益水平
环境影响回顾性评价	结合区域发展历史或上一轮规划实施情况，对区域生态系统的变化趋势和环境质量的变化情况进行分析与评价，重点分析评价区域存在的主要生态、环境问题和人群健康状况与现有的开发模式、规划布局、产业结构、产业规模和资源利用效率等方面的关系

三、现状调查与评价的方式和方法

1. 现状调查的方式与方法

现状调查的方式与方法有资料收集、现场踏勘、环境监测、生态调查、问卷调查、访谈、座谈会等。各环境要素的调查方式和监测方法可参照《环境影响评价技术导则 大气环境》（HJ 2.2—2018）、《环境影响评价技术导则 地表水环境》（HJ 2.3—2018）、《环境影响评价技术导则 地下水环境》（HJ 610—2016）、《环境影响评价技术导则 声环境》（HJ 2.4—2021）、《环境影响评价技术导则 土壤环境（试行）》（HJ 964—2018）、《环境影响评价技术导则 生态影响》（HJ 19—2022）、《区域生物多样性评价标准》（HJ 623—2011）和有关监测规范执行。

环境现状调查的方法主要有三种：收集资料法、现场调查法和遥感法。

（1）收集资料法　收集资料法应用范围广，比较节省人力、物力和时间。环境现状调查时应首先通过此方法获得现有相关资料，但此方法通常只能获得第二手资料，往往不全面，不能完全满足要求，需要通过其他方法补充。

（2）现场调查法　现场调查法可以直接获得第一手的数据和资料，以弥补收集资料法的不足。这种方法工作量大，需占用较多的人力、物力和时间。

（3）遥感法　遥感法主要是指从近地或外层空间平台对地球表层进行远距离探测，以及遥感图像、数据的处理、分析和制图的技术系统。一般分为航天遥感（又称卫星遥感，指轨道高度在100000米以上的人造卫星、航天飞机和天空实验室等遥感）、航空遥感（利用飞机携带遥感仪器的遥感，包括距地面高度600~10000米的低空、中空遥感和10000~25000米的高空、超高空遥感）、近地遥感（指距地面高度在1000米以下的系留气球、无人机、遥感铁塔、遥感长臂车等的遥感）。遥感法具有覆盖范围广、信息获取周期短等优势，可以为环境保护提供精度高、时效性强的信息数据，从整体上了解一个区域的环境特点。

在环境影响评价中，利用遥感技术可以开展评价范围内生态环境、污染源和污染物的实时监测，特别是生态影响型建设项目评价范围内植被覆盖情况、环境敏感点分布、工程占地范围、土地淹没范围等。通过遥感技术，可以快速生成高清晰图像，直观辨别污染源、排污口、可见漂浮物等，并生成分布图。此外，通过多光谱分析可以快速监测大气污染物，以及水体富营养化、水华、有机污染程度、透明度等，从而为环境评价提供依据。

2. 现状评价的方式与方法

现状评价的方式与方法主要有：专家咨询法、指数法、类比分析法、叠图分析法、灰色系统分析法、生态学分析法（包括生态系统健康评价法、生物多样性评价法、生态机理分析法、生态系统服务功能评价方法、生态环境敏感性评价方法、景观生态学法等）。

四、污染源调查与评价

1. 污染源调查的背景

污染源调查是根据项目评价的需要,对现存的与项目有关的污染源进行调查。以下情况通常需要开展污染源调查:

① 在规划环境影响评价及开发区区域环境影响评价中,需要了解规划区域内的污染源现状,进行规划分析;

② 单项(水、大气)评价等级较高、需要考虑评价区内现有污染源和项目新增污染源组合影响;

③ 区域内需要削减现有污染物排放量,以平衡地区污染物排放总量,为项目建设提供总量指标空间;

④ 改扩建项目环评,计算"三本账"及确定现有环境问题,需要对现有工程污染源进行调查。

2. 污染源调查的一般原则

① 根据建设项目的特点和当地环境状况,确定污染源调查的主要对象,如大气污染源、水污染源、噪声污染源、固体废物等。

② 根据各专项环境影响评价技术导则确定的环境影响评价工作等级,确定污染源调查范围。

③ 选择建设项目等标排放量较大的污染因子、评价区域内已出现超标的污染因子,以及拟建项目的特殊污染因子作为主要污染因子,注意点源与非点源的分类调查。

3. 污染源与污染物

污染源是指造成环境污染的污染物发生源,通常指向环境排放有害物质或对环境产生有害影响的场所、设备或装置等。

在开发建设和生产过程中,凡以不适当的浓度、数量、速率、形态进入环境系统而产生污染或降低环境质量的物质和能量,称为环境污染物,简称污染物。

(1) 污染源的分类　根据污染物的来源、特征,污染源结构、形态和调查研究目的的不同,污染源可分为不同的类型。污染源类型不同,对环境的影响方式和程度也不同。具体分类见表 8-5。

表 8-5　污染源主要分类

类型		污染源名称
主要来源	自然污染源	生物污染源
		非生物污染源
	人为污染源	生产性污染源
		生活污染源
环境要素		大气污染源、水体污染源(地表水污染源、地下水污染源、海洋污染源)、土壤污染源、噪声污染源等
几何形状		点源、面源、线源、体源
运动特性		固定源、移动源

(2) 污染物的分类　污染物按其物理、化学、生物特性,可以分为物理污染物、化学污染物、生物污染物、综合污染物等。按环境要素可分为水污染物、大气污染物、土壤污染

物等。

大气污染物可通过降水转变为水污染物和土壤污染物；水污染物可通过灌溉转变为土壤污染物，进而可通过蒸发或挥发转变为大气污染物；土壤污染物可通过扬尘转变为大气污染物，可通过径流转变为水污染物。因此，这三者可以相互转化，详见图8-1。

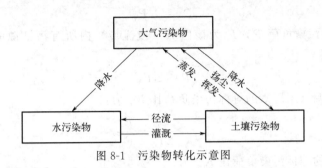

图8-1 污染物转化示意图

4. 污染源调查的方法

不同的项目可采用不同的污染源调查方式。对于新建项目，一般可通过类比调查、物料衡算或设计资料开展调查；对于评价范围内在建和未建项目的污染源，可使用已批准的环境影响报告书中的资料开展调查；对于现有项目和改建、扩建项目，可利用已有有效数据或实测开展调查；对于分期实施的工程项目，可利用前期工程最近5年内的验收监测资料、年度例行监测资料或实测的方式开展调查。

5. 污染源评价

污染源评价的目的是把标准各异、量纲不同的污染源和污染物的排放量，通过一定的数学方法变成统一的可比较值，从而确定主要的污染源和污染物。污染源评价方法很多，目前多采用等标污染负荷法。

(1) 等标污染负荷与等标污染负荷比 为了确定污染物和污染源对环境的贡献，引入污染负荷概念。

① 令某种污染物的污染负荷为 P_i，则有：

$$P_i = \frac{C_i}{C_{0i}} \times Q_i \tag{8-1}$$

式中 C_i——某种污染物的排放浓度；

Q_i——某种污染物单位时间的排放量，t/a；

C_{0i}——某种污染物的评价标准，mg/L（对水）或 mg/m³（对气），一般取污染物排放标准。

对大气而言，按小时计算其等标排放量 P_i（下标 i 为第 i 个污染物），即：

$$P_i = \frac{Q_i}{C_{0i}} \times 10^9 \tag{8-2}$$

式中 P_i——等标排放量，m³/h；

Q_i——单位时间排放量，t/h；

C_{0i}——大气环境质量标准，mg/m³。

对水而言，按秒计算其等标排放量 P_i（下标 i 为第 i 个污染物），即：

$$P_i = \frac{Q_i}{C_{0i}} \times 10^{-3} \tag{8-3}$$

式中 P_i——等标排放量，m^3/s；
Q_i——单位时间排放量，mg/s；
C_{0i}——水环境质量标准，mg/L。

② 污染源（工厂）的等标污染负荷 P_n，P_n 是其污染物的等标污染负荷之和，即：

$$P_n = \sum P_i \tag{8-4}$$

③ 区域的等标污染负荷 P，P 为该区域（或流域）内所有污染源的等标污染负荷之和，即：

$$P = \sum P_n \tag{8-5}$$

污染物占污染源（工厂）的等标污染负荷比 K_i 为：

$$K_i = \frac{P_i}{\sum P_i} = \frac{P_i}{P_n} \tag{8-6}$$

污染源占区域的等标污染负荷比 K_n 为：

$$K_n = \frac{P_n}{\sum P_n} = \frac{P_n}{P} \tag{8-7}$$

（2）主要污染物和污染源的确定　按污染物等标污染负荷的大小排列，从大到小计算累计百分比，将累计百分比大于80%的污染物列为主要污染物。

按污染源等标污染负荷的大小排列，从大到小计算累计百分比，将累计百分比大于80%的污染源列为主要污染源。

需要注意的是，采用等标污染负荷法处理，容易造成一些毒性大、在环境中容易积累的污染物排不到主要污染物中，然而，这些污染物的排放控制又是必要的，所以在计算后还应进行全面的考虑和分析，最后确定主要污染物和主要污染源。

第二节　地表水环境现状调查与评价

一、地表水环境现状调查

1. 总体要求

① 环境现状调查与评价应按照《建设项目环境影响评价技术导则　总纲》（HJ 2.1—2016）的要求，遵循问题导向与管理目标导向统筹、流域（区域）与评价水域兼顾、水质与水量协调、常规监测数据利用与补充监测互补、水环境现状与变化分析结合的原则。

② 应满足建立污染源与受纳水体水质响应关系的需求，符合地表水环境影响预测的要求。

③ 工业园区规划环评的地表水环境现状调查与评价可依据《环境影响评价技术导则　地表水环境》（HJ 2.3—2018）要求执行。流域规划环评依据《规划环境影响评价技术导则　流域综合规划》（HJ 1218—2021）要求执行。其他规划环评根据规划特性与地表水环境评价要求，参考执行或选择相应的技术规范。

2. 调查范围

① 地表水环境的现状调查范围应覆盖评价范围，应以平面图方式表示，并明确起、止断面的位置及涉及范围。

② 对于水污染影响型建设项目，除覆盖评价范围外，受纳水体为河流时，在不受回水影响的河流段，排放口上游调查范围宜不小于 500m，受回水影响河段的上游调查范围原则上与下游调查的河段长度相等；受纳水体为湖库时，以排放口为圆心，调查半径在评价范围基础上外延 20%～50%。

③ 对于水文要素影响型建设项目，受影响水体为河流、湖库时，除覆盖评价范围外，一级、二级评价时，还应包括库区及支流回水影响区、坝下至下一个梯级或河口、受水区、退水影响区。

④ 对于水污染影响型建设项目，建设项目排放污染物中包括氮、磷或有毒污染物且受纳水体为湖泊、水库时，一级评价的调查范围应包括整个湖泊、水库，二级、三级 A 评价的调查范围应包括排放口所在水环境功能区、水功能区或湖（库）湾区。

⑤ 受纳或受影响水体为入海河口及近岸海域时，调查范围依据《海洋工程环境影响评价技术导则》（GB/T 19485—2014）要求执行。

3. 调查因子

地表水环境现状调查因子根据评价范围水环境质量管理要求、建设项目水污染物排放特点与水环境影响预测评价要求等综合分析确定。调查因子应不少于评价因子。

4. 调查时期

调查时期和评价时期一致。

5. 调查内容与方法

（1）调查内容　地表水环境现状调查内容包括建设项目及区域水污染源调查、受纳或受影响水体水环境质量现状调查、区域水资源与开发利用状况、水文情势与相关水文特征值调查，以及水环境保护目标、水环境功能区或水功能区、近岸海域环境功能区及其相关的水环境质量管理要求等调查。涉及涉水工程的，还应调查涉水工程运行规则和调度情况。详细调查内容如下。

① 建设项目污染源。根据建设项目工程分析、污染源源强核算技术指南，结合排污许可技术规范等相关要求，分析确定建设项目所有排放口（包括涉及一类污染物的车间或车间处理设施排放口、企业总排放口、雨水排放口、清净下水排放口、温排水排放口等）的污染物源强，明确排放口的相对位置并附图件、地理位置（经纬度）、排放规律等。改建、扩建项目还应调查现有企业所有废水排放口。

② 区域水污染源　根据评价等级及评价工作需要，点污染源选择表 8-6 中全部或部分内容进行调查。

表 8-6　点污染源调查内容

调查类别	调查内容
基本信息	污染源名称、排污许可证编号等
排放特点	排放形式，分散排放或集中排放，连续排放或间歇排放；排放口的平面位置（附污染源平面位置图）及排放方向；排放口在断面上的位置
排污数据	污水排放量、排放浓度、主要污染物等数据
用排水状况	取水量、用水量、循环水量、重复利用率、排水总量等
污水处理状况	各排污单位生产工艺流程中的产污环节，污水处理工艺、处理效率、处理水量，中水回用量、再生水量，污水处理设施的运转情况等

面污染源调查内容，按照农村生活污染源、农田污染源、分散式畜禽养殖污染源、城镇地面径流污染源、堆积物污染源、大气沉降源、内源污染等分类，采用源强系数法、面源模型法等方法，估算面源源强、流失量与入河量等。调查内容见表8-7。

表8-7 面污染源调查内容

调查类别	调查内容
农村生活污染源	调查人口数量、人均用水量指标、供水方式、污水排放方式、去向和排污负荷量等
农田污染源	调查农药和化肥的施用种类、施用量、流失量及入河系数、去向及受纳水体等情况（包括水土流失、农药和化肥流失强度、流失面积、土壤养分含量等）
畜禽养殖污染源	调查畜禽养殖的种类、数量、养殖方式、粪便污水收集与处置情况、主要污染物浓度、污水排放方式和排污负荷量，去向及受纳水体等。畜禽粪便污水作为肥水进行农田利用的，需考虑畜禽粪便污水土地承载力
城镇地面径流污染源	调查城镇土地利用类型及面积，地面径流收集方式与处理情况，主要污染物浓度、排放方式和排污负荷量，去向及受纳水体等
堆积物污染源	调查矿山、冶金、火电、建材、化工等单位的原料、燃料、废料、固体废物（包括生活垃圾）的堆放位置、堆放面积、堆放形式及防护情况、污水收集与处置情况、主要污染物和特征污染物浓度、污水排放方式和排污负荷量、去向及受纳水体等
大气沉降源	调查区域大气沉降（湿沉降、干沉降）的类型、污染物种类、污染物沉降负荷量等
内源污染	底泥物理指标包括力学性质、质地、含水率、粒径等；化学指标包括水域超标因子、与本建设项目排放污染物相关的因子

③ 水文情势调查内容见表8-8。

表8-8 水文情势调查内容

水体类型	水污染影响型建设项目	水文要素影响型建设项目
河流	水文年及水期划分、不利水文条件及特征水文参数、水动力学参数等	水文系列及特征参数，水文年及水期的划分、河流物理形态参数、河流水沙系数、丰枯水期水流及水位变化特征等
湖库	湖库物理形态参数、水库调节性能与运行调度方式、水文年及水期划分、不利水文条件及特征水文参数、出入湖（库）水量交换过程、湖库动力学参数、水温分层结构等	
入海河口（感潮河段）	潮汐特征、感潮河段的范围、潮区界与潮流界的划分、潮位及潮流、不利水文条件组合及特征水文参数、水流分层特征等	
近岸海域	水温、盐度、泥沙、潮位、流向、流速、水深等，潮汐性质及类型，潮流、余流性质及类型，海岸线、海床、滩涂、海岸蚀淤变化趋势等	

④ 水资源开发利用状况调查内容见表8-9。

表8-9 水资源开发利用状况调查

调查类别	调查内容
水资源现状调查	• 调查水资源总量、水资源可利用量、水资源时空分布特征、人类活动对水资源量的影响等。 • 主要涉水工程概况调查，包括数量、等级、位置、规模，主要开发任务、开发方式、运行调度及其对水文情势、水环境的影响。 • 应涵盖大型、中型、小型等各类涉水工程，绘制涉水工程分布示意图

续表

调查类别	调查内容
水资源利用状况调查	• 调查城市、工业、农业、渔业、水产养殖业、水域景观等各类用水现状与规划(包括用水时间、取水地点、取用水量等),各类用水的供需关系(包括水权等)、水质要求,渔业、水产养殖业等所需的水面面积

（2）调查方法　主要有资料收集、现场监测、无人机或卫星遥感遥测等。

6. 调查要求

地表水环境现状调查具体要求见表8-10。

表8-10　地表水环境现状调查要求

调查类别	调查要求
建设项目污染源调查	应在工程分析基础上,确定水污染物的排放量及进入受纳水体的污染负荷量
区域水污染源调查	• 详细调查与建设项目排放污染物同类的或有关联关系的已建项目、在建项目、拟建项目(已批复环境影响评价文件,下同)等污染源。 • 一级、二级评价,建设项目直接导致受纳水体内源污染变化,或存在与建设项目排放污染物同类的且内源污染影响受纳水体水环境质量,应开展内源污染调查,必要时应开展底泥污染补充监测。 • 具有已审批入河排放口的主要污染物种类及其排放浓度和总量数据,以及国家或地方发布的入河排放口数据的,可不对入河排放口汇水区域的污染源开展调查。 • 面污染源调查主要采用收集利用既有数据资料的调查方法,可不进行实测。 • 建设项目的污染物排放指标需要等量替代或减量替代时,还应对替代项目开展污染源调查
水环境质量现状调查	• 应根据不同评价等级对应的评价时期要求开展水环境质量现状调查。 • 应优先采用国务院生态环境主管部门统一发布的水环境状况信息。 • 当现有资料不能满足要求时,应按照不同等级对应的评价时期要求开展现状监测。 • 水污染影响型建设项目一级、二级评价时,应调查受纳水体近3年的水环境质量数据,分析其变化趋势
水环境保护目标调查	应主要采用国家及地方人民政府颁布的各相关名录中的统计资料
水资源与开发利用状况调查	水文要素影响型建设项目一级、二级评价时,应开展建设项目所在流域、区域的水资源与开发利用状况调查
水文情势调查	• 应尽量收集临近水文站既有水文年鉴资料和其他相关的有效水文观测资料。当上述资料不足时,应进行现场水文调查与水文测量,水文调查与水文测量宜与水质调查同步。 • 水文调查与水文测量宜在枯水期进行。必要时,可根据水环境影响预测需要、生态环境保护要求,在其他时期(丰水期、平水期、冰封期等)进行。 • 水文测量的内容应满足拟采用的水环境影响预测模型对水文参数的要求。在采用水环境数学模型时,应根据所选用的预测模型需输入的水文特征值及环境水力学参数决定水文测量内容;在采用物理模型法模拟水环境影响时,水文测量应提供模型制作及模型试验所需的水文特征值及环境水力学参数。 • 水污染影响型建设项目开展与水质调查同步进行的水文测量,原则上只在一个时期(水期)内进行。在水文测量的时间、频次和断面与水质调查不完全相同时,应保证满足水环境影响预测所需的水文特征值及环境水力学参数的要求

7. 补充监测

（1）补充监测要求与内容　补充监测要求与内容见表8-11。

表 8-11 补充监测要求与内容

类别	补充监测
监测要求	• 应对收集资料进行复核整理,分析资料的可靠性、一致性和代表性,针对资料的不足,制定必要的补充监测方案,确定补充监测时期、内容、范围。 • 需要开展多个断面或点位补充监测的,应在大致相同的时段内开展同步监测。需要同时开展水质与水文补充监测的,应按照水质水量协调统一的要求开展同步监测,测量的时间、频次和断面应保证满足水环境影响预测的要求。 • 应选择符合监测项目对应环境质量标准或参考标准所推荐的监测方法,并在监测报告中注明。水质采样与水质分析应遵循相关的环境监测技术规范。水文调查与水文测量的方法可参照《河流流量测验规范》(GB 50179—2015)、《海洋调查规范》(GB/T 12763—2007)、《海滨观测规范》(GB/T 14914—2018)的相关规定执行。河流及湖库底泥调查参照《地表水和污水监测技术规范》(HJ/T 91—2002)执行,入海河口、近岸海域沉积物调查参照《海洋监测规范》(GB 17378—2007)、《近岸海域环境监测技术规范》(HJ 442—2020)执行
监测内容	• 应在常规监测断面的基础上,重点针对对照断面、控制断面以及环境保护目标所在水域的监测断面开展水质补充监测。 • 建设项目需要确定生态流量时,应结合主要生态保护对象敏感用水时段进行调查分析,针对性开展必要的生态流量与径流过程监测等。 • 当调查的水下地形数据不能满足水环境影响预测要求时,应开展水下地形补充测绘

(2) 监测布点与采样频次 监测布点与采样频次要求见表 8-12。

表 8-12 监测布点与采样频次要求

类别		要求
河流监测断面设置	水质监测断面布设	• 应布设对照断面、控制断面。 • 水污染影响型建设项目在拟建排放口上游应布置对照断面(宜在 500m 以内),根据受纳水域水环境质量控制管理要求设定控制断面。 • 控制断面可结合水环境功能区或水功能区、水环境控制单元区划情况,直接采用国家及地方确定的水质控制断面。 • 评价范围内不同水质类别区、水环境功能区或水功能区、水环境敏感区及需要进行水质预测的水域,应布设水质监测断面。 • 评价范围以外的调查或预测范围,可以根据预测工作需要增设相应的水质监测断面
	水质取样断面上取样垂线的布设	按照《地表水环境质量监测技术规范》(HJ 91.2—2022)的规定执行
	采样频次	• 每个水期可监测一次,每次同步连续调查取样 3~4d,每个水质取样点每天至少取一组水样,在水质变化较大时,每间隔一定时间取样一次。 • 水温观测频次,应每间隔 6h 观测一次水温,统计计算日平均水温
湖库监测点位设置与采样频次	水质取样垂线的布设	• 对于水污染影响型建设项目,水质取样垂线的设置可采用以排放口为中心、沿放射线布设或网格布设的方法,按照下列原则及方法设置:一级评价在评价范围内布设的水质取样垂线数宜不少于 20 条;二级评价在评价范围内布设的水质取样垂线数宜不少于 16 条。评价范围内不同水质类别区、水环境功能区或水功能区、水环境敏感区、排放口和需要进行水质预测的水域,应布设取样垂线。 • 对于水文要素影响型建设项目,在取水口、主要入湖(库)断面、坝前、湖(库)中心水域、不同水质类别区、水环境敏感区和需要进行水质预测的水域,应布设取样垂线。对于复合影响型建设项目,应兼顾进行取样垂线的布设
	水质取样垂线上取样点的布设	按照《地表水环境质量监测技术规范》(HJ 91.2—2022)的规定执行
	采样频次	• 每个水期可监测一次,每次同步连续取样 2~4d,每个水质取样点每天至少取一组水样,但在水质变化较大时,每间隔一定时间取样一次。 • 溶解氧和水温监测频次,每间隔 6h 取样监测一次,在调查取样期内适当监测藻类

续表

类别		要求
入海河口、近岸海域断面设置	水质取样断面的设置	一级评价可布设 5～7 个取样断面；二级评价可布设 3～5 个取样断面
	水质取样点的布设	根据垂向水质分布特点，参照《海洋调查规范》(GB/T 12763—2007)和《近岸海域环境监测技术规范》(HJ 442—2020)执行。排放口位于感潮河段内的，其上游设置的水质取样断面，应根据实际情况参照河流决定，其下游断面的布设与近岸海域相同
	采样频次	• 原则上一个水期在一个潮周期内采集水样，明确所采样品所处潮时，必要时对潮周日内的高潮和低潮采样。当上、下层水质变幅较大时，应分层取样。 • 入海河口上游水质取样频次参照感潮河段相关要求执行，下游水质取样频次参照近岸海域相关要求执行。 • 对于近岸海域，一个水期宜在半个太阴月内的大潮期或小潮期分别采样，明确所采样品所处潮时；对所有选取的水质监测因子，在同一潮次取样
底泥污染调查与评价	监测点位布设	应能够反映底泥污染物空间分布特征，根据底泥分布区域、分布深度、扰动区域、扰动深度、扰动时间等设置

二、地表水环境现状评价

1. 评价内容与要求

根据建设项目水环境影响特点与水环境质量管理要求，选择表 8-13 中全部或部分内容开展评价。

表 8-13　环境现状评价内容与要求

类别	内容与要求
水环境功能区或水功能区、近岸海域环境功能区水质达标状况评价	• 评价建设项目评价范围内水环境功能区或水功能区、近岸海域环境功能区各评价时期的水质状况与变化特征。 • 给出水环境功能区或水功能区、近岸海域环境功能区达标评价结论。 • 明确水环境功能区或水功能区、近岸海域环境功能区水质超标因子、超标程度，分析超标原因
水环境控制单元或断面水质达标状况评价	• 评价建设项目所在控制单元或断面各评价时期的水质现状与时空变化特征，评价控制单元或断面的水质达标状况。 • 明确控制单元或断面的水质超标因子、超标程度，分析超标原因
水环境保护目标质量状况评价	评价涉及水环境保护目标水域各评价时期的水质状况与变化特征，明确水质超标因子、超标程度，分析超标原因
对照断面、控制断面等代表性断面的水质状况评价	• 评价对照断面水质状况，分析对照断面水质水量变化特征，给出水环境影响预测的设计水文条件。 • 评价控制断面水质现状、达标状况，分析控制断面来水水质水量状况，识别上游来水不利组合状况，分析不利条件下的水质达标问题。 • 评价其他监测断面的水质状况，根据断面所在水域的水环境保护目标水质要求，评价水质达标状况与超标因子
底泥污染评价	评价底泥污染项目及污染程度，识别超标因子，结合底泥处置排放去向，评价退水水质与超标情况
水资源与开发利用程度及水文情势评价	根据建设项目水文要素影响特点，评价所在流域(区域)水资源与开发利用程度、生态流量满足程度、水域岸线空间占用状况等

类别	内容与要求
水环境质量回顾评价	• 结合历史监测数据与国家及地方生态环境主管部门公开发布的环境状况信息,评价建设项目所在水环境控制单元或断面、水环境功能区或水功能区、近岸海域环境功能区的水质变化趋势,评价主要超标因子变化状况。 • 分析建设项目所在区域或水域的水质问题,从水污染、水文要素等方面,综合分析水环境质量现状问题的原因,明确与建设项目排污影响的关系
流域(区域)水资源(包括水能资源)评价	评价流域(区域)水资源(包括水能资源)与开发利用总体状况、生态流量管理要求与现状满足程度、建设项目占用水域空间的水流状况与河湖演变状况
依托污水处理设施稳定达标排放评价	评价建设项目依托的污水处理设施稳定达标状况,分析建设项目依托污水处理设施环境可行性

2. 评价方法

① 水环境功能区或水功能区、近岸海域环境功能区及水环境控制单元或断面水质达标状况评价方法,可参考国家或地方政府相关部门制定的水环境质量评价技术规范、水体达标方案编制指南、水功能区水质达标评价技术规范等。

② 监测断面或点位水环境质量现状评价通常采用水质指数法,评价方法如下。

a. 一般性水质因子(随浓度增加而水质变差的水质因子)的指数计算公式:

$$S_{i,j} = C_{i,j} / C_{si} \tag{8-8}$$

式中 $S_{i,j}$——评价因子 i 的水质指数,大于 1 表明该水质因子超标;

$C_{i,j}$——评价因子 i 在 j 点的实测统计代表值,mg/L;

C_{si}——评价因子 i 的水质评价标准限值,mg/L。

b. 溶解氧(DO)的标准指数计算公式:

$$S_{DO,j} = DO_s / DO_j \quad DO_j \leqslant DO_f \tag{8-9}$$

$$S_{DO,j} = \frac{|DO_f - DO_j|}{DO_f - DO_s} \quad DO_j > DO_f \tag{8-10}$$

式中 $S_{DO,j}$——溶解氧的标准指数,大于 1 表明该水质因子超标;

DO_j——溶解氧在 j 点的实测统计代表值,mg/L;

DO_s——溶解氧的水质评价标准限值,mg/L;

DO_f——饱和溶解氧浓度,mg/L。

对于河流,$DO_f = 486/(36.1+T)$;对于盐度比较高的湖泊、水库及入海河口、近岸海域,$DO_f = (491-2.65S)/(33.5+T)$。其中 S 为实用盐度符号,量纲为 1;T 为水温,单位为℃。

c. pH 值的指数计算公式:

$$S_{pH,j} = \frac{7.0 - pH_j}{7.0 - pH_{sd}} \quad pH_j \leqslant 7.0 \tag{8-11}$$

$$S_{pH,j} = \frac{pH_j - 7.0}{pH_{su} - 7.0} \quad pH_j > 7.0 \tag{8-12}$$

式中 $S_{pH,j}$——pH 值的指数,大于 1 表明该水质因子超标;

pH_j——pH值实测统计代表值；

pH_{sd}——评价标准中pH值的下限值；

pH_{su}——评价标准中pH值的上限值。

③ 底泥污染状况评价通常采用单项污染指数法，评价方法如下。

a. 底泥污染指数计算公式：

$$P_{i,j}=C_{i,j}/C_{si} \tag{8-13}$$

式中　$P_{i,j}$——底泥污染因子i的单项污染指数，大于1表明该污染因子超标；

$C_{i,j}$——调查点位污染因子i的实测值，mg/L；

C_{si}——污染因子i的评价标准值或参考值，mg/L。

b. 底泥污染评价标准值或参考值　根据土壤环境质量标准或所在水域的背景值确定。

第三节　地下水环境现状调查与评价

一、地下水环境现状调查

1. 调查与评价原则

① 地下水环境现状调查与评价工作应遵循资料搜集与现场调查相结合、项目所在场地调查（勘察）与类比考察相结合、现状监测与长期动态资料分析相结合的原则。

② 地下水环境现状调查与评价工作的深度应满足相应的工作级别要求。当现有资料不能满足要求时，应组织现场监测及环境水文地质勘察与试验。

③ 对于一、二级评价的改、扩建类建设项目，应开展现有工业场地的包气带污染现状调查。

④ 对于长输油品、化学品管线等线性工程，调查评价工作应重点针对场站、服务站等可能对地下水产生污染的地区开展。

2. 调查与评价范围

(1) 基本要求　地下水环境现状调查评价范围应包括与建设项目相关的地下水环境保护目标，以能说明地下水环境的现状、反映调查评价区地下水基本流场特征、满足地下水环境影响预测和评价为基本原则。

污染场地修复工程项目的地下水环境影响现状调查参照《建设用地土壤污染状况调查技术导则》（HJ 25.1—2019）执行。

(2) 调查评价范围确定　地下水环境影响评价范围参考本书第七章第二节中地下水环境现状调查范围的相关要求。

3. 调查内容与要求

地下水环境现状调查包括水文地质条件调查、地下水污染源调查、地下水环境现状监测、环境水文地质勘察与试验四个部分。

(1) 水文地质条件调查　在充分收集资料的基础上，根据建设项目特点和水文地质条件复杂程度，开展调查工作，主要内容见表8-14。

(2) 地下水污染源调查　地下水污染源调查内容详见表8-14。

表 8-14 水文地质条件和地下水污染源调查内容

类别	调查内容
水文地质条件	• 气象、水文、土壤和植被状况； • 地层岩性、地质构造、地貌特征与矿产资源； • 包气带岩性、结构、厚度、分布及垂向渗透系数等； • 含水层岩性、分布、结构、厚度、埋藏条件、渗透性、富水程度等； • 隔水层(弱透水层)的岩性、厚度、渗透性等； • 地下水类型、地下水补径排条件； • 地下水水位、水质、水温,地下水化学类型； • 泉的成因类型、出露位置、形成条件及泉水流量、水质、水温,开发利用情况； • 集中供水水源地和水源井的分布情况(包括开采层的成井密度、水井结构、深度以及开采历史)； • 地下水现状监测井的深度、结构以及成井历史、使用功能； • 地下水环境现状值(或地下水污染对照值)； • 场地范围内应重点调查包气带岩性、结构、厚度、分布及垂向渗透系数等
地下水污染源	• 调查评价区内具有与建设项目产生或排放同种特征因子的地下水污染源。 • 对于一、二级的改、扩建项目,应在可能造成地下水污染的主要装置或设施附近开展包气带污染现状调查,对包气带进行分层取样,一般在 0~20cm 埋深范围内取一个样品,其他取样深度应根据污染源特征和包气带岩性、结构特征等确定,并说明理由。样品进行浸溶试验,测试分析浸溶液成分

(3) 地下水环境现状监测 地下水环境现状监测内容与要求详见表 8-15。

表 8-15 地下水环境现状监测内容与要求

类别		监测内容与要求
总体要求		• 建设项目地下水环境现状监测应通过对地下水水质、水位的监测,掌握或了解评价区地下水水质现状及地下水流场,为地下水环境现状评价提供基础资料。 • 污染场地修复工程项目的地下水环境现状监测参照《建设用地土壤污染风险管控和修复监测技术导则》(HJ 25.2—2019)执行
现状监测点的布设原则		• 地下水环境现状监测井点采用控制性布点与功能性布点相结合的布设原则。监测点应主要布设在建设项目场地、周围环境敏感点、地下水污染源以及对于确定边界条件有控制意义的地点。当现有监测井不能满足监测位置和监测深度要求时,应布设新的地下水现状监测井,现状监测井的布设应兼顾地下水环境影响跟踪监测计划。 • 监测层位应以潜水含水层、可能受建设项目影响且具有饮用水开发利用价值的含水层为主。 • 一般情况下,地下水水位监测点数宜大于相应评价级别地下水水质监测点数的 2 倍,以查清建设项目场地的地下水水位及流场为原则
	地下水水质监测点布设具体要求	• 监测点布设应尽可能靠近建设项目场地或主体工程,监测点数应根据评价等级和水文地质条件确定。 • 一级评价项目潜水含水层的水质监测点应不少于 7 个,可能受建设项目影响且具有饮用水开发利用价值的含水层 3~5 个。原则上建设项目场地上游和两侧的地下水水质监测点均不得少于 1 个,建设项目场地及其下游影响区的地下水水质监测点不得少于 3 个。 • 二级评价项目潜水含水层的水质监测点应不少于 5 个,可能受建设项目影响且具有饮用水开发利用价值的含水层 2~4 个。原则上建设项目场地上游和两侧的地下水水质监测点均不得少于 1 个,建设项目场地及其下游影响区的地下水水质监测点不得少于 2 个。 • 三级评价项目潜水含水层水质监测点应不少于 3 个,可能受建设项目影响且具有饮用水开发利用价值的含水层 1~2 个。原则上建设项目场地上游及下游影响区的地下水水质监测点各不得少于 1 个

续表

类别	监测内容与要求
现状监测点的布设原则	• 监测井较难布置的基岩山区,当地下水水质监测点数无法满足地下水水质监测点布设要求时,可视情况调整数量,并说明调整理由。一般情况下,该类地区一级、二级评价项目应至少设置3个监测点,三级评价项目可根据需要设置一定数量的监测点。 • 管道型岩溶区等水文地质条件复杂的基岩山区,地下水现状监测点应视岩溶和构造发育规律、次级水文地质单元分布和污染源分布情况确定,在集中径流通道(岩溶管道、构造通道等)、暗河及泉点布设监测点,并说明布设理由。 • 在包气带厚度超过100m的地区,当地下水质监测点数无法满足地下水水质监测点布设要求时,可视情况调整数量,并说明调整理由
地下水水质现状监测取样要求	• 地下水水质取样应根据特征因子在地下水中的迁移特性选取适当的取样方法。 • 一般情况下,只取一个水质样品,取样点深度宜在地下水位以下1.0m左右。 • 建设项目为改、扩建项目,且特征因子为DNAPL(重质非水相液体)时,应至少在含水层底部取一个样品
地下水水质现状监测因子	• 检测分析地下水环境中 K^+、Na^+、Ca^{2+}、Mg^{2+}、CO_3^{2-}、HCO_3^-、Cl^-、SO_4^{2-} 的浓度。 • 地下水水质现状监测因子原则上应包括两类:一类是基本水质因子,另一类为特征因子。基本因子以pH、氨氮、硝酸盐、亚硝酸盐、挥发性酚类、氰化物、砷、汞、铬(六价)、总硬度、铅、氟、镉、铁、锰、溶解性总固体、高锰酸盐指数、硫酸盐、氯化物、总大肠菌群、细菌总数等及背景值超标的水质因子为基础,可根据区域地下水类型、污染源状况适当调整。 • 特征因子根据特征因子识别结果进行确定,可根据区域地下水化学类型、污染源状况做适当调整
地下水环境现状监测频率要求	**水位监测频率要求** • 评价等级为一级的建设项目,若掌握近3年内至少一个连续水文年的枯、平、丰水期地下水位动态监测资料,评价期内至少开展一期地下水水位监测;若无上述资料,依据表8-16开展水位监测。 • 评价等级为二级的建设项目,若掌握近3年内至少一个连续水文年的枯、丰水期地下水位动态监测资料,评价期可不再开展现状地下水位监测;若无上述资料,依据表8-16开展水位监测。 • 评价等级为三级的建设项目,若掌握近3年内至少一期的监测资料,评价期内可不再进行现状水位监测;若无上述资料,依据表8-16开展水位监测 • 地下水基本水质因子的监测频率应参照表8-16,若掌握近3年至少一期水质监测数据,基本水质因子可在评价期补充开展一期现状监测;特征因子在评价期内需至少开展一期现状监测。 • 在包气带厚度超过100m的评价区或监测井较难布置的基岩山区,若掌握近3年内至少一期的监测资料,评价期内可不进行地下水水位、水质现状监测;若无上述资料,至少开展一期水位、水质现状监测
地下水水质样品采集与现场测定	• 地下水水质样品应采用自动式采样泵或人工活塞闭合式与敞口式定深采样器进行采集。 • 样品采集前,应先测量井孔地下水水位(或地下水水位埋藏深度)并做好记录,然后采用潜水泵或离心泵对采样井(孔)进行全井孔清洗,抽汲的水量不得小于3倍的井筒水(量)体积。 • 地下水水质样品的管理、分析化验和质量控制按《地下水环境监测技术规范》(HJ 164—2020)执行。pH、Eh(氧化还原电位)、DO(溶解氧)、水温等不稳定项目应在现场测定

表 8-16 地下水环境现状监测频率参照表

分布区	水位监测频率			水质监测频率		
	一级	二级	三级	一级	二级	三级
山前冲(洪)积	枯平丰	枯丰	一期	枯丰	枯	一期
滨海(含填海区)	二期[①]	一期	一期	一期	一期	一期
其他平原区	枯丰	一期	一期	枯	一期	一期
黄土地区	枯平丰	一期	一期	二期	一期	一期

续表

分布区	水位监测频率			水质监测频率		
	一级	二级	三级	一级	二级	三级
沙漠地区	枯丰	一期	一期	一期	一期	一期
丘陵山区	枯丰	一期	一期	一期	一期	一期
岩溶裂隙	枯丰	一期	一期	枯丰	一期	一期
岩溶管道	二期	一期	一期	二期	一期	一期

① "二期"的间隔有明显水位变化，其变化幅度接近年内变幅。

(4) 环境水文地质勘察与试验

① 环境水文地质勘察与试验是在充分收集已有资料和地下水环境现状调查的基础上，针对某些需要进一步查明的地下水含水层特征和为获取预测评价中必要的水文地质参数而进行的工作。

② 除一级评价应进行必要的环境水文地质勘察与试验外，对于环境水文地质条件复杂且资料缺少的地区，二级、三级评价也应在区域水文地质调查的基础上对场地进行必要的水文地质勘察。

③ 环境水文地质勘察可采用钻探、物探和水土化学分析以及室内外测试、试验等手段开展，具体参见相关标准与规范。

④ 环境水文地质试验项目通常有抽水试验、注水试验、渗水试验、浸溶试验及土柱淋滤试验等。在评价工作过程中可根据评价等级和资料掌握情况选用。

⑤ 进行环境水文地质勘察时，除采用常规方法外，可采用其他辅助方法配合勘察。

二、地下水环境现状评价

1. 地下水水质现状评价

《地下水质量标准》(GB/T 14848—2017) 和有关法规及当地的环保要求是地下水环境现状评价的基本依据。对属于《地下水质量标准》(GB/T 14848—2017) 水质指标的评价因子，应按其规定的水质分类标准值进行评价；对于不属于《地下水质量标准》(GB/T 14848—2017) 水质指标的评价因子，可参照国家（行业、地方）相关标准 [如《地表水环境质量标准》(GB 3838—2002)、《生活饮用水卫生标准》(GB 5749—2022)、《地下水水质标准》(DZ/T 0290—2015) 等] 进行评价。现状监测结果应进行统计分析，给出最大值、最小值、均值、标准差、检出率和超标率等。

地下水水质现状评价应采用标准指数法。标准指数 >1，表明该水质因子已超标，标准指数越大，超标越严重。标准指数计算公式分为以下两种情况：

① 对于评价标准为定值的水质因子，其标准指数计算公式为：

$$P_i = C_i / C_{si} \tag{8-14}$$

式中 P_i——第 i 个水质因子的标准指数，量纲为 1；

C_i——第 i 个水质因子的监测浓度值，mg/L；

C_{si}——第 i 个水质因子的标准浓度值，mg/L。

② 对于评价标准为区间值的水质因子（如 pH 值），其标准指数计算公式为：

$$P_{pH} = \frac{7.0 - pH}{7.0 - pH_{sd}} \quad pH \leqslant 7 \text{ 时} \tag{8-15}$$

$$P_{pH} = \frac{pH - 7.0}{pH_{su} - 7.0} \quad pH > 7 \text{ 时} \tag{8-16}$$

式中 P_{pH}——pH 的标准指数，量纲为 1；
  pH——pH 的监测值；
  pH_{sd}——评价标准中 pH 的下限值；
  pH_{su}——评价标准中 pH 的上限值。

2. 包气带环境现状分析

对于污染场地修复工程项目和评价工作等级为一、二级的改、扩建项目，应开展包气带污染现状调查，分析包气带污染状况。

第四节 大气环境现状调查与评价

一、环境空气质量现状调查

1. 调查内容和目的

根据项目的评价等级，其环境空气质量现状调查内容和目的详见表 8-17。

表 8-17 环境空气质量现状调查内容和目的

项目类别	调查内容和目的
一级评价项目	• 调查项目所在区域环境质量达标情况，作为项目所在区域是否为达标区的判断依据。 • 调查评价范围内有环境质量标准的评价因子的环境质量监测数据或进行补充监测，用于评价项目所在区域污染物环境质量现状，以及计算环境空气保护目标和网格点的环境质量现状浓度
二级评价项目	• 调查项目所在区域环境质量达标情况。 • 调查评价范围内有环境质量标准的评价因子的环境质量监测数据或进行补充监测，用于评价项目所在区域污染物环境质量现状
三级评价项目	• 只调查项目所在区域环境质量达标情况

2. 数据来源

环境空气质量现状调查数据来源见表 8-18。

表 8-18 环境空气质量现状调查数据来源

数据类别	数据来源
基本污染物环境质量现状数据	• 项目所在区域达标判定，优先采用国家或地方生态环境主管部门公开发布的评价基准年环境质量公告或环境质量报告中的数据或结论。 • 采用评价范围内国家或地方环境空气质量监测网中评价基准年连续 1 年的监测数据，或采用生态环境主管部门公开发布的环境空气质量现状数据。 • 评价范围内没有环境空气质量监测网数据或公开发布的环境空气质量现状数据的，可选择符合《环境空气质量监测点位布设技术规范（试行）》(HJ 664—2013)规定，并且与评价范围地理位置邻近，地形、气候条件相近的环境空气质量城市点或区域点监测数据。 • 对于位于环境空气质量一类区的环境空气保护目标或网格点，各污染物环境质量现状浓度可取符合《环境空气质量监测点位布设技术规范（试行）》(HJ 664—2013)规定，并且与评价范围地理位置邻近，地形、气候条件相近的环境空气质量区域点或背景点监测数据
其他污染物环境质量现状数据	• 优先采用评价范围内国家或地方环境空气质量监测网中评价基准年连续 1 年的监测数据。 • 评价范围内没有环境空气质量监测网数据或公开发布的环境空气质量现状数据的，可收集评价范围内近 3 年与项目排放的其他污染物有关的历史监测资料

3. 补充监测

在没有相关监测数据或监测数据不能满足环境空气质量现状评价内容与方法规定的评价要求时，应进行补充监测。环境空气质量现状调查补充监测具体内容见表 8-19。

表 8-19 补充监测具体内容

类别	具体内容
监测时段	• 根据监测因子的污染特征，选择污染较重的季节进行现状监测。补充监测应至少取得 7d 有效数据。 • 对于部分无法进行连续监测的其他污染物，可监测其一次空气质量浓度，监测时次应满足所用评价标准的取值时间要求
监测布点	• 以近 20 年统计的当地主导风向为轴向，在厂址及主导风向下风向 5km 范围内设置 1～2 个监测点。 • 如需在一类区进行补充监测，监测点应设置在不受人为活动影响的区域
监测方法	应选择符合监测因子对应环境质量标准或参考标准所推荐的监测方法，并在评价报告中注明
监测采样	环境空气监测中的采样点、采样环境、采样高度及采样频率，按《环境空气质量监测点位布设技术规范（试行）》（HJ 664—2013）及相关评价标准规定的环境监测技术规范执行

二、环境空气现状评价

1. 项目所在区域达标判断

① 城市环境空气质量达标情况评价指标为 SO_2、NO_2、PM_{10}、$PM_{2.5}$、CO 和 O_3，六项污染物全部达标即为城市环境空气质量达标。

② 根据国家或地方生态环境主管部门公开发布的城市环境空气质量达标情况，判断项目所在区域是否属于达标区。如项目评价范围涉及多个行政区（县级或以上，下同），需分别评价各行政区的达标情况，若存在不达标行政区，则判定项目所在评价区域为不达标区。

③ 国家或地方生态环境主管部门未发布城市环境空气质量达标情况的，可按照《环境空气质量评价技术规范（试行）》（HJ 663—2013）中各评价项目的年评价指标进行判定。年评价指标中的年均浓度和相应百分位数 24h 平均或 8h 平均质量浓度满足《环境空气质量标准》（GB 3095—2012）中浓度限值要求的即为达标。

2. 关于各污染物的环境质量现状评价

① 长期监测数据的现状评价内容，按《环境空气质量评价技术规范（试行）》（HJ 663）中的统计方法对各污染物的年评价指标进行环境质量现状评价。对于超标的污染物，计算其超标倍数和超标率。

② 补充监测数据的现状评价内容，分别对各监测点位不同污染物的短期浓度进行环境质量现状评价。对于超标的污染物，计算其超标倍数和超标率。

3. 关于环境空气保护目标及网格点环境质量现状浓度

① 对采用多个长期监测点位数据进行现状评价的，取各污染物相同时刻各监测点位的浓度平均值，作为评价范围内环境空气保护目标及网格点环境质量现状浓度，计算公式如下：

$$C_{现状(x,y,t)} = \frac{1}{n}\sum_{j=1}^{n} C_{现状(j,t)} \tag{8-17}$$

式中　$C_{现状(x,y,t)}$——环境空气保护目标及网格点 (x, y) 在 t 时刻环境质量现状浓度，$\mu g/m^3$；

　　　$C_{现状(j,t)}$——第 j 个监测点位在 t 时刻环境质量现状浓度（包括短期浓度和长期浓度），$\mu g/m^3$；

　　　n——长期监测点位数。

② 对采用补充监测数据进行现状评价的，取各污染物不同评价时段监测浓度的最大值，作为评价范围内环境空气保护目标及网格点环境质量现状浓度。对于有多个监测点位数据的，先计算相同时刻各监测点位平均值，再取各监测时段平均值中的最大值。计算公式如下：

$$C_{现状(x,y)} = \text{MAX}\left[\frac{1}{n}\sum_{j=1}^{n}C_{监测(j,t)}\right] \tag{8-18}$$

式中　$C_{现状(x,y)}$——环境空气保护目标及网格点 (x, y) 环境质量现状浓度，$\mu g/m^3$；

　　　$C_{监测(j,t)}$——第 j 个监测点位在 t 时刻环境质量现状浓度（包括1h平均、8h平均或日平均质量浓度），$\mu g/m^3$；

　　　n——补充监测点位数。

第五节　声环境现状调查与评价

声环境现状调查与评价，需根据声环境影响工作评价等级和声环境现状评价基础资料需求来确定现状调查内容。调查一般需给出评价范围内影响声传播的环境要素；声环境功能区划、声环境保护目标及其分布情况；不同声环境功能区和声环境保护目标的声环境质量，超标、达标情况，以及受噪声影响的人口数量及分布情况；影响声环境质量的现有声源种类、数量、位置及影响的噪声级边界噪声超标、达标情况。

一、声环境现状调查

1. 调查内容

声环境现状调查主要内容见表8-20。

表 8-20　声环境现状调查主要内容

类别	主要内容
一级、二级评价	• 调查评价范围内声环境保护目标的名称、地理位置、行政区划、所在声环境功能区、不同声环境功能区内人口分布情况、与建设项目的空间位置关系、建筑情况等。 • 评价范围内具有代表性的声环境保护目标的声环境质量现状需要现场监测，其余声环境保护目标的声环境质量现状可通过类比或现场监测结合模型计算给出。 • 调查评价范围内有明显影响的现状声源的名称、类型、数量、位置、源强等。评价范围内现状声源源强调查应采用现场监测法或收集资料法确定。分析现状声源的构成及其影响，对现状调查结果进行评价
三级评价	• 调查评价范围内声环境保护目标的名称、地理位置、行政区划、所在声环境功能区、不同声环境功能区内人口分布情况、与建设项目的空间位置关系、建筑情况等。 • 对评价范围内具有代表性的声环境保护目标的声环境质量现状进行调查，可利用已有的监测资料，无监测资料时可选择有代表性的声环境保护目标进行现场监测，并分析现状声源的构成

2. 调查方法

现状调查方法包括：现场监测法、现场监测结合模型计算法、收集资料法。调查时，应根据评价等级的要求和现状噪声源情况，确定需采用的具体方法。

（1）现场监测法

① 布点应覆盖整个评价范围，包括厂界（场界、边界）和声环境保护目标。当声环境保护目标高于（含）三层建筑时，还应按照噪声垂直分布规律、建设项目与声环境保护目标高差等因素选取有代表性的声环境保护目标的代表性楼层设置测点。

② 评价范围内没有明显的声源（如工业噪声、交通运输噪声、建设施工噪声、社会生活噪声等），可选择有代表性的区域布设测点。

③ 评价范围内有明显的声源，并对声环境保护目标的声环境质量有影响，或建设项目为改、扩建工程，应根据声源种类采取不同的监测布点原则，详细内容见表 8-21。

表 8-21　监测布点原则具体内容

声源种类	监测布点原则具体内容
固定声源	• 现状测点应重点布设在可能同时受到既有声源和建设项目声源影响的声环境保护目标处，以及其他有代表性的声环境保护目标处。 • 为满足预测需要，也可在距离既有声源不同距离处布设衰减测点
移动声源且呈现线声源特点	• 现状测点位置选取应兼顾声环境保护目标的分布状况、工程特点及线声源噪声影响随距离衰减的特点，布设在具有代表性的声环境保护目标处。 • 为满足预测需要，可在垂直于线声源不同水平距离处布设衰减测点
改、扩建机场工程	• 测点一般布设在主要声环境保护目标处，重点关注航迹下方的声环境保护目标及跑道侧向较近处的声环境保护目标，测点数量可根据机场飞行量及周围声环境保护目标情况确定，现有单条跑道、两条跑道或三条跑道的机场可分别布设 3~9、9~14 或 12~18 个噪声测点，跑道增加或保护目标较多时可进一步增加测点。 • 对于评价范围内少于 3 个声环境保护目标的情况，原则上布点数量不少于 3 个，结合声保护目标位置布点的，应优先选取跑道两端航迹 3km 以内范围的保护目标位置布点；无法结合保护目标位置布点的，可适当结合航迹下方的导航台站位置进行布点

（2）现场监测结合模型计算法

① 当现状噪声声源复杂且声环境保护目标密集，在调查声环境质量现状时，可考虑采用现场监测结合模型计算法。如多种交通并存且周边声环境保护目标分布密集、机场改扩建等情形。

② 利用监测或调查得到的噪声源强及影响声传播的参数，采用各类噪声预测模型进行噪声影响计算，将计算结果和监测结果进行比较验证，计算结果和监测结果在允许误差范围内（≤3dB）时，可利用模型计算其他声环境保护目标的现状噪声值。

二、环境噪声现状评价

① 分析评价范围内既有主要声源种类、数量及相应的噪声级、噪声特性等，明确主要声源分布。

② 分别评价厂界（场界、边界）和各声环境保护目标的超标和达标情况，分析其受到既有主要声源的影响状况。

第六节 土壤环境现状调查与评价

一、土壤环境现状调查

1. 调查与评价原则

① 土壤环境现状调查与评价工作应遵循资料搜集与现场调查相结合、现状监测与资料分析相结合的原则。

② 土壤环境现状调查与评价工作的深度应满足相应的工作级别要求，当现有资料不能满足要求时，应通过组织现场调查、监测等方法获取。

③ 建设项目同时涉及土壤环境污染影响型与生态影响型时，应分别按相应评价工作等级要求开展土壤环境现状调查，可根据建设项目特征适当调整、优化调查内容。

④ 工业园区内的建设项目，应重点在建设项目占地范围内开展现状调查工作，并兼顾其可能影响的园区外围土壤环境敏感目标。

2. 调查与评价范围

土壤环境影响评价范围参考第七章第五节中土壤环境现状调查评价范围的相关要求。

3. 调查内容与要求

土壤环境现状调查内容与要求见表 8-22。

表 8-22 土壤环境现状调查内容与要求

类别	调查要求	调查内容
资料收集	根据建设项目特点、可能产生的环境影响和当地环境特征，有针对性收集调查评价范围内的相关资料	• 土地利用现状图、土地利用规划图、土壤类型分布图。 • 气象资料、地形地貌特征资料、水文及水文地质资料等。 • 土地利用历史情况。 • 与建设项目土壤环境影响评价相关的其他资料
土壤理化特性	在充分收集资料的基础上，根据土壤环境影响类型、建设项目特征与评价需要，有针对性地选择土壤理化特性调查内容	• 主要包括土体构型、土壤结构、土壤质地、阳离子交换量、氧化还原电位、饱和导水率、土壤容重、孔隙度等。 • 土壤环境生态影响型建设项目还应调查植被、地下水位埋深、地下水溶解性总固体等，可参照土壤理化特性调查表填写。 • 评价工作等级为一级的建设项目应参照土体构型（土壤剖面）填写土壤剖面调查表
土壤环境影响源	应调查与建设项目产生同种特征因子或造成相同土壤环境生态影响后果的影响源	• 对于评价工作等级为一级、二级的改、扩建的污染影响型建设项目应对现有工程的土壤环境保护措施情况进行调查。 • 重点调查主要装置或设施附近的土壤污染现状

4. 土壤环境现状监测

（1）基本要求 建设项目土壤环境现状监测应根据建设项目的影响类型、影响途径，有针对性地开展监测工作，了解或掌握调查评价范围内土壤环境现状。

（2）布点原则 土壤环境现状监测点布设应根据建设项目土壤环境影响类型、评价工作等级、土地利用类型确定，采用均布性与代表性相结合的原则，充分反映建设项目调查评价范围内的土壤环境现状，可根据实际情况优化调整。调查评价范围内的每种土壤类型应至少设置1个表层样监测点，应尽量设置在未受人为污染或相对未受污染的区域。具体布点原则见表 8-23。

表 8-23　土壤环境现状监测布点原则

项目类别	布点原则
生态影响型建设项目	• 根据建设项目所在地的地形特征、地面径流方向设置表层样监测点。 • 涉及入渗途径影响的,主要产污装置区应设置柱状样监测点,采样深度需至装置底部与土壤接触面以下,根据可能影响的深度适当调整。 • 涉及大气沉降影响的,应在占地范围外主导风向的上、下风向各设置 1 个表层样监测点,可在最大落地浓度点增设表层样监测点。 • 涉及地面漫流途径影响的,应结合地形地貌,在占地范围外的上、下游各设置 1 个表层样监测点。
线性工程	• 重点在站场位置(如输油站、泵站、阀室、加油站及维修场所等)设置监测点。 • 涉及危险品、化学品或石油等输送管线的应根据评价范围内土壤环境敏感目标或厂区内的平面布局情况确定监测点布设位置。 • 评价工作等级为一级、二级的改、扩建项目,应在现有工程厂界外可能产生影响的土壤环境敏感目标处设置监测点。 • 涉及大气沉降影响的改、扩建项目,可在主导风向下风向适当增加监测点位,以反映降尘对土壤环境的影响。 • 建设项目占地范围及其可能影响区域的土壤环境已存在污染风险的,应结合用地历史资料和现状调查情况,在可能受影响最重的区域布设监测点;取样深度根据其可能影响的情况确定。 • 建设项目现状监测点设置应兼顾土壤环境影响跟踪监测计划

（3）现状监测点数量要求　建设项目各评价工作等级的监测点数不少于表 8-24 要求。

表 8-24　土壤环境现状监测布点类型与数量

评价工作等级和项目类别		占地范围内	占地范围外
一级	生态影响型	5 个表层样点①	6 个表层样点
	污染影响型	5 个柱状样点②,2 个表层样点	4 个表层样点
二级	生态影响型	3 个表层样点	4 个表层样点
	污染影响型	3 个柱状样点,1 个表层样点	2 个表层样点
三级	生态影响型	1 个表层样点	2 个表层样点
	污染影响型	3 个表层样点	—

注:"—"表示无现状监测布点类型与数量的要求。
① 表层样应在 0~0.2m 取样。
② 柱状样通常在 0~0.5m、0.5~1.5m、1.5~3m 分别取样,3m 以下每 3m 取 1 个样,可根据基础埋深、土体构型适当调整。

生态影响型建设项目可优化调整占地范围内、外监测点数量,保持总数不变;占地范围超过 5000hm² 的,每增加 1000hm² 增加 1 个监测点。

污染影响型建设项目占地范围超过 100hm² 的,每增加 20hm² 增加 1 个监测点。

（4）现状监测取样方法　表层样监测点及土壤剖面的土壤监测取样方法一般参照《土壤环境监测技术规范》(HJ/T 166—2004)执行,柱状样监测点和污染影响型改、扩建项目的土壤监测取样方法还可参照《建设用地土壤污染状况调查技术导则》(HJ 25.1—2019)、《建设用地土壤污染风险管控和修复监测技术导则》(HJ 25.2—2019)执行。

（5）现状监测因子　土壤环境现状监测因子分为基本因子和建设项目特征因子,具体内容见表 8-25。

表 8-25　土壤环境现状监测因子

类别	具体内容
基本因子	• 基本因子为《土壤环境质量　农用地土壤污染风险管控标准(试行)》(GB 15618—2018)、《土壤环境质量　建设用地土壤污染风险管控标准(试行)》(GB 36600—2018)中规定的基本项目。 • 分别根据调查评价范围内的土地利用类型选取
特征因子	• 特征因子为建设项目产生的特有因子,根据《环境影响评价技术导则　土壤环境》(HJ 964—2018)中附录 B(建设项目土壤环境影响识别表)确定。 • 既是特征因子又是基本因子的,按特征因子对待

在布点原则中调查评价范围内的每种土壤类型应至少设置 1 个表层样监测点,应尽量设置在未受人为污染或相对未受污染的区域。建设项目占地范围及其可能影响区域的土壤环境已存在污染风险的,应结合用地历史资料和现状调查情况,在可能受影响最重的区域布设监测点;取样深度根据其可能影响的情况确定。以上这两点中规定的点位须监测基本因子与特征因子;其他监测点位可仅监测特征因子。

(6) 现状监测频次要求

① 基本因子:评价工作等级为一级的建设项目,应至少开展 1 次现状监测;评价工作等级为二级、三级的建设项目,若掌握近 3 年至少 1 次的监测数据,可不再进行现状监测;引用监测数据应满足现状监测布点原则和现状监测点数量的相关要求,并说明数据有效性。

② 特征因子:应至少开展 1 次现状监测。

二、土壤环境现状评价

1. 评价因子

土壤环境现状评价因子同现状监测因子。

2. 评价标准

根据调查评价范围内的土地利用类型,分别选取《土壤环境质量　农用地土壤污染风险管控标准(试行)》(GB 15618—2018)、《土壤环境质量　建设用地土壤污染风险管控标准(试行)》(GB 36600—2018)等标准中的筛选值进行评价,土地利用类型无相应标准的可只给出现状监测值。

评价因子在《土壤环境质量　农用地土壤污染风险管控标准(试行)》(GB 15618—2018)、《土壤环境质量　建设用地土壤污染风险管控标准(试行)》(GB 36600—2018)等标准中未规定的,可参照行业、地方或国外相关标准进行评价,无可参照标准的可只给出现状监测值。

土壤盐化、酸化、碱化分级标准如表 8-26、表 8-27 所示。

表 8-26　土壤盐化分级标准

分级	土壤含盐量(SSC)/(g/kg)	
	滨海、半湿润和半干旱地区	干旱、半荒漠和荒漠地区
未盐化	SSC<1	SSC<2
轻度盐化	1≤SSC<2	2≤SSC<3
中度盐化	2≤SSC<4	3≤SSC<5
重度盐化	4≤SSC<6	5≤SSC<10
极重度盐化	SSC≥6	SSC≥10

注:根据区域自然背景状况适当调整。

表 8-27　土壤酸化、碱化分级标准

土壤 pH 值	土壤酸化、碱化强度
pH<3.5	极重度酸化
3.5≤pH<4.0	重度酸化
4.0≤pH<4.5	中度酸化
4.5≤pH<5.5	轻度酸化
5.5≤pH<8.5	无酸化或碱化
8.5≤pH<9.0	轻度碱化
9.0≤pH<9.5	中度碱化
9.5≤pH<10.0	重度碱化
pH≥10.0	极重度碱化

注：土壤酸化、碱化强度指受人为影响后呈现的土壤 pH 值，可根据区域自然背景状况适当调整。

3. 评价方法

土壤环境质量现状评价应采用标准指数法，并进行统计分析，给出样本数量、最大值、最小值、均值、标准差、检出率和超标率、最大超标倍数等。

对照表 8-26、表 8-27 给出各监测点位土壤盐化、酸化、碱化的级别，统计样本数量、最大值、最小值和均值，并评价均值对应的级别。

4. 评价结论

生态影响型建设项目应给出土壤盐化、酸化、碱化的现状。污染影响型建设项目应给出评价因子是否满足评价标准中相关标准要求的结论；当评价因子存在超标时，应分析超标原因。

第七节　生态环境现状调查与评价

一、生态环境现状调查

1. 总体要求

① 生态现状调查应在充分收集资料的基础上开展现场工作，生态现状调查范围应不小于评价范围。

② 生态现状调查工作成果应采用文字、表格和图件相结合的表现形式。

2. 调查方法

生态环境现状调查方法见表 8-28。

表 8-28　生态环境现状调查方法

调查方法	具体内容
资料收集法	• 收集现有的可以反映生态现状或生态背景的资料，分为现状资料和历史资料，包括相关文字、图件和影像等。 • 引用资料应进行必要的现场校核
现场调查法	• 现场调查应遵循整体与重点相结合的原则，整体上兼顾项目所涉及的各个生态保护目标，突出重点区域和关键时段的调查，并通过实地踏勘，核实收集资料的准确性，以获取实际资料和数据

续表

调查方法	具体内容
专家和公众咨询法	• 通过咨询有关专家,收集公众、社会团体和相关管理部门对项目的意见,发现现场踏勘中遗漏的相关信息。 • 专家和公众咨询应与资料收集和现场调查同步开展
生态监测法	• 当资料收集、现场调查、专家和公众咨询获取的数据无法满足评价工作需要,或项目可能产生潜在的或长期累积影响时,可选用生态监测法。 • 生态监测应根据监测因子的生态学特点和干扰活动的特点确定监测位置和频次,有代表性地布点。 • 生态监测方法与技术要求须符合国家现行的有关生态监测规范和监测标准分析方法。 • 对于生态系统生产力的调查,必要时需现场采样、实验室测定
遥感调查法	• 包括卫星遥感、航空遥感等方法。 • 遥感调查应辅以必要的实地调查工作
陆生、水生动植物调查方法	• 陆生、水生动植物野外调查所需要的仪器、工具和常用的技术方法见《生物多样性观测技术导则》(HJ 710—2014)
海洋生态调查方法	• 海洋生态调查方法详见《海洋工程环境影响评价技术导则》(GB/T 19485—2014)
淡水渔业资源调查方法	• 淡水渔业资源调查方法见《淡水渔业资源调查规范 河流》(SC/T 9429—2019)
淡水浮游生物调查方法	• 淡水浮游生物调查方法见《淡水浮游生物调查技术规范》(SC/T 9402—2010)

3．调查内容

① 陆生生态现状调查内容主要包括：评价范围内的植物区系、植被类型,植物群落结构及演替规律,群落中的关键种、建群种、优势种；动物区系、物种组成及分布特征；生态系统的类型、面积及空间分布；重要物种的分布、生态学特征、种群现状,迁徙物种的主要迁徙路线、迁徙时间,重要生境的分布及现状。

② 水生生态现状调查内容主要包括：评价范围内的水生生物、水生生境和渔业现状；重要物种的分布、生态学特征、种群现状以及生境状况；鱼类等重要水生动物调查包括种类组成、种群结构、资源时空分布,产卵场、索饵场、越冬场等重要生境的分布、环境条件以及洄游路线、洄游时间等行为习性。

③ 收集生态敏感区的相关规划资料、图件、数据,调查评价范围内生态敏感区主要保护对象、功能区划、保护要求等。

④ 调查区域存在的主要生态问题,如水土流失、沙漠化、石漠化、盐渍化、生物入侵和污染危害等。调查已经存在的对生态保护目标产生不利影响的干扰因素。

⑤ 对于改扩建、分期实施的建设项目,调查既有工程、前期已实施工程的实际生态影响以及采取的生态保护措施。

4．调查要求

① 引用的生态现状资料其调查时间宜在5年以内,用于回顾性评价或变化趋势分析的资料可不受调查时间限制。

② 当已有调查资料不能满足评价要求时,应通过现场调查获取现状资料,现场调查遵循全面性、代表性和典型性原则。项目涉及生态敏感区时,应开展专题调查。

③ 工程永久占用或施工临时占用区域应在收集资料基础上开展详细调查，查明占用区域是否分布有重要物种及重要生境。

④ 陆生生态一级、二级评价应结合调查范围、调查对象、地形地貌和实际情况选择合适的调查方法。开展样线、样方调查的，应合理确定样线、样方的数量、长度或面积，涵盖评价范围内不同的植被类型及生境类型，山地区域还应结合海拔段、坡位、坡向进行布设。根据植物群落类型（宜以群系及以下分类单位为调查单元）设置调查样地，一级评价每种群落类型设置的样方数量不少于 5 个，二级评价不少于 3 个，调查时间宜选择植物生长旺盛季节；一级评价每种生境类型设置的野生动物调查样线数量不少于 5 条，二级评价不少于 3 条，除了收集历史资料外，一级评价还应获得近 1~2 个完整年度不同季节的现状资料，二级评价尽量获得野生动物繁殖期、越冬期、迁徙期等关键活动期的现状资料。

⑤ 水生生态一级、二级评价的调查点位、断面等应涵盖评价范围内的干流、支流、河口、湖库等不同水域类型。一级评价应至少开展丰水期、枯水期（河流、湖库）或春季、秋季（入海河口、海域）两期（季）调查，二级评价至少获得一期（季）调查资料，涉及显著改变水文情势的项目应增加调查强度。鱼类调查时间应包括主要繁殖期，水生生境调查内容应包括水域形态结构、水文情势、水体理化性状和底质等。

⑥ 三级评价现状调查以收集有效资料为主，可开展必要的遥感调查或现场校核。

⑦ 生态现状调查中还应充分考虑生物多样性保护的要求。

⑧ 涉海工程生态现状调查要求参照《海洋工程环境影响评价技术导则》（GB/T 19485—2014）。

二、生态环境现状评价

生态现状评价应坚持定性和定量相结合、尽量采用定量方法的原则。评价工作成果应采用文字、表格和图件相结合的表现形式。

1. 评价内容及要求

① 一级、二级评价应根据现状调查结果选择以下全部或部分内容开展评价。

a. 根据植被和植物群落调查结果，编制植被类型图，统计评价范围内的植被类型及面积，可采用植被覆盖度等指标分析植被现状，图示植被覆盖度空间分布特点。

b. 根据土地利用调查结果，编制土地利用现状图，统计评价范围内的土地利用类型及面积。

c. 根据物种及生境调查结果，分析评价范围内的物种分布特点、重要物种的种群现状以及生境的质量、连通性、破碎化程度等，编制重要物种、重要生境分布图，迁徙、洄游物种的迁徙、洄游路线图；涉及国家重点保护野生动植物和极危、濒危物种的，可通过模型模拟物种适宜生境分布，图示工程与物种生境分布的空间关系。

d. 根据生态系统调查结果，编制生态系统类型分布图，统计评价范围内的生态系统类型及面积。结合区域生态问题调查结果，分析评价范围内的生态系统结构与功能状况以及总体变化趋势。涉及陆地生态系统的，可采用生物量、生产力、生态系统服务功能等指标开展评价；涉及河流、湖泊、湿地生态系统的，可采用生物完整性指数等指标开展评价。

e. 涉及生态敏感区的，分析其生态现状、保护现状和存在的问题；明确并图示生态敏感区及其主要保护对象、功能分区与工程的位置关系。

f. 可采用物种丰富度、香农-威纳多样性指数、Pielou 均匀度指数、Simpson 优势度指数等对评价范围内的物种多样性进行评价。

② 三级评价可采用定性描述或面积、比例等定量指标，重点对评价范围内的土地利用现状、植被现状、野生动植物现状等进行分析，编制土地利用现状图、植被类型图、生态保护目标分布图等图件。

③ 对于改扩建、分期实施的建设项目，应对既有工程和前期已实施工程的实际生态影响、已采取的生态保护措施的有效性和存在问题进行评价。

④ 海洋生态现状评价还应符合《海洋工程环境影响评价技术导则》（GB/T 19485—2014）的要求。

2. 评价方法

主要评价方法有指数法与综合指数法、景观生态学评价方法、生物多样性评价方法等。

（1）指数法与综合指数法　指数法是利用同度量因素的相对值来表明因素变化状况的方法。指数法的难点在于需要建立表征生态环境质量的标准体系并进行赋权和准确定量。综合指数法是从确定同度量因素出发，把不能直接对比的事物变成能够同度量的方法。指数法可用于生态因子单因子质量评价、生态多因子综合质量评价、生态系统功能评价。

① 单因子指数法。选定合适的评价标准，可进行生态因子现状或预测评价。例如，以同类型立地条件的森林植被覆盖率为标准，可评价项目建设区的植被覆盖现状情况；以评价区现状植被盖度为标准，可评价项目建成后植被盖度的变化率。

② 综合指数法。综合指数法的评价步骤如下。

a. 分析各生态因子的性质及变化规律。

b. 建立表征各生态因子特征的指标体系。

c. 确定评价标准。

d. 建立评价函数曲线，将生态因子的现状值（开发建设活动前）与预测值（开发建设活动后）转换为统一的无量纲的生态环境质量指标，用1～0表示优劣（"1"表示最佳的、顶极的、原始或人类干预甚少的生态状况，"0"表示最差的、极度破坏的、几乎无生物性的生态状况），计算开发建设活动前后各因子质量的变化值。建立评价函数曲线需要根据标准规定的指标值确定曲线的上、下限。对于大气、水环境等已有明确质量标准的因子，可直接采用不同级别的标准值作为上、下限；对于无明确标准的生态因子，可根据评价目的、评价要求和环境特点等选择相应的指标值，再确定上、下限。

e. 根据各因子的相对重要性赋予权重。

f. 将各因子的变化值综合，得出综合影响评价值。

$$\Delta E = \sum (E_{hi} - E_{qi}) \times W_i \tag{8-19}$$

式中　ΔE——开发建设活动前后生态质量变化值；

E_{hi}——开发建设活动后i因子的质量指标；

E_{qi}——开发建设活动前i因子的质量指标；

W_i——i因子的权重。

（2）景观生态学评价方法　景观生态学主要研究宏观尺度上景观类型的空间格局和生态过程的相互作用及其动态变化特征。景观格局是指大小和形状不一的景观斑块在空间上的排列，是各种生态过程在不同尺度上综合作用的结果。景观格局变化对生物多样性产生直接而强烈影响，其主要原因是生境丧失和破碎化。

景观变化的分析方法主要有三种：定性描述法、景观生态图叠置法和景观动态的定量化分析法。目前较常用的方法是景观动态的定量化分析法，主要是对收集的景观数据进行解译或数字化处理,建立景观类型图,通过计算景观格局指数或建立动态模型对景观面积变化和景观类型转化等进行分析,揭示景观的空间配置以及格局动态变化趋势。

景观指数是能够反映景观格局特征的定量化指标,分为三个级别,代表三种不同的应用尺度,即斑块级别指数、斑块类型级别指数和景观级别指数,可根据需要选取相应的指标,采用 FRAGSTATS 等景观格局分析软件进行计算分析。涉及显著改变土地利用类型的矿山开采、大规模的农林业开发以及大中型水利水电建设项目等可采用该方法对景观格局的现状及变化进行评价,公路、铁路等线性工程造成的生境破碎化等累积生态影响也可采用该方法进行评价。常用的景观指数及其含义见表 8-29。

表 8-29 常用景观指数及其含义

指数名称	含义
斑块类型面积(class area, CA)	斑块类型面积是度量其他指标的基础,其值的大小影响以此斑块类型作为生境的物种数量及丰度
斑块所占景观面积比例(percent of landscape, PLAND)	某一斑块类型占整个景观面积的百分比,是确定优势景观元素重要依据,也是决定景观中优势种和数量等生态系统指标的重要因素
最大斑块指数(largest patch index, LPI)	某一斑块类型中最大斑块占整个景观的百分比,用于确定景观中的优势斑块,可间接反映景观变化受人类活动的干扰程度
香农多样性指数(Shannon's diversity index, SHDI)	反映景观类型的多样性和异质性,对景观中各斑块类型非均衡分布状况较敏感,值增大表明斑块类型增加或各斑块类型呈均衡趋势分布
蔓延度指数(contagion index, CONTAG)	高蔓延度值表明景观中的某种优势斑块类型形成了良好的连接性,反之则表明景观具有多种要素的密集格局,破碎化程度较高
散布与并列指数(interspersion juxtaposition index, IJI)	反映斑块类型的隔离分布情况,值越小表明斑块与相同类型斑块相邻越多,而与其他类型斑块相邻的越少
聚集度指数(aggregation index, AI)	基于栅格数量测度景观或者某种斑块类型的聚集程度

(3) 生物多样性评价方法 生物多样性是生物(动物、植物、微生物)与环境形成的生态复合体以及与此相关的各种生态过程的总和,包括生态系统、物种和基因三个层次。

生态系统多样性指生态系统的多样化程度,包括生态系统的类型、结构、组成、功能和生态过程的多样性等。物种多样性指物种水平的多样化程度,包括物种丰富度和物种多度。基因多样性(或遗传多样性)指一个物种的基因组成中遗传特征的多样性,包括种内不同种群之间或同一种群内不同个体的遗传变异性。

物种多样性常用的评价指标包括物种丰富度、香农-威纳多样性指数、Pielou 均匀度指数、Simpson 优势度指数等。

① 物种丰富度(species richness):调查区域内物种种数之和。

② 香农-威纳多样性指数(Shannon-Wiener diversity index)计算公式为:

$$H = -\sum_{i=1}^{S} P_i \ln P_i \tag{8-20}$$

式中 H——香农-威纳多样性指数;
S——调查区域内物种种类总数;
P_i——调查区域内属于第 i 种的个体比例,如总个体数为 N,第 i 种个体数为 n_i,则 $P_i = n_i/N$。

③ Pielou 均匀度指数是反映调查区域各物种个体数目分配均匀程度的指数，计算公式为：

$$J = \left(-\sum_{i=1}^{S} P_i \ln P_i\right) / \ln S \tag{8-21}$$

式中　J——Pielou 均匀度指数；
　　　S——调查区域内物种种类总数；
　　　P_i——调查区域内属于第 i 种的个体比例。

④ Simpson 优势度指数与均匀度指数相对应，计算公式为：

$$D = 1 - \sum_{i=1}^{S} P_i^2 \tag{8-22}$$

式中　D——Simpson 优势度指数；
　　　S——调查区域内物种种类总数；
　　　P_i——调查区域内属于第 i 种的个体比例。

第八节　环境风险调查与评价

一、环境风险调查

1. 建设项目风险源调查

调查建设项目危险物质数量和分布情况、生产工艺特点，收集危险物质安全技术说明书（MSDS）等基础资料。

2. 环境敏感目标调查

根据危险物质可能的影响途径，明确环境敏感目标，给出环境敏感目标区位分布图，列表明确调查对象、属性、相对方位及距离等信息。

二、环境风险潜势初判

建设项目环境风险潜势划分为Ⅰ、Ⅱ、Ⅲ、Ⅳ/Ⅳ$^+$级。根据建设项目涉及的物质和工艺系统的危险性及其所在地的环境敏感程度，结合事故情形下环境影响途径，对建设项目潜在环境危害程度进行概化分析，按照表 8-30 确定环境风险潜势。

表 8-30　建设项目环境风险潜势划分

环境敏感程度（E）	危险物质及工艺系统危险性（P）			
	极高危害（P1）	高度危害（P2）	中度危害（P3）	轻度危害（P4）
环境高度敏感区（E1）	Ⅳ$^+$	Ⅳ	Ⅲ	Ⅲ
环境中度敏感区（E2）	Ⅳ	Ⅲ	Ⅲ	Ⅱ
环境低度敏感区（E3）	Ⅲ	Ⅲ	Ⅱ	Ⅰ

注：Ⅳ$^+$为极高环境风险。

建设项目环境风险潜势综合等级取各要素等级的相对高值。

1. 危险物质及工艺系统危险性（P）的分级确定

分析建设项目生产、使用、储存过程中涉及的有毒有害、易燃易爆物质，根据《建设项目环境风险评价技术导则》(HJ 169—2018)附录 B 确定危险物质的临界量。定量分析危险物质数量与临界量的比值（Q）和所属行业及生产工艺特点（M），对危险物质及工艺系统危险性（P）等级进行判断。

（1）危险物质数量与临界量比值（Q） 计算所涉及的每种危险物质在厂界内的最大存在总量与其在附录 B 中对应临界量的比值 Q。在不同厂区的同一种物质，按其在厂界内的最大存在总量计算。对于长输管线项目，按照两个截断阀室之间管段危险物质最大存在总量计算。

当只涉及一种危险物质时，计算该物质的总量与其临界量比值，即为 Q；当存在多种危险物质时，则按下式计算物质总量与其临界量比值（Q）：

$$Q = \frac{q_1}{Q_1} + \frac{q_2}{Q_2} + \cdots + \frac{q_n}{Q_n} \tag{8-23}$$

式中 $q_1, q_2, \cdots, q_n$——每种危险物质的最大存在总量，t；

$Q_1, Q_2, \cdots, Q_n$——每种危险物质的临界量，t。

当 $Q<1$ 时，该项目环境风险潜势为 Ⅰ。

当 $Q\geqslant 1$ 时，将 Q 值划分为：①$1\leqslant Q<10$；②$10\leqslant Q<100$；③$Q\geqslant 100$。

（2）行业及生产工艺（M） 分析项目所属行业及生产工艺特点，按照表 8-31 评估生产工艺情况。具有多套工艺单元的项目，对每套生产工艺分别评分并求和。将 M 划分为 $M>20$、$10<M\leqslant 20$、$5<M\leqslant 10$、$M=5$，分别以 M1、M2、M3 和 M4 表示。

表 8-31 行业及生产工艺（M）

行业	评估依据	分值
石化、化工、医药、轻工、化纤、有色冶炼等	涉及光气及光气化工艺、电解工艺（氯碱）、氯化工艺、硝化工艺、合成氨工艺、裂解（裂化）工艺、氟化工艺、加氢工艺、重氮化工艺、氧化工艺、过氧化工艺、胺基化工艺、磺化工艺、聚合工艺、烷基化工艺、新型煤化工工艺、电石生产工艺、偶氮化工艺	10/套
	无机酸制酸工艺、焦化工艺	5/套
	其他高温或高压，且涉及危险物质的工艺过程[①]、危险物质贮存罐区	5/套（罐区）
管道、港口或码头等	涉及危险物质管道运输项目、港口或码头等	10
石油天然气	石油、天然气、页岩气开采（含净化）、气库（不含加气站的气库）、油库（不含加气站的油库）、油气管线[②]（不含城镇燃气管线）	10
其他	涉及危险物质使用、贮存的项目	5

①高温指工艺温度≥300℃，高压指压力容器的设计压力（P）≥10.0MPa；
②长输管道运输项目应按站场、管线分段进行评价。

（3）危险物质及工艺系统危险性（P）分级 根据危险物质数量与临界量比值（Q）和行业及生产工艺（M），按照表 8-32 确定危险物质及工艺系统危险性等级（P），分别以 P1、P2、P3、P4 表示。

表 8-32 危险物质及工艺系统危险性（P）等级判断

危险物质数量与临界量比值（Q）	行业及生产工艺（M）			
	M1	M2	M3	M4
$Q\geqslant 100$	P1	P1	P2	P3

续表

危险物质数量与临界量比值(Q)	行业及生产工艺(M)			
	M1	M2	M3	M4
10≤Q＜100	P1	P2	P3	P4
1≤Q＜10	P2	P3	P4	P4

2. 环境敏感程度（E）的分级确定

分析危险物质在事故情形下的环境影响途径，根据《建设项目环境风险评价技术导则》(HJ 169—2018) 附录 D 对建设项目各要素环境敏感程度（E）等级进行判断。

(1) 大气环境　依据环境敏感目标环境敏感性及人口密度划分环境风险受体的敏感性，共分为三种类型，E1 为环境高度敏感区，E2 为环境中度敏感区，E3 为环境低度敏感区，分级原则见表 8-33。

表 8-33　大气环境敏感程度分级

分级	大气环境敏感性
E1	周边 5km 范围内居住区、医疗卫生、文化教育、科研、行政办公等机构人口总数大于 5 万人，或其他需要特殊保护区域；或周边 500m 范围内人口总数大于 1000 人；油气、化学品输送管线管段周边 200m 范围内，每千米管段人口数大于 200 人
E2	周边 5km 范围内居住区、医疗卫生、文化教育、科研、行政办公等机构人口总数大于 1 万人，小于 5 万人；或周边 500m 范围内人口总数大于 500 人，小于 1000 人；油气、化学品输送管线管段周边 200m 范围内，每千米管段人口数大于 100 人，小于 200 人
E3	周边 5km 范围内居住区、医疗卫生、文化教育、科研、行政办公等机构人口总数小于 1 万人；或周边 500m 范围内人口总数小于 500 人；油气、化学品输送管线管段周边 200m 范围内，每千米管段人口数小于 100 人

(2) 地表水环境　依据事故情况下危险物质泄漏到水体的排放点受纳地表水体功能敏感性，与下游环境敏感目标情况，共分为三种类型，E1 为环境高度敏感区，E2 为环境中度敏感区，E3 为环境低度敏感区，分级原则见表 8-34。其中地表水功能敏感性分区和环境敏感目标分级分别见表 8-35 和表 8-36。

表 8-34　地表水环境敏感程度分级

环境敏感目标	地表水功能敏感性		
	F1	F2	F3
S1	E1	E1	E2
S2	E1	E2	E3
S3	E1	E2	E3

表 8-35　地表水功能敏感性分区

敏感性	地表水环境敏感特征
敏感 F1	排放点进入地表水水域环境功能为 Ⅱ 类及以上，或海水水质分类第一类；或从发生事故时，危险物质泄漏到水体的排放点算起，排放进入受纳河流最大流速时，24h 流经范围内涉跨国界的
较敏感 F2	排放点进入地表水水域环境功能为 Ⅲ 类，或海水水质分类第二类；或以发生事故时，危险物质泄漏到水体的排放点算起，排放进入受纳河流最大流速时，24h 流经范围内涉跨省界的
低敏感 F3	上述地区之外的其他地区

表 8-36　环境敏感目标分级

分级	环境敏感目标
S1	发生事故时,危险物质泄漏到内陆水体的排放点下游(顺水流向)10km 范围内、近岸海域一个潮周期水质点可能达到的最大水平距离的两倍范围内,有如下一类或多类环境风险受体:集中式地表水饮用水水源保护区(包括一级保护区、二级保护区及准保护区);农村及分散式饮用水水源保护区;自然保护区;重要湿地;珍稀濒危野生动植物天然集中分布区;重要水生生物的自然产卵场及索饵场、越冬场和洄游通道;世界文化和自然遗产地;红树林、珊瑚礁等滨海湿地生态系统;珍稀、濒危海洋生物的天然集中分布区;海洋特别保护区;海上自然保护区;盐场保护区;海水浴场;海洋自然历史遗迹;风景名胜区;或其他特殊重要保护区域
S2	发生事故时,危险物质泄漏到内陆水体的排放点下游(顺水流向)10km 范围内、近岸海域一个潮周期水质点可能达到的最大水平距离的两倍范围内,有如下一类或多类环境风险受体的:水产养殖区;天然渔场;森林公园;地质公园;海滨风景游览区;具有重要经济价值的海洋生物生存区域
S3	排放点下游(顺水流向)10km 范围、近岸海域一个潮周期水质点可能达到的最大水平距离的两倍范围内无上述类型 1 和类型 2 包括的敏感保护目标

(3) 地下水环境　依据地下水功能敏感性与包气带防污性能,共分为三种类型,E1 为环境高度敏感区,E2 为环境中度敏感区,E3 为环境低度敏感区,分级原则见表 8-37。其中地下水功能敏感性分区和包气带防污性能分级分别见表 8-38 和表 8-39。当同一建设项目涉及两个 G 分区或 D 分级及以上时,取相对高值。

表 8-37　地下水环境敏感程度分级

包气带防污性能	地下水功能敏感性		
	G1	G2	G3
D1	E1	E1	E2
D2	E1	E2	E3
D3	E2	E3	E3

表 8-38　地下水功能敏感性分区

敏感性	地下水环境敏感特征
敏感 G1	集中式饮用水水源(包括已建成的在用、备用、应急水源,在建和规划的饮用水水源)准保护区;除集中式饮用水水源以外的国家或地方政府设定的与地下水环境相关的其他保护区,如热水、矿泉水、温泉等特殊地下水资源保护区
较敏感 G2	集中式饮用水水源(包括已建成的在用、备用、应急水源,在建和规划的饮用水水源)准保护区以外的补给径流区;未划定准保护区的集中式饮用水水源,其保护区以外的补给径流区;分散式饮用水水源地;特殊地下水资源(如热水、矿泉水、温泉等)保护区以外的分布区等其他未列入上述敏感分级的环境敏感区[①]
不敏感 G3	上述地区之外的其他地区

① "环境敏感区"是指《建设项目环境影响评价分类管理名录》中所界定的涉及地下水的环境敏感区。

表 8-39　包气带防污性能分级

分级	包气带岩土的渗透性能
D3	$M_b \geq 1.0 \mathrm{m}, K \leq 1.0 \times 10^{-6} \mathrm{cm/s}$,且分布连续、稳定
D2	$0.5 \mathrm{m} \leq M_b < 1.0 \mathrm{m}, K \leq 1.0 \times 10^{-6} \mathrm{cm/s}$,且分布连续、稳定 $M_b \geq 1.0 \mathrm{m}, 1.0 \times 10^{-6} \mathrm{cm/s} < K \leq 1.0 \times 10^{-4} \mathrm{cm/s}$,且分布连续、稳定

续表

分级	包气带岩土的渗透性能
D1	岩(土)层不满足上述"D2"和"D3"条件

注：M_b 为岩土层单层厚度；K 为渗透系数。

思考题

1. 针对新建项目环境影响评价和建设项目环境影响后评价，查阅相关资料，讨论环境现状调查的主要工作方式和调查重点。

2. 讨论分析为什么要调查建设项目所在区域的水文情势和水资源开发利用状况、气候与气象、地质环境等内容。

3. 在区域环境质量现状调查中，对于常规污染物，通常可以引用与建设项目距离较近的有效数据，讨论获取这些数据的主要途径。

4. 某建设项目位于工业园区，园区编制了规划环境影响报告书并取得了批复，讨论分析该建设项目环境现状调查与评价可以做何简化。

小测验

第九章

环境影响预测与评价

引言

良好生态环境是实现中华民族永续发展的内在要求，是增进民生福祉的优先领域。环境影响评价强调从源头防止环境污染和生态破坏，环境影响预测与评价结果是从环境保护角度判断建设项目是否可行的重要依据。

根据建设项目实际情况，选择各环境要素环境影响评价技术导则中适宜的预测与评价方法，科学分析项目建设对环境的影响，重点分析污染物是否达标排放、是否满足区域环境功能区和目标管理要求。一旦发现预测结果不能满足环境保护要求，则应采取措施削减源强或调整污染防治方案，最终使污染物达标排放，同时满足环境功能区标准要求，从源头为打好碧水、蓝天、净土三大保卫战提供有力支持。在方法学习过程中，应掌握各环境要素主要环境影响预测与评价方法，同时主动学习环境影响评价技术导则中推荐的预测模型或软件，并进行实践应用，不断提高环境影响预测分析能力和工程实践能力，能够自主解决复杂环境问题。

导读

环境影响预测与评价是环境影响评价的重要环节和重要内容，是根据已掌握的环境现状资料和工程资料对未来环境变化进行预测和评估。环境影响预测与评价的时段、内容及方法应根据工程特点与环境特性、评价工作等级、当地的环境保护要求确定。环境影响预测与评价方法主要有数学模式法、物理模型法、类比调查法和专业判断法等，具体方法由各环境要素或专题环境影响评价技术导则规定。

本章重点介绍环境影响预测与评价的基本要求、内容和方法概述，以及地表水环境、地下水环境、大气环境、声环境、土壤环境、生态环境、环境风险的影响预测与评价方法。通过学习本章内容，应掌握环境影响预测与评价的主要内容，正确选择适宜的预测模型，确定模型参数并应用预测模型，根据预测结果准确评估建设项目或规划实施对环境的影响程度。

第一节　环境影响预测与评价方法概述

一、基本要求

① 环境影响预测与评价的时段、内容及方法应根据工程特点与环境特性、评价工作等级、当地的环境保护要求确定。

② 预测和评价的因子应包括反映建设项目特点的常规污染因子、特征污染因子和生态因子，以及反映区域环境质量状况的主要污染因子、特殊污染因子和生态因子。

③ 须考虑环境质量背景与环境影响评价范围内在建项目同类污染物环境影响的叠加。

④ 如果环境质量不符合环境功能要求或环境质量改善目标，应结合区域限期达标规划对环境质量变化进行预测。

二、环境影响预测与评价内容

① 应重点预测建设项目生产运行阶段正常工况和非正常工况下的环境影响。

② 当建设阶段的大气、地表水、地下水、噪声、振动、生态以及土壤等影响程度较重、影响时间较长时，应进行建设阶段的环境影响预测和评价。

③ 可根据工程特点、规模、环境敏感程度、影响特征等选择开展建设项目服务期满后的环境影响预测和评价。

④ 当建设项目排放的污染物对环境存在累积影响时，应明确累积影响的影响源，分析项目实施可能发生累积影响的条件、方式和途径，预测项目实施在时间和空间上的累积环境影响。

⑤ 对以生态影响为主的建设项目，应预测生态系统组成和服务功能的变化趋势，重点分析项目建设和生产运行对环境保护目标的影响。

⑥ 对存在环境风险的建设项目，应分析环境风险源项，计算环境风险后果，开展环境风险评价。对存在较大潜在人群健康风险的建设项目，应分析人群主要暴露途径。

三、环境影响预测与评价方法

环境影响预测是对识别出的主要环境影响进行定量预测，以明确给出各主要影响因子的影响范围和影响大小，预测环境影响时应尽量选用通用、成熟、简便并能满足准确度要求的方法。环境影响预测与评价方法主要有数学模式法、物理模型法、类比调查法和专业判断法等，具体方法由各环境要素或专题环境影响评价技术导则规定。

(1) 数学模式法　数学模式法能给出定量的预测结果，但需要一定的计算条件和输入必要的参数、数据。该方法比较简便，应优先考虑。选用数学模式时要注意模式的应用条件，如果实际情况不能很好满足模式的应用条件而又准备采用时，需要对模式进行修正并验证。

(2) 物理模型法　物理模型法定量化程度较高，再现性好，能反映比较复杂的环境特征，但需要有合适的试验条件和必要的基础数据，且制作复杂的环境模型需要较多的人力、物力和时间。在无法利用数学模式法预测而又要求预测结果定量精度较高时，应优先选用此方法。

（3）类比调查法　类比调查法预测结果属于半定量性质。如果由于评价工作时间较短等原因，无法取得足够的参数、数据，不能采用前述两种方法进行预测时，可选用此方法。生态环境影响评价中常使用此方法。

（4）专业判断法　专业判断法可以定性地反映建设项目的环境影响。建设项目的某些环境影响有时很难定量估测（如对人文遗迹、自然遗迹与珍贵景观的环境影响），或者由于评价时间过短等无法采用以上三种方法时，可选用该方法。

第二节　地表水环境影响预测与评价

一、地表水环境影响预测

1. 总体要求

① 地表水环境影响预测应遵循《建设项目环境影响评价技术导则　总纲》（HJ 2.1—2016）中规定的原则。

② 一级、二级、水污染影响型三级 A 与水文要素影响型三级评价应定量预测建设项目水环境影响，水污染影响型三级 B 评价可不进行地表水环境影响预测。

③ 影响预测应考虑评价范围内已建、在建和拟建项目中，与建设项目排放同类（种）污染物、对相同水文要素产生的叠加影响。

④ 建设项目分期规划实施的，应估算规划水平年进入评价范围的污染负荷，预测分析规划水平年评价范围内地表水环境质量变化趋势。

2. 预测因子与预测范围

预测因子应根据评价因子确定，重点选择与建设项目水环境影响关系密切的因子；预测范围应覆盖评价范围，并根据受影响地表水体水文要素与水质特点合理拓展。

3. 预测时期

地表水环境影响预测时期应满足不同评价等级的评价时期要求，详见第七章表 7-4。

① 水污染影响型建设项目，应将水体自净能力最不利以及水质状况相对较差的不利时期、水环境现状补充监测时期作为重点预测时期。

② 水文要素影响型建设项目，应将水质状况相对较差或对评价范围内水生生物影响最大的不利时期作为重点预测时期。

4. 预测情景

① 根据建设项目特点分别选择建设期、生产运行期和服务期满后三个阶段进行预测。

② 生产运行期应预测正常排放、非正常排放两种工况对水环境的影响，如建设项目具有充足的调节容量，可只预测正常排放对水环境的影响。

③ 应对建设项目污染控制和减缓措施方案进行水环境影响模拟预测。

④ 对受纳水体环境质量不达标区域，应考虑区（流）域环境质量改善目标要求情景下的模拟预测。

5. 预测分析内容

预测分析内容根据影响类型、预测因子、预测情景、预测范围地表水体类别、所选用的预测模型及评价要求确定。不同类型建设项目的预测分析内容见表 9-1。

表 9-1 建设项目地表水环境影响预测分析内容

建设项目类型	预测分析内容
水污染影响型	• 各关心断面(控制断面、取水口、污染源排放核算断面等)水质预测因子的浓度及变化； • 到达水环境保护目标处的污染物浓度； • 各污染物最大影响范围； • 湖泊、水库及半封闭海湾等，还需关注富营养化状况与水华、赤潮等； • 排放口混合区范围
水文要素影响型	• 河流、湖泊及水库的水文情势预测分析主要包括水域形态、径流条件、水力条件以及冲淤变化等内容，具体包括水面面积、水量、水温、径流过程、水位、水深、流速、水面宽、冲淤变化等，湖泊和水库需要重点关注湖库水域面积或蓄水量及水力停留时间等因子； • 感潮河段、入海河口及近岸海域水动力条件预测分析主要包括流量、流向、潮区界、潮流界、纳潮量、水位、流速、水面宽、水深、冲淤变化等因子

6．预测模型

地表水环境影响预测模型包括数学模型、物理模型。评价等级为一级且有特殊要求时选用物理模型，物理模型应遵循水工模型试验技术规程等要求。数学模型包括面源污染负荷估算模型、水动力模型、水质（包括水温及富营养化）模型等，可根据地表水环境影响预测的需要选择。在地表水环境影响预测中，应优先选用国家生态环境主管部门发布的推荐模型。

（1）面源污染负荷估算模型　根据污染源类型分别选择适用的污染源负荷估算或模拟方法，预测污染源排放量与入河量。面源污染负荷预测可根据评价要求与数据条件，采用源强系数法、水文分析法以及面源模型法等，各方法适用条件如下。

① 源强系数法。当评价区域有可采用的源强产生、流失及入河系数等面源污染负荷估算参数时，可采用源强系数法。

② 水文分析法。当评价区域具备一定数量的同步水质水量监测资料时，可基于基流分割确定暴雨径流污染物浓度、基流污染物浓度，采用通量法估算面源的负荷量。

③ 面源模型法。面源模型选择应结合污染特点、模型适用条件、基础资料等综合确定。

（2）水动力模型与水质模型　按照时间分为稳态模型与非稳态模型，按照空间分为零维、一维（包括纵向一维和垂向一维，纵向一维包括河网模型）、二维（包括平面二维和立面二维）以及三维模型，按照是否需要采用数值离散方法分为解析解模型与数值解模型。水动力模型和水质模型的选取根据建设项目的污染源特性、受纳水体类型、水力学特征、水环境特点和评价等级等要求进行。各地表水体适用的数学模型选择要求如下。

① 河流数学模型。河流数学模型适用条件详见表 9-2。在模拟河流顺直、水流均匀且排污稳定时可以采用解析解模型。

表 9-2 河流数学模型适用条件

模型空间分类						模型时间分类	
零维模型	纵向一维模型	河网模型	平面二维	立面二维	三维模型	稳态	非稳态
水域基本均匀混合	沿程横断面均匀混合	多条河道相互连通，使得水流运动和污染物交换相互影响的河网地区	垂向均匀混合	垂向分层特征明显	垂向及平面分布差异明显	水流恒定、排污稳定	水流不恒定，或排污不稳定

② 湖库数学模型。湖库数学模型适用条件详见表 9-3。在模拟湖库水域形态规则、水流均匀且排污稳定时可以采用解析解模型。

表 9-3　湖库数学模型适用条件

模型空间分类						模型时间分类	
零维模型	纵向一维模型	平面二维	垂向一维	立面二维	三维模型	稳态	非稳态
水流交换作用较充分,污染物质分布基本均匀	污染物在断面上均匀混合的河道型水库	浅水湖库,垂向分层不明显	深水湖库,水平分布差异不明显,存在垂向分层	深水湖库,横向分布差异不明显,存在垂向分层	垂向及平面分布差异明显	流场恒定,源强稳定	流场不恒定或源强不稳定

③ 感潮河段、入海河口数学模型。污染物在断面上均匀混合的感潮河段、入海河口,可采用纵向一维非恒定数学模型,感潮河网区宜采用一维河网数学模型。浅水感潮河段和入海河口宜采用平面二维非恒定数学模型。如感潮河段、入海河口的下边界难以确定,宜采用一、二维连接数学模型。

④ 近岸海域数学模型。近岸海域宜采用平面二维非恒定模型。如果评价海域的水流和水质分布在垂向上存在较大差异(如排放口附近水域),宜采用三维数学模型。

二维码 9-1　河流、湖库、入海河口及近岸海域常用数学模型

二维码 9-2　入海河口及近岸海域特殊数学模型

7. 模型概化

当选用解析解方法进行水环境影响预测时,可对预测水域进行合理的概化。河流、湖库、入海河口、近岸海域概化要求见表 9-4。

表 9-4　模型概化要求

水域类型	概化要求
河流水域	• 预测河段及代表性断面的宽深比≥20 时,可视为矩形河段; • 河段弯曲系数>1.3 时,可视为弯曲河段,其余可概化为平直河段; • 河流水文特征值、水质急剧变化的河段和河网,应分段概化,并分别进行水环境影响预测
湖库水域	• 根据湖库的入流条件、水力停留时间、水质及水温分布等情况,分别概化为稳定分层型、混合型和不稳定分层型; • 受人工控制的河流,根据涉水工程(如水利水电工程)的运行调度方案及蓄水、泄流情况,分别视其为水库或河流进行水环境影响预测
入海河口、近岸海域	• 可将潮区界作为感潮河段的边界; • 采用解析解方法进行水环境影响预测时,可按潮周平均、高潮平均和低潮平均三种情况,概化为稳态进行预测; • 预测近岸海域可溶性物质水质分布时,可只考虑潮汐作用,预测密度小于海水的不可溶物质时应考虑潮汐、波浪和风的作用; • 注入近岸海域的小型河流可视为点源,可忽略其对近岸海域流场的影响

8. 基础数据要求

建设项目所在水环境控制单元如有相关部门发布的标准化土壤及土地利用数据、地形数

据、环境水力学特征参数的,影响预测模拟时应优先使用标准化数据。水文气象、水下地形等基础数据原则上应与工程设计保持一致,采用其他数据时,应说明数据来源、有效性及数据预处理情况。获取的基础数据应能够支持模型参数率定、模型验证的基本需求。基础数据总体要求见表9-5。

表9-5　基础数据要求汇总表

数据类型	总体要求
水文数据	• 水文数据应采用水文站点实测数据或根据站点实测数据进行推算,数据精度应与模拟预测结果精度要求匹配; • 河流、湖库建设项目水文数据时间精度应根据建设项目调控影响的时空特征,分析典型时段的水文情势与过程变化影响,涉及日调度影响的,时间精度宜不小于小时平均; • 感潮河段、入海河口及近岸海域建设项目应考虑盐度对污染物运移扩散的影响,一级评价时间精度不得低于1h
气象数据	• 气象数据应根据模拟范围内或附近的常规气象监测站点数据进行合理确定; • 气象数据应采用多年平均气象资料或典型年实测气象资料数据; • 气象数据指标应包括气温、相对湿度、日照时数、降雨量、云量、风向、风速等
水下地形数据	• 采用数值解模型时,原则上应采用最新的现有或补充测绘成果,水下地形数据精度原则上应与工程设计保持一致; • 建设项目实施后可能导致河道地形改变的,如疏浚及堤防建设以及水底泥沙淤积造成的库底、河底高程发生的变化,应考虑地形变化的影响
涉水工程资料	• 包括预测范围内的已建、在建及拟建涉水工程,其取水量或工程调度情况、运行规则应与国家或地方发布的统计数据、环评及环保验收数据保持一致
一致性与可靠性分析	• 对评价范围调查收集的水文资料(流速、流量、水位、蓄水量等)、水质资料、排放口资料(污水排放量与水质浓度)、支流资料(支流水量与水质浓度)、取水口资料(取水量、取水方式、水质数据)、污染源资料(排污量、排污去向与排放方式、污染物种类及排放浓度)等进行数据一致性分析; • 应明确模型采用基础数据的来源,保证基础数据的可靠性

9. 初始条件与边界条件

(1) 初始条件　初始条件(水文、水质、水温等)设定应满足所选用数学模型的基本要求,需合理确定初始条件,控制预测结果不受初始条件的影响。当初始条件对计算结果的影响在短时间内无法有效消除时,应延长模拟计算的初始时间,必要时应开展初始条件敏感性分析。

(2) 边界条件　边界条件主要考虑设计水文条件和污染负荷的确定要求,详见表9-6。

表9-6　边界条件相关要求

对象		总体要求
设计水文条件	河流、湖库设计水文条件要求	• 河流不利枯水条件宜采用90%保证率最枯月流量或近10年最枯月平均流量;流向不定的河网地区和潮汐河段,宜采用90%保证率流速为零时的低水位相应水量作为不利枯水水量;湖库不利枯水条件应采用近10年最低月平均水位或90%保证率最枯月平均水位相应的蓄水量,水库也可采用死库容相应的蓄水量。其他水期的设计水量则应根据水环境影响预测需求确定。 • 受人工调控的河段,可采用最小下泄流量或河道内生态流量作为设计流量。 • 根据设计流量,采用水力学、水文学等方法确定水位、流速、河宽、水深等其他水力学数据。 • 河流、湖库设计水文条件的计算可按照《水利水电工程水文计算规范》(SL/T 278—2020)的规定执行

续表

对象		总体要求
设计水文条件	入海河口、近岸海域设计水文条件要求	• 感潮河段、入海河口的上游水文边界条件参照河流、湖库的要求确定,下游水位边界的确定,应选择对应时段潮周期作为基本水文条件进行计算,可取用保证率为10%、50%和90%潮差,或上游计算流量条件下相应的实测潮位过程; • 近岸海域的潮位边界条件界定,应选择一个潮周期作为基本水文条件,选用历史实测潮位过程或人工构造潮型作为设计水文条件
污染负荷	一般要求	• 根据预测情景,确定各情景下建设项目排放的污染负荷量,应包括建设项目所有排放口(涉及一类污染物的车间或车间处理设施排放口、企业总排口、雨水排放口、温排水排放口等)的污染物源强; • 应覆盖预测范围内所有与建设项目排放污染物相关的污染源或污染源负荷占预测范围总污染负荷的比例超过95%
	规划水平年污染源负荷预测要求	• 点源及面源污染源负荷预测要求。应包括已建、在建及拟建项目的污染物排放,综合考虑区域经济社会发展及水污染防治规划、区(流)域环境质量改善目标要求,按照点源、面源分别确定预测范围内的污染源的排放量与入河量。采用面源模型预测规划水平年污染负荷时,面源模型的构建、率定、验证等要求参照参数确定与验证要求相关规定执行。 • 内源负荷预测要求。内源负荷估算可采用释放系数法,必要时可采用释放动力学模型方法。内源释放系数可采用静水、动水试验进行测定或者参考类似工程资料确定;水环境影响敏感且资料缺乏区域需开展静水试验、动水试验确定释放系数;类比时需结合施工工艺、沉积物类型、水动力等因素进行修正

10. 参数确定与验证要求

水动力及水质模型参数包括水文及水力学参数、水质(包括水温及富营养化)参数等。其中水文及水力学参数包括流量、流速、坡度、糙率等;水质参数包括污染物综合衰减系数、扩散系数、耗氧系数、复氧系数、蒸发散热系数等。相关要求如下。

① 模型参数确定可采用类比、经验公式、实验室测定、物理模型试验、现场实测及模型率定等,可以采用多种方法比对确定模型参数。当采用数值解模型时,宜采用模型率定法核定模型参数。

② 在模型参数确定的基础上,通过模型计算结果与实测数据进行比较分析,验证模型的适用性、误差和精度。

③ 选择模型率定法确定模型参数的,模型验证应采用与模型参数率定不同组实测资料数据进行。

④ 应对模型参数确定与模型验证的过程和结果进行分析说明,并以河宽、水深、流速、流量以及主要预测因子的模拟结果作为分析依据,当采用二维或三维模型时,应开展流场分析。模型验证应分析模拟结果与实测结果的拟合情况,阐明模型参数率定取值的合理性。

11. 预测点位设置及结果合理性分析要求

(1) 预测点位设置要求 应将常规监测点、补充监测点、水环境保护目标、水质水量突变处及控制断面等作为预测重点。当需要预测排放口所在水域形成的混合区范围时,应适当加密预测点位。

(2) 模型结果合理性分析 模型计算成果的内容、精度和深度应满足环境影响评价要求。区域水环境影响较大的建设项目,宜采用不同模型进行比对分析。采用数值解模型进行影响预测时,应说明模型时间步长、空间步长设定的合理性,在必要的情况下应对模拟结果开展质量或热量守恒分析。此外,应对模型计算的关键影响区域和重要影响时段的流场、流速分布、水质（水温）等模拟结果进行分析，并附相关图件。

二、地表水环境影响评价

1. 评价内容

一级、二级、水污染影响型三级 A 及水文要素影响型三级评价，主要评价内容包括水污染控制和水环境影响减缓措施有效性评价、水环境影响评价；水污染影响型三级 B 评价，主要评价内容包括水污染控制和水环境影响减缓措施有效性评价、依托污水处理设施的环境可行性评价。

2. 评价要求

水污染控制和水环境影响减缓措施有效性评价、水环境影响评价、依托污水处理设施的环境可行性评价的相关要求见表 9-7。

表 9-7 地表水环境影响评价内容及评价要求

评价内容	评价要求
水污染控制和水环境影响减缓措施有效性评价	• 污染控制措施及各类排放口排放浓度限值等应满足国家和地方相关排放标准及符合有关标准规定的排水协议关于水污染物排放的条款要求； • 水动力影响、生态流量、水温影响减缓措施应满足水环境保护目标的要求； • 涉及面源污染的，应满足国家和地方有关面源污染控制治理要求； • 受纳水体环境质量达标区的建设项目选择废水处理措施或多方案比选时，应满足行业污染防治可行技术指南要求，确保废水稳定达标排放且环境影响可以接受； • 受纳水体环境质量不达标区的建设项目选择废水处理措施或多方案比选时，应满足区（流）域水环境质量限期达标规划和替代源的削减方案要求、区（流）域环境质量改善目标要求及行业污染防治可行技术指南中最佳可行技术要求，确保废水污染物达到最低排放强度和排放浓度，且环境影响可以接受
水环境影响评价	• 排放口所在水域形成的混合区，应限制在达标控制（考核）断面以外水域，且不得与已有排放口形成的混合区叠加，混合区外水域应满足水环境功能区或水功能区的水质目标要求。 • 水环境功能区或水功能区、近岸海域环境功能区水质达标。说明建设项目对评价范围内的水环境功能区或水功能区、近岸海域环境功能区的水质影响特征，分析水环境功能区或水功能区、近岸海域环境功能区水质变化状况，在考虑叠加影响的情况下，评价建设项目建成以后各预测时期水环境功能区或水功能区、近岸海域环境功能区达标状况。涉及富营养化问题的，还应评价水温、水文要素、营养盐等变化特征与趋势，分析判断富营养化演变趋势。 • 满足水环境保护目标水域水环境质量要求。评价水环境保护目标水域各预测时期的水质（包括水温）变化特征、影响程度与达标状况。 • 水环境控制单元或断面水质达标。说明建设项目污染排放或水文要素变化对所在控制单元各预测时期的水质影响特征，在考虑叠加影响的情况下，分析水环境控制单元或断面的水质变化状况，评价建设项目建成以后水环境控制单元或断面在各预测时期的水质达标状况。 • 满足重点水污染物排放总量控制指标要求，重点行业建设项目，主要污染物排放满足等量或减量替代要求。 • 满足区（流）域水环境质量改善目标要求。 • 水文要素影响型建设项目同时应包括水文情势变化评价、主要水文特征值影响评价、生态流量符合性评价。 • 对于新设或调整入河（湖库、近岸海域）排放口的建设项目，应包括排放口设置的环境合理性评价。 • 满足生态保护红线、水环境质量底线、资源利用上线和环境准入清单管理要求
依托污水处理设施的环境可行性评价	主要从污水处理设施的日处理能力、处理工艺、设计进水水质、处理后的废水稳定达标排放情况及排放标准是否涵盖建设项目排放的有毒有害的特征水污染物等方面开展评价，满足依托的环境可行性要求

3. 污染源排放量核算

污染源排放量核算基本要求，以及直接排放和间接排放建设项目污染源排放量核算要求见表9-8。

表9-8 污染源排放量核算相关要求

类型	主要内容
基本要求	• 污染源排放量是新(改、扩)建项目申请污染物排放许可的依据。 • 对于改建、扩建项目，除应核算新增源的污染物排放量外，还应核算项目建成后全厂的污染物排放量，污染源排放量为污染物的年排放量。 • 建设项目在批复的区域或水环境控制单元达标方案的许可排放量分配方案中有规定的，按规定执行。 • 污染源排放量核算，应在满足水环境影响评价要求的前提下进行核算。 • 规划环评污染源排放量核算与分配应遵循水陆统筹、河海兼顾、满足"三线一单"约束要求的原则，综合考虑水环境质量改善目标要求，水环境功能区或水功能区、近岸海域环境功能区管理要求，经济社会发展，行业排污绩效等因素，确保发展不超载，底线不突破
直接排放建设项目污染源排放量核算	根据建设项目达标排放的地表水环境影响、污染源源强核算技术指南及排污许可申请与核发技术规范进行核算，并从严要求。直接排放建设项目污染源排放量核算应在满足水环境影响评价要求的基础上，遵循以下原则要求： • 污染源排放量的核算水体为有水环境功能要求的水体。 • 建设项目排放的污染物属于现状水质不达标的，包括项目在内的区(流)域污染源排放量应调减至满足区(流)域水环境质量改善目标要求。 • 当受纳水体为河流时，不受回水影响的河段，建设项目污染源排放量核算断面位于排放口下游，与排放口的距离应小于 2km；受回水影响河段，应在排放口的上下游设置建设项目污染源排放量核算断面，与排放口的距离应小于 1km。建设项目污染源排放量核算断面应根据区间水环境保护目标位置、水环境功能区或水功能区及控制单元断面等情况调整。当排放口污染物进入受纳水体在断面混合不均匀时，应以污染源排放量核算断面污染物最大浓度作为评价依据。 • 当受纳水体为湖库时，建设项目污染源排放量核算点位应布置在以排放口为中心、半径不超过 50m 的扇形水域内，且扇面面积占湖库面积比例不超过 5%，核算点位应不少于 3 个。建设项目污染源排放量核算点应根据区间水环境保护目标位置、水环境功能区或水功能区及控制单元断面等情况调整。 • 遵循地表水环境质量底线要求，主要污染物(化学需氧量、氨氮、总磷、总氮)需预留必要的安全余量。安全余量可按地表水环境质量标准、受纳水体环境敏感性等确定：受纳水体为《地表水环境质量标准》(GB 3838—2002)Ⅲ类水域，以及涉及水环境保护目标的水域，安全余量按照不低于建设项目污染源排放量核算断面(点位)处环境质量标准的10%确定(安全余量≥环境质量标准×10%)；受纳水体为《地表水环境质量标准》(GB 3838—2002)Ⅳ、Ⅴ类水域，安全余量按照不低于建设项目污染源排放量核算断面(点位)处环境质量标准的8%确定(安全余量≥环境质量标准×8%)；地方如有更严格的环境管理要求，按地方要求执行。 • 当受纳水体为近岸海域时，参照《污水海洋处置工程污染控制标准》(GB 18486—2001)执行。 • 如果预测的水质因子满足地表水环境质量管理及安全余量要求，污染源排放量即为水污染控制措施有效性评价确定的排污量。如果不满足地表水环境质量管理及安全余量要求，则进一步根据水质目标核算污染源排放量
间接排放建设项目污染源排放量核算	主要根据依托污水处理设施的控制要求核算确定

4. 生态流量确定

生态流量确定的基本要求，以及河流、湖库生态环境需水计算要求见表9-9。

表 9-9 生态流量确定相关要求

类型		主要内容
基本要求		• 根据河流、湖库生态环境保护目标的流量（水位）及过程需求确定生态流量（水位）。河流应确定生态流量，湖库应确定生态水位。 • 根据河流、湖库的形态、水文特征及生物重要生境分布，选取代表性的控制断面综合分析、评价河流和湖库的生态环境状况、主要生态环境问题等。生态流量控制断面或点位选择应结合重要生境、重要环境保护对象等保护目标的分布、水文站网分布以及重要水利工程位置等统筹考虑。 • 根据评价范围内各水环境保护目标的生态环境需水确定生态流量，生态环境需水的计算方法可参考有关标准规定执行。 • 根据国家或地方政府批复的综合规划、水资源规划、水环境保护规划等成果中相关的生态流量控制等要求，综合分析生态流量成果的合理性
河流生态环境需水		河流生态环境需水包括水生生态需水、水环境需水、湿地需水、景观需水、河口压咸需水等。应根据河流生态环境保护目标要求，同时考虑各项需水的外包关系和叠加关系，综合分析需水目标要求，选择合适方法计算河流生态环境需水及其过程
	水生生态需水	• 应采用水力学法、生态水力学法、水文学法等方法计算水生生态流量； • 水生生态流量最少采用两种方法计算，基于不同计算方法成果对比分析，合理选择水生生态流量成果； • 鱼类繁殖期的水生生态需水宜采用生境分析法计算，确定繁殖期所需的水文过程，并取外包线作为计算成果，鱼类繁殖期所需水文过程应与天然水文过程相似； • 水生生态需水应为水生生态流量与鱼类繁殖期所需水文过程的外包线
	水环境需水	• 应根据水环境功能区或水功能区确定控制断面水质目标，结合计算范围内的河段特征和控制断面与概化后污染源的位置关系，采用地表水环境影响预测模型计算水环境需水
	湿地需水	• 应综合考虑湿地水文特征和生态保护目标需水特征，综合不同方法合理确定湿地需水； • 河岸植被需水量采用单位面积用水量法、潜水蒸发法、间接计算法、彭曼公式法等方法计算； • 河道内湿地补给水量采用水量平衡法计算； • 保护目标在繁育生长关键期对水文过程有特殊需求时，应计算湿地关键期需水量及过程
	景观需水	• 应综合考虑水文特征和景观保护目标要求，确定景观需水
	河口压咸需水	• 应根据调查成果，确定河口类型，可采用河流常用数学模型计算河口压咸需水
	其他需水	• 应根据评价区域实际情况进行计算，主要包括冲沙需水、河道蒸发和渗漏需水等。对于多泥沙河流，需考虑河流冲沙需水计算
湖库生态环境需水		• 湖库生态环境需水包括维持湖库生态水位的生态环境需水及入（出）湖河流生态环境需水。湖库生态环境需水可采用最小值、年内不同时段值和全年值表示。 • 湖库生态环境需水计算中，可采用不同频率最枯月平均值法或近10年最枯月平均水位法确定湖库生态环境需水最小值。年内不同时段值应根据湖库生态环境保护目标所对应的生态环境功能，分别计算各项生态环境功能敏感水期要求的需水量。维持湖库形态功能的水量，可采用湖库形态分析法计算。维持生物栖息地功能的需水量，可采用生物空间法计算。 • 入（出）湖河流的生态环境需水应根据河流生态环境需水计算确定，计算成果应与湖库生态水位计算成果相协调。 • 根据湖库生态环境需水确定最低生态水位及不同时段内的水位

第三节 地下水环境影响预测与评价

一、地下水环境影响预测

1. 基本原则

① 建设项目地下水环境影响预测应遵循《环境影响评价技术导则 地下水环境》(HJ 610—2016) 中确定的原则进行。考虑到地下水环境污染的隐蔽性和难恢复性，还应遵循环境安全性原则。预测应为评价各方案的环境安全性和环境保护措施的合理性提供依据。

② 预测的范围、时段、内容和方法均应根据评价工作等级、工程特征与环境特征，结合当地环境功能和环保要求确定，应预测建设项目对地下水水质产生的直接影响，重点预测对地下水环境保护目标的影响。

③ 在结合地下水污染防控措施的基础上，对工程设计方案或可行性研究报告推荐的选址（选线）方案可能引起的地下水环境影响进行预测。

④ 天然包气带厚度超过 100m 的，主要预测污染物在包气带的迁移距离和浓度，但当垂向通道较为发育且下伏含水层存在供水价值时，应预测对含水层水质的影响。

2. 预测范围与预测时段

① 预测范围：地下水环境影响预测范围一般与调查评价范围一致；预测层位应以潜水含水层或污染物直接进入的含水层为主，兼顾与其水力联系密切且具有饮用水开发利用价值的含水层；当建设项目场地天然包气带垂向渗透系数小于 1×10^{-6} cm/s 或厚度超过 100m 时，预测范围应扩展至包气带。

② 预测时段：地下水环境影响预测时段应选取可能产生地下水污染的关键时段，至少包括污染发生后 100d、1000d、服务年限或能反映特征因子迁移规律的其他重要的时间节点。

3. 情景设置

建设项目通常须对正常状况和非正常状况的情景分别进行预测。已依据《生活垃圾填埋场污染控制标准》(GB 16889—2008)、《危险废物贮存污染控制标准》(GB 18597—2023)、《危险废物填埋污染控制标准》(GB 18598—2019)、《一般工业固体废物贮存和填埋污染控制标准》(GB 18599—2020)、《石油化工工程防渗技术规范》(GB/T 50934—2013) 设计地下水污染防渗措施的建设项目，可不进行正常状况情景下的预测。

4. 预测因子

① 根据识别出的建设项目可能导致地下水污染的特征因子，按照重金属、持久性有机污染物和其他类别进行分类，并对每一类别中的各项因子采用标准指数法进行排序，分别取标准指数最大的因子作为预测因子；

② 现有工程已经产生的且改、扩建后将继续产生的特征因子，改、扩建后新增加的特征因子；

③ 国家或地方要求控制的污染物。

5. 预测源强

地下水环境影响预测源强的确定应充分结合工程分析。正常状况下，预测源强应结合建设项目工程分析和相关设计规范确定，如《给水排水构筑物工程施工及验收规范》（GB 50141—2008）、《给水排水管道工程施工及验收规范》（GB 50268—2008）等；非正常状况下，预测源强可根据地下水环境保护设施或工艺设备的系统老化或腐蚀程度等设定，一般为正常状况下源强的 10～100 倍。

6. 预测方法

建设项目地下水环境影响预测方法包括数学模型法和类比分析法。其中，数学模型法包括数值法、解析法等方法。

预测方法的选择与使用通常应满足以下要求。

① 预测方法的选取应根据建设项目工程特征、水文地质条件及资料掌握程度来确定，当数值方法不适用时，可用解析法或其他方法预测。一般情况下，一级评价应采用数值法，不宜概化为等效多孔介质的地区除外；二级评价中水文地质条件复杂且适宜采用数值法时，建议优先采用数值法；三级评价可采用解析法或类比分析法。

② 采用数值法预测前，应先进行参数识别和模型验证。

③ 采用解析模型预测污染物在含水层中的扩散时，一般应满足以下条件：污染物的排放对地下水流场没有明显的影响；评价区内含水层的基本参数（如渗透系数、有效孔隙度等）不变或变化很小。

④ 采用类比分析法时，应给出类比条件。类比分析对象与拟预测对象的环境水文地质条件、水动力场条件相似，工程类型、规模及特征因子对地下水环境的影响应具有相似性。

⑤ 地下水环境影响预测过程中，对于采用非导则推荐模式进行预测评价时，须明确所采用模式的适用条件，给出模型中的各参数物理意义及参数取值，并尽可能采用导则中的相关模式进行验证。

二维码 9-3　常用地下水预测数学模型

7. 预测模型概化

① 水文地质条件概化。应根据评价区和场地环境水文地质条件，对边界性质、介质特征、水流特征和补径排等条件进行概化。

② 污染源概化。污染源概化包括排放形式与排放规律的概化。根据污染源的具体情况，排放形式可以概化为点源、线源、面源；排放规律可以简化为连续恒定排放或非连续恒定排放以及瞬时排放。

③ 水文地质参数初始值的确定。预测所需的包气带垂向渗透系数、含水层渗透系数、

给水度等参数初始值的获取应以收集评价范围内已有水文地质资料为主，不满足预测要求时需通过现场试验获取。

8. 预测内容

预测内容应包括：特征因子不同时段的影响范围、程度、最大迁移距离；预测期内场地边界或地下水环境保护目标处特征因子随时间的变化规律；当建设项目场地天然包气带垂向渗透系数小于 $1×10^{-6}$ cm/s 或厚度超过 100m 时，须考虑包气带阻滞作用，预测特征因子在包气带中迁移。

二、地下水环境影响评价

1. 基本原则

① 评价应以地下水环境现状调查和地下水环境影响预测结果为依据，对建设项目各实施阶段（建设期、运营期及服务期满后）不同环节及不同污染防控措施下的地下水环境影响进行评价。

② 地下水环境影响预测未包括环境质量现状值时，应叠加环境质量现状值后再进行评价。

③ 应评价建设项目对地下水水质的直接影响，重点评价建设项目对地下水环境保护目标的影响。

④ 建设项目地下水环境影响评价应充分考虑规划环评结论和审查意见。

2. 评价范围和评价方法

地下水环境影响评价范围一般与调查评价范围一致。

评价方法与地下水环境现状评价方法相同，通常采用标准指数法对建设项目地下水水质影响进行评价；对属于《地下水质量标准》（GB/T 14848—2017）水质指标的评价因子，应按其规定的水质分类标准值进行评价；对于不属于《地下水质量标准》（GB/T 14848—2017）水质指标的评价因子，可参照国家（行业、地方）相关标准的水质标准值［如《地表水环境质量标准》（GB 3838—2002）、《农田灌溉水质标准》（GB 5084—2021）、《生活饮用水卫生标准》（GB 5749—2022）等］进行评价。

3. 评价结论

① 以下情况应得出可以满足标准要求的结论：建设项目各个不同阶段，除场界内小范围以外地区，均能满足《地下水质量标准》（GB/T 14848—2017）或国家（行业、地方）相关标准要求的；在建设项目实施的某个阶段，有个别评价因子出现较大范围超标，但采取环保措施后，可满足《地下水质量标准》（GB/T 14848—2017）或国家（行业、地方）相关标准要求的；通过跟踪监测能及时发现，采取环保措施能有效防止造成地下水环境敏感目标超标的，或有效遏制地下水水质持续恶化的；达到地方地下水环境管理目标要求的。

② 以下情况应得出不能满足标准要求的结论：新建项目排放的主要污染物，改、扩建项目已经排放的及将要排放的主要污染物在评价范围内地下水中已经超标的；环保措施在技术上不可行，或在经济上明显不合理的。

第四节 大气环境影响预测与评价

一、大气环境影响预测

1. 总体要求

一级评价项目应采用进一步预测模型开展大气环境影响预测与评价;二级评价项目不进行进一步预测与评价,只对污染物排放量进行核算;三级评价项目不进行进一步预测与评价。

2. 预测因子、预测范围和预测周期

① 预测因子。预测因子根据评价因子而定,选取有环境质量标准的评价因子作为预测因子。

② 预测范围。预测范围应覆盖评价范围,并覆盖各污染物短期浓度贡献值占标率大于10%的区域;对于经判定需预测二次污染物的项目,预测范围应覆盖$PM_{2.5}$年平均质量浓度贡献值占标率大于1%的区域;对于评价范围内包含环境空气功能区一类区的,预测范围应覆盖项目对一类区最大环境影响;预测范围一般以项目厂址为中心,东西向为 X 坐标轴、南北向为 Y 坐标轴。

③ 预测周期。选取评价基准年作为预测周期,预测时段取连续 1 年;选用网格模型模拟二次污染物的环境影响时,预测时段应至少选取评价基准年 1 月、4 月、7 月、10 月。

3. 预测模型

一级评价项目应结合项目环境影响预测范围、预测因子及推荐模型的适用范围等选择空气质量模型,各推荐模型适用情况见表 9-10。当推荐模型适用性不能满足需要时,可选择适用的替代模型。

当项目评价基准年内存在风速≤0.5m/s 的持续时间超过 72h 或近 20 年统计的全年静风(风速≤0.2m/s)频率超过 35%时,应采用 CALPUFF 模型进行进一步模拟。当建设项目处于大型水体(海或湖)岸边 3km 范围内时,应首先采用估算模型判定是否会发生熏烟现象。如果存在岸边熏烟,并且估算的最大 1h 平均质量浓度超过环境质量标准,应采用 CALPUFF 模型进行进一步模拟。

环境影响预测模型所需气象、地形、地表参数等基础数据应优先使用国家发布的标准化数据。采用其他数据时,应说明数据来源、有效性及数据预处理方案。

4. 预测方法

采用推荐模型预测建设项目或规划项目对预测范围不同时段的大气环境影响。当建设项目或规划项目排放 SO_2、NO_x 及 VOC 年排放量达到表 9-11 规定的量时,可按表中推荐的方法预测二次污染物。

采用 AERMOD、ADMS 等模型模拟 $PM_{2.5}$ 时,需将模型模拟的 $PM_{2.5}$ 一次污染物的质量浓度,同步叠加按 SO_2、NO_2 等前体物转化比率估算的二次 $PM_{2.5}$ 质量浓度,得到 $PM_{2.5}$ 的贡献浓度。前体物转化比率可引用科研成果或有关文献,并注意地域的适用性。对于无法取得 SO_2、NO_2 等前体物转化比率的,可取 φ_{SO_2} 为 0.58、φ_{NO_2} 为 0.44,按下面公式计算二次 $PM_{2.5}$ 贡献浓度。

表 9-10 推荐模型适用情况

模型名称	适用性	适用污染源	适用排放形式	推荐预测范围	模拟污染物 一次污染物	模拟污染物 二次 PM$_{2.5}$	模拟污染物 O$_3$	输出结果	其他特性
AERSCREEN	用于评价等级及评价范围判定	点源(含火炬源)、面源(矩形或圆形)、体源	连续源						可以模拟熏烟和建筑物下洗
AERMOD		点源(含火炬源)、面源、线源、体源		局地尺度(≤50千米)	模型模拟法	系数法	不支持		可以模拟建筑物下洗,干湿沉降
ADMS		点源、面源、线源、体源、网格源							可以模拟建筑物下洗,包含街道容谷模型
AUSTAL2000		烟塔合一源	连续源、间断源						可以模拟建筑物下洗
EDMS/AEDT	用于进一步预测	机场源							可以模拟建筑物下洗,干湿沉降
CALPUFF		点源、面源、线源、体源		城市尺度(50千米到几百千米)	模型模拟法	模型模拟法	不支持	短期和长期平均质量浓度及分布	可以用于特殊风场,包括长期静、小风和岸边熏烟
光化学网格模型(CMAQ或类似模型)		网格源		区域尺度(几百千米)	模型模拟法	模型模拟法	模型模拟法		网格化模型,可以模拟复杂化学反应及气象条件对污染物浓度的影响等

表 9-11 二次污染物预测方法

	污染物排放量/(t/a)	预测因子	二次污染物评价因子
建设项目	$SO_2+NO_x \geq 500$	$PM_{2.5}$	AERMOD/ADMS(系数法)或 CALPUFF(模型模拟法)
规划项目	$500 \leq SO_2+NO_x < 2000$	$PM_{2.5}$	AERMOD/ADMS(系数法)或 CALPUFF(模型模拟法)
	$SO_2+NO_x \geq 2000$	$PM_{2.5}$	网格模型(模型模拟法)
	$NO_x+VOC \geq 2000$	O_3	网格模型(模型模拟法)

$$C_{二次PM_{2.5}} = \varphi_{SO_2} \times C_{SO_2} + \varphi_{NO_2} \times C_{NO_2}$$

式中 $C_{二次PM_{2.5}}$——二次 $PM_{2.5}$ 质量浓度，$\mu g/m^3$；

φ_{SO_2}、φ_{NO_2}——SO_2、NO_2 浓度换算为 $PM_{2.5}$ 浓度的系数；

C_{SO_2}、C_{NO_2}——SO_2、NO_2 的预测质量浓度，$\mu g/m^3$。

采用 CALPUFF 或网格模型预测 $PM_{2.5}$ 时，模拟输出的贡献浓度应包括一次 $PM_{2.5}$ 和二次 $PM_{2.5}$ 质量浓度的叠加结果。

对已采纳规划环评要求的规划所包含的建设项目，当工程建设内容及污染物排放总量均未发生重大变更时，建设项目环境影响预测可引用规划环评的模拟结果。

5. 预测与评价内容

对于达标区和不达标区的评价项目、区域规划、污染控制措施、大气环境防护距离，预测与评价内容见表 9-12。

表 9-12 大气环境影响预测与评价内容

类别	预测与评价内容
达标区的评价项目	• 项目正常排放条件下，预测环境空气保护目标和网格点主要污染物的短期浓度和长期浓度贡献值，评价其最大浓度占标率。项目正常排放条件下，预测评价叠加环境空气质量现状浓度后，环境空气保护目标和网格点主要污染物的保证率日平均质量浓度和年平均质量浓度的达标情况；对于项目排放的主要污染物仅有短期浓度限值的，评价其短期浓度叠加后的达标情况。如果是改建、扩建项目，还应同步减去"以新带老"污染源的环境影响。如果有区域削减项目，应同步减去削减源的环境影响。如果评价范围内还有其他排放同类污染物的在建、拟建项目，还应叠加在建、拟建项目的环境影响。 • 项目非正常排放条件下，预测评价环境空气保护目标和网格点主要污染物的 1h 最大浓度贡献值及占标率
不达标区的评价项目	• 项目正常排放条件下，预测环境空气保护目标和网格点主要污染物的短期浓度和长期浓度贡献值，评价其最大浓度占标率。项目正常排放条件下，预测评价叠加大气环境质量限期达标规划(简称"达标规划")的目标浓度后，环境空气保护目标和网格点主要污染物保证率日平均质量浓度和年平均质量浓度的达标情况；对于项目排放的主要污染物仅有短期浓度限值的，评价其短期浓度叠加后的达标情况。如果是改建、扩建项目，还应同步减去"以新带老"污染源的环境影响。如果有区域达标规划之外的削减项目，应同步减去削减源的环境影响。如果评价范围内还有其他排放同类污染物的在建、拟建项目，还应叠加在建、拟建项目的环境影响。 • 对于无法获得达标规划目标浓度场或区域污染源清单的评价项目，需评价区域环境质量的整体变化情况。 • 项目非正常排放条件下，预测环境空气保护目标和网格点主要污染物的 1h 最大浓度贡献值，评价其最大浓度占标率

续表

类别	预测与评价内容
区域规划	• 预测评价区域规划方案中不同规划年叠加现状浓度后，环境空气保护目标和网格点主要污染物保证率日平均质量浓度和年平均质量浓度的达标情况；对于规划排放的其他污染物仅有短期浓度限值的，评价其叠加现状浓度后短期浓度的达标情况。 • 预测评价区域规划实施后的环境质量变化情况，分析区域规划方案的可行性
污染控制措施	• 对于达标区的建设项目，预测评价不同方案主要污染物对环境空气保护目标和网格点的环境影响及达标情况，比较分析不同污染治理设施、预防措施或排放方案的有效性。 • 对于不达标区的建设项目，预测不同方案主要污染物对环境空气保护目标和网格点的环境影响，评价达标情况或评价区域环境质量的整体变化情况，比较分析不同污染治理设施、预防措施或排放方案的有效性
大气环境防护距离	• 对于项目厂界浓度满足大气污染物厂界浓度限值，但厂界外大气污染物短期贡献浓度超过环境质量浓度限值的，可以自厂界向外设置一定范围的大气环境防护区域，以确保大气环境防护区域外的污染物贡献浓度满足环境质量标准。 • 对于项目厂界浓度超过大气污染物厂界浓度限值的，应要求削减排放源强或调整工程布局，待满足厂界浓度限值后，再核算大气环境防护距离。 • 大气环境防护距离内不应有长期居住的人群

不同评价对象或排放方案对应的预测内容和评价要求见表 9-13。

表 9-13 预测内容和评价要求

评价对象	污染源	污染源排放形式	预测内容	评价内容
达标区域评价项目	新增污染源	正常排放	短期浓度、长期浓度	最大浓度占标率
	新增污染源－"以新带老"污染源（如有）－区域削减污染源（如有）＋其他在建、拟建污染源（如有）	正常排放	短期浓度、长期浓度	叠加环境质量现状浓度后的保证率日平均质量浓度和年平均质量浓度的占标率，或短期浓度的达标情况
	新增污染源	非正常排放	1h平均质量浓度	最大浓度占标率
不达标区域评价项目	新增污染源	正常排放	短期浓度、长期浓度	最大浓度占标率
	新增污染源－"以新带老"污染源（如有）－区域削减污染源（如有）＋其他在建、拟建污染源（如有）	正常排放	短期浓度、长期浓度	叠加达标规划目标浓度后的保证率日平均质量浓度和年平均质量浓度的占标率，或短期浓度的达标情况；评价年平均质量浓度变化率
	新增污染源	非正常排放	1h平均质量浓度	最大浓度占标率
区域规划	不同规划期/规划方案污染源	正常排放	短期浓度、长期浓度	保证率日平均质量浓度和年平均质量浓度的占标率，年平均质量浓度变化率
大气环境防护距离	新增污染源－"以新带老"污染源（如有）＋项目全厂现有污染源	正常排放	短期浓度	大气环境防护距离

二、大气环境影响评价

1. 环境影响叠加

(1) 达标区环境影响叠加　预测评价项目建成后各污染物对预测范围的环境影响，应用本项目的贡献浓度，叠加（减去）区域削减污染源以及其他在建、拟建项目污染源环境影响，并叠加环境质量现状浓度。计算公式如下：

$$C_{叠加(x,y,t)} = C_{本项目(x,y,t)} - C_{区域削减(x,y,t)} + C_{拟在建(x,y,t)} + C_{现状(x,y,t)}$$

式中　$C_{叠加(x,y,t)}$——在 t 时刻，预测点 (x,y) 叠加各污染源及现状浓度后的环境质量浓度，$\mu g/m^3$；

　　　$C_{本项目(x,y,t)}$——在 t 时刻，本项目对预测点 (x,y) 的贡献浓度，$\mu g/m^3$；

　　　$C_{区域削减(x,y,t)}$——在 t 时刻，区域削减污染源对预测点 (x,y) 的贡献浓度，$\mu g/m^3$；

　　　$C_{现状(x,y,t)}$——在 t 时刻，预测点 (x,y) 的环境质量现状浓度，$\mu g/m^3$，各预测点环境质量现状浓度按照环境空气保护目标及网格点环境质量现状浓度计算方法计算；

　　　$C_{拟在建(x,y,t)}$——在 t 时刻，其他在建、拟建项目污染源对预测点 (x,y) 的贡献浓度，$\mu g/m^3$。

其中本项目预测的贡献浓度除新增污染源环境影响外，还应减去"以新带老"污染源的环境影响，计算公式如下：

$$C_{本项目(x,y,t)} = C_{新增(x,y,t)} - C_{以新带老(x,y,t)}$$

式中　$C_{新增(x,y,t)}$——在 t 时刻，本项目新增污染源对预测点 (x,y) 的贡献浓度，$\mu g/m^3$；

　　　$C_{以新带老(x,y,t)}$——在 t 时刻，"以新带老"污染源对预测点 (x,y) 的贡献浓度，$\mu g/m^3$。

(2) 不达标区环境影响叠加　对于不达标区的环境影响评价，应在各预测点上叠加达标规划中达标年的目标浓度，分析达标规划年的保证率日平均质量浓度和年平均质量浓度的达标情况。叠加方法可以用达标规划方案中的污染源清单参与影响预测，也可直接用达标规划模拟的浓度场进行叠加计算。计算公式如下：

$$C_{叠加(x,y,t)} = C_{本项目(x,y,t)} - C_{区域削减(x,y,t)} + C_{拟在建(x,y,t)} + C_{规划(x,y,t)}$$

式中　$C_{规划(x,y,t)}$——在 t 时刻，预测点 (x,y) 的达标规划年目标浓度，$\mu g/m^3$。

2. 保证率日平均质量浓度

对于保证率日平均质量浓度，首先按环境影响叠加的计算方法计算叠加后预测点上的日平均质量浓度，然后对该预测点所有日平均质量浓度从小到大进行排序，根据各污染物日平均质量浓度的保证率 (p)，计算排在 p 百分位数的第 m 个序数，序数 m 对应的日平均质量浓度即为保证率日平均浓度 C_m。其中序数 m 的计算公式如下：

$$m = 1 + (n-1)p$$

式中　p——该污染物日平均质量浓度的保证率，按《环境空气质量评价技术规范（试行）》（HJ 663—2013）规定的对应污染物年评价中 24h 平均百分位数取值，%；

　　　n——1 个日历年内单个预测点上的日平均质量浓度的所有数据个数，个；

　　　m——百分位数 p 对应的序数（第 m 个），向上取整数。

3. 浓度超标范围

以评价基准年为计算周期，统计各网格点的短期浓度或长期浓度的最大值，所有最大浓度超过环境质量标准的网格，即为该污染物浓度超标范围。超标网格的面积之和即为该污染物的浓度超标面积。

4. 区域环境质量变化评价

当无法获得不达标区规划达标年的区域污染源清单或预测浓度场时，也可评价区域环境质量的整体变化情况。计算实施区域削减方案后预测范围的年平均质量浓度变化率 k，当 $k \leqslant -20\%$ 时，可判定项目建设后区域环境质量得到整体改善。k 值计算公式如下：

$$k = [\overline{C}_{本项目(a)} - \overline{C}_{区域削减(a)}] / \overline{C}_{区域削减(a)} \times 100\%$$

式中　k——预测范围年平均质量浓度变化率，%；

$\overline{C}_{本项目(a)}$——建设项目对所有网格点的年平均质量浓度贡献值的算术平均值，$\mu g/m^3$；

$\overline{C}_{区域削减(a)}$——区域削减污染源对所有网格点的年平均质量浓度贡献值的算术平均值，$\mu g/m^3$。

5. 大气环境防护距离确定

采用进一步预测模型，模拟评价基准年内建设项目所有污染源（改建、扩建项目应包括全厂现有污染源）对厂界外主要污染物的短期贡献浓度分布。厂界外预测网格分辨率不应超过50m。在底图上标注从厂界起所有超过环境质量短期浓度标准值的网格区域，以自厂界起至超标区域的最远垂直距离作为大气环境防护距离。

6. 污染控制措施有效性分析与方案比选

达标区建设项目选择大气污染治理设施、预防措施或多方案比选时，应综合考虑成本和治理效果，选择最佳可行技术方案，保证大气污染物能够达标排放，并使环境影响可以接受。

不达标区建设项目选择大气污染治理设施、预防措施或多方案比选时，应优先考虑治理效果，结合达标规划和替代源削减方案的实施情况，在只考虑环境因素的前提下选择最优技术方案，保证大气污染物达到最低排放强度和排放浓度，并使环境影响可以接受。

7. 污染物排放量核算

污染物排放量核算包括项目的新增污染源及改建、扩建污染源（如有）。根据最终确定的污染治理设施、预防措施及排污方案，确定建设项目所有新增及改建、扩建污染源大气排污节点、排放污染物、污染治理设施与预防措施以及大气排放口基本情况。

建设项目各排放口排放大气污染物的核算排放浓度、排放速率及污染物年排放量，应为通过环境影响评价，并且环境影响评价结论为可接受时对应的各项排放参数。建设项目大气污染物年排放量包括项目各有组织排放源和无组织排放源在正常排放条件下的预测排放量之和。污染物年排放量计算公式如下：

$$E_{年排放} = \sum_{i=1}^{n}(M_{i有组织} \times H_{i有组织})/1000 + \sum_{j=1}^{m}(M_{j无组织} \times H_{j无组织})/1000$$

式中　$E_{年排放}$——项目年排放量，t/a；

　　　$M_{i有组织}$——第 i 个有组织排放源排放速率，kg/h；

　　　$H_{i有组织}$——第 i 个有组织排放源年有效排放小时数，h/a；

$M_{j\text{无组织}}$——第 j 个无组织排放源排放速率，kg/h；

$H_{j\text{无组织}}$——第 j 个无组织排放源全年有效排放小时数，h/a。

项目各排放口非正常排放量核算，应结合非正常排放预测结果，优先提出相应的污染控制与减缓措施。当出现1h平均质量浓度贡献值超过环境质量标准时，应提出减少污染排放直至停止生产的相应措施。明确列出发生非正常排放的污染源、非正常排放原因、排放污染物、非正常排放浓度与排放速率、单次持续时间、年发生频次及应对措施等。

8. 评价结果表达

评价结果中应包括的内容和相关要求详见表9-14。

表 9-14 评价结果相关要求

内容	相关要求	备注
基本信息底图	包含项目所在区域相关地理信息的底图，至少应包括评价范围内的环境功能区划、环境空气保护目标、项目位置、监测点位，以及图例、比例尺、基准年风频玫瑰图等要素	一级评价中应有，二级评价中应有
项目基本信息图	在基本信息底图上标示项目边界、总平面布置、大气排放口位置等信息	一级评价中应有，二级评价中应有
达标评价结果表	列表给出各环境空气保护目标及网格最大浓度点主要污染物现状浓度、贡献浓度、叠加现状浓度后保证率日平均质量浓度和年平均质量浓度、占标率、是否达标等评价结果	一级评价中应有
网格浓度分布图	包括叠加现状浓度后主要污染物保证率日平均质量浓度分布图和年平均质量浓度分布图。网格浓度分布图的图例间距一般按相应标准值的5%~100%进行设置。如果某种污染物环境空气质量超标，还需在评价报告及浓度分布图上标示超标范围与超标面积，以及与环境空气保护目标的相对位置关系等	一级评价中应有
大气环境防护区域图	在项目基本信息图上沿出现超标的厂界外延按照大气环境防护距离所包括的范围，作为项目的大气环境防护区域。大气环境防护区域应包含自厂界起连续的超标范围	一级评价中应有
污染治理设施、预防措施及方案比选结果表	列表对比不同污染控制措施及排放方案对环境的影响，评价不同方案的优劣	一级评价中应有
污染物排放量核算表	包括有组织及无组织排放量、大气污染物年排放量、非正常排放量等	一级评价中应有，二级评价中应有

第五节 声环境影响预测与评价

一、声环境影响预测

1. 声环境影响预测方法

① 收集预测需要掌握的基础资料，主要包括建设项目的建筑布局和声源有关资料、声波传播条件、有关气象参数等。

② 确定预测范围和预测点。一般预测范围与所确定的评价范围相同，也可稍大于评价范围。建设项目评价范围内声环境保护目标和建设项目厂界（场界、边界）应作为预测点和评价点。

③ 预测时要说明噪声源噪声级数据的具体来源，包括类比测量的条件和相应的声学修正，或是直接引用的已有数据资料。

④ 选用恰当的预测模式和参数进行影响预测计算，说明具体参数选取的依据、计算结果的可靠性及误差范围。

⑤ 按工作等级要求绘制等声级图。

2. 预测点噪声级计算的基本步骤和方法

选择一个坐标系，确定出各声源位置和预测点位置（坐标），并根据预测点与声源之间的距离把声源简化成点声源或线状声源、面声源。

根据已获得的声源噪声级数据和声波从各声源到预测点的传播条件，计算出噪声从各声源传播到预测点的声衰减量，由此计算出各声源单独作用时在预测点产生的 A 声级 L_{Ai}。确定预测计算的时段 T，并确定各声源的发声持续时间 t。

由建设项目自身声源在预测点产生的声级贡献值计算公式如下：

$$L_{eqg} = 10 \lg \left(\frac{\sum_{i=1}^{n} t_i 10^{0.1L_{Ai}}}{T} \right)$$

式中　L_{eqg}——噪声声级贡献值，dB；
　　　T——预测计算的时间段，s；
　　　t_i——i 声源在 T 时段内的运行时间，s；
　　　L_{Ai}——i 声源在预测点产生的等效连续 A 声级，dB。

预测点的贡献值和背景值按能量叠加方法计算得到噪声预测值（L_{eq}），计算公式如下：

$$L_{eq} = 10 \lg (10^{0.1L_{eqg}} + 10^{0.1L_{eqb}})$$

式中　L_{eqg}——建设项目声源在预测点产生的噪声贡献值，dB；
　　　L_{eqb}——预测点的背景噪声值，dB。

在噪声环境影响评价中，因为声源较多，预测点数量比较大，因此常用计算机完成计算工作。声环境影响可采用参数模型、经验模型、半经验模型进行预测，也可采用比例预测法、类比预测法进行预测。一般应按照《环境影响评价技术导则 声环境》（HJ 2.4—2021）附录 A 和附录 B 给出的预测方法进行预测。如采用其他预测模型，须注明来源并对所用的预测模型进行验证，并说明验证结果。

3. 预测内容

① 预测建设项目在施工期和运营期所有声环境保护目标处的噪声贡献值和预测值。

② 预测建设项目在施工期和运营期厂界（场界、边界）噪声贡献值。

③ 铁路、城市轨道交通、机场等建设项目，还需预测列车通过时段内声环境保护目标处的等效连续 A 声级（$L_{Aeq,Tp}$）、单架航空器通过时在声环境保护目标处的最大 A 声级（L_{Amax}）。

④ 一级评价应绘制运行期代表性评价水平年噪声贡献值等声级线图，二级评价根据需要绘制等声级线图。

⑤ 对工程设计文件给出的代表性评价水平年噪声级可能发生变化的建设项目,应分别预测。

⑥ 典型建设项目噪声影响预测内容如表 9-15 所示。

表 9-15　典型建设项目噪声影响预测内容

项目类型	预测内容	
工业	厂界(场界、边界)噪声预测	• 预测厂界(场界、边界)噪声,给出厂界(场界、边界)噪声的最大值及位置
	声环境保护目标噪声预测	• 预测声环境保护目标处的贡献值、预测值以及预测值与现状噪声值的差值,声环境保护目标所处声环境功能区的声环境质量变化,声环境保护目标所受噪声影响的程度,确定噪声影响的范围,并说明受影响人口分布情况。 • 当声环境保护目标高于(含)三层建筑时,还应预测有代表性的不同楼层噪声
	绘制等声级线图	• 绘制等声级线图,说明噪声超标的范围和程度
	分析超标原因	• 根据厂界(场界、边界)和声环境保护目标受影响的情况,明确影响厂界(场界、边界)和周围声环境功能区声环境质量的主要声源,分析厂界(场界、边界)和声环境保护目标的超标原因
公路、城市道路	预测各预测点的贡献值、预测值、预测值与现状噪声值的差值,预测高层建筑有代表性的不同楼层所受的噪声影响。按贡献值绘制代表性路段的等声级线图,分析声环境保护目标所受噪声影响的程度,确定噪声影响的范围,并说明受影响人口分布情况。给出典型路段满足相应声环境功能区标准要求的距离	
铁路、城市轨道	同公路、城市道路交通运输噪声预测内容	
机场航空器	给出计权等效连续感觉噪声级(L_{WECPN})包含 70dB、75dB 的不少于 5 条等声级线图(各条等声级间隔 5dB 给出)。同时给出评价范围内声环境保护目标的计权等效连续感觉噪声级(L_{WECPN})。给出高于所执行标准限值不同声级范围内的面积、户数、人口	
施工场地、调车场、停车场等	根据建设项目工程的特点,分别预测固定声源和移动声源对场界(或边界)、声环境保护目标的噪声贡献值,进行叠加后作为最终的噪声贡献值	

注:根据评价工作等级要求,给出相应的预测结果。

二、声环境影响评价

声环境影响评价基本要求和方法包括以下几方面:

① 评价项目建设前环境噪声现状。

② 根据噪声预测结果和相关环境噪声标准,评价建设项目在建设期(施工期)、运行期(或运行不同阶段)噪声影响的程度、超标范围及超标状况,评价其超标和达标情况。

③ 分析受影响人口的分布状况(以受到超标影响的为主)。

④ 分析建设项目的噪声源分布和引起超标的主要噪声源或主要超标原因。

⑤ 分析建设项目的选址(选线)、设备布置和选型(或工程布置)的合理性,分析项目设计中已有的噪声防治措施的适用性和防治效果。

⑥ 为使环境噪声达标,评价必须增加或调整适用于本工程的噪声防治措施(或对策),分析其经济、技术上的可行性。

⑦ 提出针对该工程有关环境噪声监督管理、环境监测计划和城市规划方面的建议。

除上述的评价基本要求和方法,工矿企业、公路和铁路、机场等典型建设项目噪声环境影响评价应重点分析说明表 9-16 中所列内容。

表 9-16 典型建设项目噪声环境影响评价内容

项目类型	评价内容
工矿企业	• 按厂区周围声环境保护目标所处的环境功能区类别评价噪声影响的范围和程度,说明受影响人口情况。 • 分析主要影响的噪声源,说明厂界和功能区超标原因。 • 评价厂区总图布置和控制噪声措施方案的合理性与可行性,提出必要的替代方案。 • 明确必须增加的噪声控制措施及其降噪效果
公路、铁路	• 针对项目建设期和不同运行阶段,评价沿线评价范围内各声环境保护目标(包括城镇、学校、医院、集中生活区等)按标准要求预测声级的达标及超标状况,并分析受影响人口的分布情况。 • 对工程沿线两侧的城镇规划受到噪声影响的范围绘制等声级曲线,明确合理的噪声控制距离和规划建设控制要求。 • 结合工程选线和建设方案布局,评价其合理性和可行性,必要时提出环境替代方案。 • 对提出的各种噪声防治措施需进行经济技术论证,在多方案比选后规定应采取的措施并说明措施的降噪效果
机场	• 针对项目不同运行阶段,依据《机场周围飞机噪声环境标准》(GB 9660—1988)评价 L_{WECPN}。评价量 70dB、75dB、80dB、85dB、90dB 等值线范围内各声环境保护目标(城镇、学校、医院、集中生活区等)的数目,受影响人口的分布情况。 • 结合工程选址和机场跑道方案布局,评价其合理性和可行性,必要时提出环境替代方案。 • 对超过标准的环境敏感地区,按照等值线范围的不同提出不同的降噪措施,并进行经济技术论证

第六节 土壤环境影响预测与评价

一、污染源源强计算方法

污染源源强按土壤污染途径可分为大气沉降类、地面漫流类及垂直入渗类三类,具体方法参照污染源源强核算技术指南。常用方法如下。

1. 大气沉降类

利用公式或模型计算大气落地浓度,并计算累积沉降量,详见本章第四节"大气环境影响预测与评价"。

2. 地面漫流类

在田间设定径流小区,在产生径流时收集径流液,然后测定径流液中排出物质的量。或者根据当地常年监测径流数据分析估算。

土壤中某种物质经径流排出量的计算需依据当地土壤质地和降水强度等要素确定。通过查阅资料获得流域土壤蓄水能力,降水低于一定强度时,流域不产生径流,而降水超过一定强度时,流域土壤处于饱和状态,则产生径流。因此可根据降水强度、蒸发量和流域蓄水能力等指标,粗略计算径流量,公式如下:

$$W_M = P - R - E + P_a$$

式中 W_M——流域蓄水能力(可查阅相关资料获取);

P——降水量(或灌溉量);

R——径流量;

E——蒸发量；

P_a——前期影响雨量（与土壤含水率有关，可使用土壤含水率换算），mm，需进行换算。

3. 垂直入渗类

主要采用室内土柱模拟测定法。采用土柱实验进行模拟计算，模拟降雨进行淋溶。土柱采用原状土装填，在土柱底端用烧杯或其他器皿盛装淋溶物，记录一定时间内从土柱中淋溶排出的溶液体积，从而计算测定单位时间内土壤中某种物质经淋溶排出的量。

二、预测评价范围

预测评价范围一般与现状调查评价范围一致。预测评价应重点考虑建设项目对占地范围外土壤环境敏感目标的累积影响，并根据建设项目特征兼顾对占地范围内的影响。

（1）水平调查范围 污染物水平迁移扩散范围或可能导致土壤盐化、酸化、碱化、潜育化的影响范围，同时兼顾土壤环境敏感目标。

（2）垂向调查范围 土壤垂向深度在保证表土层的基础上，根据建设项目对土壤环境的影响适当延伸。一方面，生态影响型建设项目对土壤环境的影响多集中在表层及亚表层，经大气沉降导致的土壤污染主要集中在表层，故对表土层进行调查；另一方面，由于土壤污染物迁移扩散不局限于生长植物的疏松表层，还可能影响土壤更深层的相关自然地理要素的综合体，故土壤垂向调查范围根据其影响的深度确定。同时要考虑地下水位埋深和建设项目可能影响的深度，一般为0～6m，若地下水位埋深小于6m，则垂向调查范围深度至地下水位埋深处；若建设项目深度超过6m，则调查范围一般仍为6m。

三、影响预测与评价方法

土壤环境影响预测与评价方法应根据建设项目土壤环境影响类型与评价工作等级确定。

1. 面源污染影响预测方法

（1）适用范围 适用于某种物质以可概化为面源的形式进入土壤环境的影响预测，包括大气沉降、地表漫流以及土壤盐化、酸化、碱化等。

（2）方法和步骤

① 通过工程分析计算土壤中某种物质的输入量；涉及大气沉降影响的，可参照《环境影响评价技术导则 大气环境》（HJ 2.2—2018）相关技术方法。

② 土壤中某种物质的输出量主要包括淋溶或径流排出、土壤缓冲消耗等两部分；植物吸收量通常较小，不予考虑；涉及大气沉降影响的，可不考虑输出量。

③ 分析比较输入量和输出量，计算土壤中某种物质的增量。

④ 将土壤中某种物质的增量与土壤现状值叠加后，进行土壤环境影响预测。

（3）预测方法

① 单位质量土壤中某种物质的增量可用下列公式进行计算：

$$\Delta S = n(I_s - L_s - R_s)/(\rho_b \times A \times D)$$

式中 ΔS——单位质量表层土壤中某种物质的增量，g/kg，或表层土壤中游离酸或游离碱浓度增量，mmol/kg；

I_s——预测评价范围内单位年份表层土壤中某种物质的输入量，g，或预测评价范围内单位年份表层土壤中游离酸、游离碱输入量，mmol；

L_s——预测评价范围内单位年份表层土壤中某种物质经淋溶排出的量,g,或预测评价范围内单位年份表层土壤中经淋溶排出的游离酸、游离碱的量,mmol;

R_s——预测评价范围内单位年份表层土壤中某种物质经径流排出的量,g,或预测评价范围内单位年份表层土壤中经径流排出的游离酸、游离碱的量,mmol;

ρ_b——表层土壤容重,kg/m³;

A——预测评价范围,m²;

D——表层土壤深度,一般取0.2m,可根据实际情况做适当调整;

n——持续时间,a。

② 单位质量土壤中某种物质的预测值可根据其增量叠加现状值进行计算,公式如下:

$$S = S_b + \Delta S$$

式中 S_b——单位质量土壤中某种物质的现状值,g/kg;

S——单位质量土壤中某种物质的预测值,g/kg。

③ 酸性物质或碱性物质排放后表层土壤pH预测值,可根据表层土壤游离酸或游离碱浓度的增量进行计算,公式如下:

$$pH = pH_b \pm \Delta S / BC_{pH}$$

式中 pH_b——土壤pH现状值;

BC_{pH}——缓冲容量,mmol/kg;

pH——土壤pH预测值。

④ 缓冲容量(BC_{pH})测定方法:采集项目区土壤样品,向样品加入不同量游离酸或游离碱后分别进行pH值测定,绘制不同浓度游离酸或游离碱浓度和pH值之间的曲线,曲线斜率即为缓冲容量。

2. 点源污染影响预测方法

(1) 适用范围 适用于某种污染物以点源形式垂直进入土壤环境的影响预测,重点预测污染物可能影响到的深度。

(2) 预测方法

① 一维非饱和溶质垂向运移控制方程

$$\frac{\partial(\theta c)}{\partial t} = \frac{\partial}{\partial z}\left(\theta D \frac{\partial c}{\partial z}\right) - \frac{\partial}{\partial z}(qc)$$

式中 c——污染物介质中的浓度,mg/L;

D——弥散系数,m²/d;

q——渗流速率,m/d;

z——沿z轴的距离,m;

t——时间变量,d;

θ——土壤含水率,%。

② 初始条件

$$c(z,t) = 0 \quad t = 0, L \leqslant z < 0$$

③ 边界条件

第一类Dirichlet边界条件,其中适用于连续点源情景的方程如下:

$$c(z,t) = c_0 \quad t > 0, z = 0$$

适用于非连续点源情景的方程如下：

$$c(z,t) = \begin{cases} c_0 & 0 < t \leq t_0 \\ 0 & t > t_0 \end{cases}$$

第二类 Neumann 零梯度边界：

$$-\theta D \frac{\partial c}{\partial z} = 0 \quad t > 0, z = L$$

3. 土壤盐化综合评分预测方法

根据表 9-17 选取各项影响因素的分值与权重，计算土壤盐化综合评分值（S_a），对照表 9-18 得出土壤盐化综合评分预测结果。计算公式如下：

$$S_a = \sum_{i=1}^{n} W_{xi} \times I_{xi}$$

式中　n——影响因素指标数目；
　　　I_{xi}——影响因素 i 指标评分；
　　　W_{xi}——影响因素 i 指标权重。

表 9-17　土壤盐化影响因素赋值表

影响因素	分值				权重
	0 分	2 分	4 分	6 分	
地下水位埋深（GWD）/m	GWD≥2.5	1.5≤GWD<2.5	1.0≤GWD<1.5	GWD<1.0	0.35
干燥度（蒸降比值）（EPR）	EPR<1.2	1.2≤EPR<2.5	2.5≤EPR<6	EPR≥6	0.25
土壤本底含盐量（SSC）/（g/kg）	SSC<1	1≤SSC<2	2≤SSC<4	SSC≥4	0.15
地下水溶解性总固体（TDS）/（g/L）	TDS<1	1≤TDS<2	2≤TDS<5	TDS≥5	0.15
土壤质地	黏土	砂土	壤土	砂壤、粉土、砂粉土	0.10

表 9-18　土壤盐化预测表

土壤盐化综合评分值（S_a）	$S_a<1$	$1 \leq S_a < 2$	$2 \leq S_a < 3$	$3 \leq S_a < 4.5$	$S_a > 4.5$
土壤盐化综合评分预测结果	未盐化	轻度盐化	中度盐化	重度盐化	极重度盐化

第七节　生态环境影响预测与评价

生态环境影响预测与评价内容应与现状评价内容相对应，根据建设项目特点、区域生物多样性保护要求以及生态系统功能等选择评价预测指标。生态环境影响预测与评价尽量采用定量方法进行描述和分析，对于尚无标准的评价指标，可用生态背景状况、阈值、目标值进行评价。

一、生态环境影响预测

1. 一级、二级评价预测内容及要求

一级、二级评价应根据现状评价内容选择表 9-19 中的全部或部分内容开展预测评价。

表 9-19　一级、二级评价预测分析内容

影响对象	预测分析内容
植被	• 采用图形叠置法分析工程占用的植被类型、面积及比例。 • 通过引起地表沉陷或改变地表径流、地下水水位、土壤理化性质等方式对植被产生影响的,采用生态机理分析法、类比分析法等方法分析植物群落的物种组成、群落结构等变化情况
重要物种	• 结合工程的影响方式预测分析重要物种的分布、种群数量、生境状况等变化情况。 • 分析施工活动和运行产生的噪声、灯光等对重要物种的影响。 • 涉及迁徙、洄游物种的,分析工程施工和运行对迁徙、洄游行为的阻隔影响。 • 涉及国家重点保护野生动植物和极危、濒危物种的,可采用生境评价方法预测分析物种适宜生境的分布及面积变化、生境破碎化程度等,图示建设项目实施后的物种适宜生境分布情况
重要水生生境	• 结合水文情势、水动力和冲淤、水质(包括水温)等影响预测结果,预测分析水生生境质量、连通性以及产卵场、索饵场、越冬场等重要生境的变化情况,图示建设项目实施后的重要水生生境分布情况。 • 结合生境变化预测分析鱼类等重要水生生物的种类组成、种群结构、资源时空分布等变化情况
生态系统	• 采用图形叠置法分析工程占用的生态系统类型、面积及比例。 • 结合生物量、生产力、生态系统功能等变化情况预测分析建设项目对生态系统的影响
外来物种	• 结合工程施工和运行引入外来物种的主要途径、物种生物学特性以及区域生态环境特点,参考《外来物种环境风险评估技术导则》(HJ 624—2011)分析建设项目实施可能导致外来物种造成生态危害的风险
生物多样性	• 结合物种、生境以及生态系统变化情况,分析建设项目对所在区域生物多样性的影响。 • 分析建设项目通过时间或空间的累积作用方式产生的生态影响,如生境丧失、退化及破碎化,生态系统退化,生物多样性下降,等等
生态敏感区	• 涉及生态敏感区的,结合主要保护对象开展预测评价。 • 涉及以自然景观、自然遗迹为主要保护对象的生态敏感区时,分析工程施工对景观、遗迹完整性的影响,结合工程建筑物、构筑物或其他设施的布局及设计,分析与景观、遗迹的协调性

2. 三级评价内容及要求

三级评价可采用图形叠置法、生态机理分析法、类比分析法等预测分析工程对土地利用、植被、野生动植物等的影响。

3. 不同行业评价内容及要求

不同行业应结合项目规模、影响方式、影响对象等确定评价重点,具体如表 9-20 所示。

表 9-20　不同行业预测与评价重点

项目类别	预测与评价重点
矿产资源开发项目	应对开采造成的植物群落及植被覆盖度变化、重要物种的活动、分布及重要生境变化,以及生态系统结构和功能变化,生物多样性变化等开展重点预测与评价

续表

项目类别	预测与评价重点
水利水电项目	应对河流、湖泊等水体天然状态改变引起的水生生境变化,鱼类等重要水生生物的分布及种类组成、种群结构变化,水库淹没、工程占地引起的植物群落、重要物种的活动、分布及重要生境变化,调水引起的生物入侵风险,以及生态系统结构和功能变化、生物多样性变化等开展重点预测与评价
公路、铁路、管线等线性工程	应对植物群落及植被覆盖度变化,重要物种的活动、分布及重要生境变化,生境连通性及破碎化程度变化,生物多样性变化等开展重点预测与评价
农业、林业、渔业等建设项目	应对土地利用类型或功能改变引起的重要物种的活动、分布及重要生境变化,生态系统结构和功能变化,生物多样性变化,以及生物入侵风险等开展重点预测与评价
涉海工程	海洋生态影响评价应符合《海洋工程环境影响评价技术导则》(GB/T 19485—2014)的要求,对重要物种的活动、分布及重要生境变化,海洋生物资源变化,生物入侵风险,以及典型海洋生态系统的结构和功能变化、生物多样性变化等开展重点预测与评价

二、生态影响预测与评价方法

1. 类比分析法

类比分析法是一种比较常用的定性和半定量评价方法,根据已有的建设项目的生态影响,分析或预测拟建项目可能产生的影响。选择好类比对象(类比项目)是进行类比分析或预测评价的基础,也是该方法成功的关键。

(1) 类比对象选择标准　类比对象的选择标准需要考虑以下因素。

① 生态背景相同,即区域具有一致性,因为同一个生态背景下,区域主要生态问题相同。例如拟建项目位于干旱区,则类比对象也要选择位于干旱区的项目。

② 类比的项目性质相同,项目的工程性质、工艺流程、规模相当。

③ 类比项目应已建成,并对生态产生了实际影响,而且所产生的影响已基本全部显现,注意不要根据性质相同的拟建项目的生态影响评价进行类比。

(2) 类比分析法的应用　在生态环境影响预测与评价中,类比分析法可应用于以下场景。

① 生态影响识别(包括评价因子筛选);

② 以原始生态系统作为参照,可评价目标生态系统的质量;

③ 生态影响的定性分析与评价;

④ 某一个或几个生态因子的影响评价;

⑤ 预测生态问题的发生与发展趋势及危害;

⑥ 确定环保目标和寻求最有效、可行的生态保护措施。

2. 生态机理分析法

生态机理分析法是根据建设项目的特点和受影响物种的生物学特征,依照生态学原理分析、预测建设项目生态影响的方法。

(1) 基本原则　根据生态学原理和生态保护基本原则,在生态影响预测与评价中应考虑以下原则。

① 层次性。生态系统分为个体、种群、群落、生态系统四个层次,不同层次的特点不同,因此应将项目影响的特点和生态系统的层次相结合,根据实际情况确定评价的层

次和相应内容。例如，有的项目需要评价生态系统的某些因子，如水、土壤等，有的项目需要在生态系统和景观生态层次开展全面评价，有的项目需要开展全面评价和重点因子评价。

② 结构-过程-功能整体性。生态系统的结构、过程、功能是一个紧密联系的整体，生态系统结构的完整性和生态过程的连续性是生态功能得以发挥的基础。生态影响预测与评价的核心是生态系统服务功能，因此预测与评价过程中首先要对现有生态系统的结构和过程进行分析，调查系统结构是否完整，过程是否连续，从而推断生态系统服务功能的现状，然后根据项目的性质特点预测和评价项目对生态系统服务功能的影响。

③ 区域性。生态影响预测与评价不局限于与项目建设有直接联系的区域，还包括与项目建设有间接关联的区域。评价的基础是区域生态现状，评价的目的不仅是为项目建设单位服务，同时也揭示了区域的生态问题。此外，不从区域角度出发，很难判断生态系统特点、功能需求、主要问题以及敏感保护目标。

④ 生物多样性保护优先。生物多样性是生态系统运行的基础，生物多样性保护应以预防为主，首先要减少人为干预，尤其是生物多样性高的地区和重要生境。

⑤ 特殊性。生态影响预测与评价中必须注意稀有的景观、资源、珍稀物种等的保护，同时要考虑区域间的差异，同一资源或物种在不同区域的重要性不同，例如相对于沿海地区，水资源对于沙漠地区更为宝贵。

(2) 工作步骤　生态机理分析法的具体工作步骤如下。

① 调查环境背景现状，收集工程组成、建设、运行等有关资料。

② 调查植物和动物分布，动物栖息地和迁徙、洄游路线。动物栖息地和迁徙、洄游路线的调查重点关注建设项目的切割作用。

③ 根据调查结果分别对植物或动物种群、群落和生态系统进行分析，描述其分布特点、结构特征和演化特征。动植物结构特征主要关注动植物种群密度大小和年龄比例、群落分层是否明显、生态系统结构是否完整，以及目前区域生态系统所处的演替阶段。

④ 识别有无珍稀濒危物种、特有种等需要特别保护的物种。根据《国家重点保护野生植物名录》《国家重点保护野生动物名录》等，调查项目是否涉及这些动植物。

⑤ 预测项目建成后该地区动物、植物生长环境的变化。

⑥ 根据项目建成后的环境变化，对照无开发项目条件下动物、植物或生态系统演替或变化趋势，预测建设项目对个体、种群和群落的影响，并预测生态系统演替方向。

3. 生境评价方法

物种分布模型（species distribution model，SDM）是基于物种分布信息和对应的环境变量数据对物种潜在分布区进行预测的模型，广泛应用于濒危物种保护、保护区规划、入侵物种控制及气候变化对生物分布区影响预测等领域。目前已开发了多种多样的预测模型，每种模型因其原理、算法不同而各有优势和局限，预测表现也存在差异。其中，基于最大熵理论建立的最大熵模型（maximum entropy model，MaxEnt），可以在分布点相对较少的情况下获得较好的预测结果，是目前使用频率最高的物种分布模型之一。基于 MaxEnt 模型开展生境评价的工作步骤如下。

① 通过近年文献记录、现场调查收集物种分布点数据，并进行数据筛选；将分布点的经纬度数据在 Excel 表格中汇总，统一为十进制的格式，保存用于 MaxEnt 模型计算。

② 选取环境变量数据以表现栖息生境的气候特征、地形特征、植被特征和人为影响程

度，在 ArcGIS 软件中将环境变量统一边界和坐标系，并在重采样时设置为同一分辨率。

③ 使用 MaxEnt 软件建立物种分布模型，以受试者工作特征曲线下面积（area under the receiving operator curve，AUC）评价模型优劣；采用刀切法（Jackknife test）检验各个环境变量的相对贡献。根据模型标准及图层栅格出现概率重分类，确定生境适宜性分级指数范围。

④ 将结果文件导入 ArcGIS，获得物种适宜生境分布图，叠加建设项目影响，分析建设项目对物种分布的影响。

4. 生物多样性评价方法

生物多样性内涵丰富，包括遗传多样性、物种多样性和生态系统多样性三个层次。建设项目生态影响评价中的生物多样性评价是通过收集生物多样性状态、压力、驱动力、影响与响应等方面的信息，定量或定性分析建设项目实施后的生物多样性的变化和状态，常用的评价指标有物种丰富度、Shannon-Wiener 多样性指数、Pielou 均匀度指数、Simpson 优势度指数等。有关内容参见第八章第七节。

水生生态系统的 Shannon-Wiener 多样性指数见表 9-21。

表 9-21 水生生态系统的 Shannon-Wiener 多样性指数 H

指数范围	级别	生物多样性状态	水体污染程度
$H>3$	丰富	物种种类丰富，个体分布均匀	清洁
$2<H\leqslant 3$	较丰富	物种丰富度较高，个体分布比较均匀	轻污染
$1<H\leqslant 2$	一般	物种丰富度较低，个体分布比较均匀	中污染
$0<H\leqslant 1$	贫乏	物种丰富度低，个体分布不均匀	重污染
$H=0$	极贫乏	物种单一，多样性基本丧失	严重污染

5. 景观生态学评价方法

景观生态学主要研究宏观尺度上景观类型的空间格局和生态过程的相互作用及其动态变化特征。景观格局是指大小和形状不一的景观斑块在空间上的排列，是各种生态过程在不同尺度上综合作用的结果。景观格局变化对生物多样性产生直接而强烈的影响，其主要原因是生境丧失和破碎化。

景观变化的分析方法主要有三种：定性描述法、景观生态图叠置法和景观动态的定量化分析法。目前较常用的方法是景观动态的定量化分析法，主要是对收集的景观数据进行解译或数字化处理，建立景观类型图，通过计算景观格局指数或建立动态模型对景观面积变化和景观类型转化等进行分析，揭示景观的空间配置以及格局动态变化趋势。

景观指数是能够反映景观格局特征的定量化指标，分为三个级别，代表三种不同的应用尺度，即斑块级别指数、斑块类型级别指数和景观级别指数，可根据需要选取相应的指标，采用 FRAGSTATS 等景观格局分析软件进行计算分析。涉及显著改变土地利用类型的矿山开采、大规模的农林业开发以及大中型水利水电建设项目等，可采用该方法对景观格局的现状及变化进行评价，公路、铁路等线性工程造成的生境破碎化等累积生态影响也可采用该方法进行评价。

景观多样性指数反映了斑块数目的多少以及斑块之间的大小变化，计算公式如下：

$$H' = -\sum_{i=1}^{m}(P_i \ln P_i)$$

式中 H'——景观多样性指数；
  P_i——斑块类型 i 所占景观面积的比例；
  m——斑块类型数量。

景观均匀度指数反映了景观中各斑块类型的分布均匀程度，计算公式为：

$$E' = \frac{H'}{H_{max}} = \frac{-\Sigma(P_i \ln P_i)}{\ln n}$$

式中 E'——景观均匀度指数；
  H'——景观多样性指数；
  H_{max}——景观多样性指数最大值；
  n——景观中最大可能的斑块类型数。

当 E' 趋于 1 时，景观斑块分布的均匀程度也趋于最大。

景观破碎度指数的计算公式为：

$$F = \frac{N_p - 1}{N_c}$$

式中 F——破碎度指数；
  N_p——被测区域中景观斑块总数量；
  N_c——被测区域总面积与最小斑块面积的比值。

F 值域为 [0,1]，F 值越大，景观破碎化程度越大。

6. 生态环境承载力综合评价法

（1）方法简介 对一个区域来说，可持续的生态系统承载需满足三个条件：压力作用不超过生态系统的弹性度，资源供给能力大于需求量，环境对污染物的消化容纳能力大于排放量。由于生态系统承载力包含多层含义，因而可采用分级评价方法进行评价，即首先进行区域现状调查，接着进行区域生态系统承载力状况评估，最后进行区域生态系统承载力综合分析评价，并给出区域生态系统承载力分区图。

（2）特点 生态环境承载力综合评价法将评价体系分成三级，即区域生态系统弹性度评价（一级）、资源-环境承载力评价（二级）、承载压力度评价（三级）。一级评价结果主要反映生态系统的自我抵抗能力和生态系统受干扰后的自我恢复与更新能力，分值越高，表示生态系统的承载稳定性越高；二级评价结果主要反映资源与环境的承载能力，代表了现实承载力的高低，分值越大，表示现实承载力越高；三级评价结果主要反映生态系统的压力大小，分值越高，表示系统所受压力越大。根据三级计算结果，对生态承载力进行综合评价。

分级评价使得评价结果更明了、准确，更有针对性。如某区域的承载力分级为"弱稳定较高承载区"时，说明该区域的现状承载力虽很高，但因该区域为不稳定区，对外界的抵抗和恢复能力较低。如果将所有承载力指标汇集到一起，必然因指标太多而使结果复杂化，难以对结果给出精确判断。分级评价将同类性质的指标归类处理后，可以比较容易地对结果进行分析判断。同时，分级可对区域的承载力有更深刻的了解，可更有针对性地采取措施与对策。

（3）方法应用

① 评价指标体系构成。评价指标体系具体分为目标层、准则层、指标层和分指标层，如表 9-22 所示。

表 9-22 评价指标体系具体内容

级别	指标体系			
	目标层	准则层	指标层	分指标层
一级评价指标体系	生态系统弹性度	地质地貌(S_1)、气候(S_2)、土壤(S_3)、植被(S_4)、水文(S_5)	$S_1=\{I_1,I_2\}=\{$海拔高度,坡度$\}$ $S_2=\{I_3,\cdots,I_6\}=\{>10℃$积温,无霜期,降雨量,干燥度$\}$ $S_3=\{I_7,I_8\}=\{$土壤类型,土壤质量$\}$ $S_4=\{I_9,I_{10}\}=\{$植被类型,植被覆盖度$\}$ $S_5=\{I_{11},I_{12}\}=\{$地表水,地下水$\}$	—
二级评价指标体系	资源-环境承载力	资源要素(S_1)、环境要素(S_2)	$S_1=\{I_1,\cdots,I_5\}=\{$水资源,土地资源,林业资源,矿产资源,旅游资源$\}$ $S_2=\{I_6,I_7,I_8\}=\{$水环境,大气环境,土壤环境$\}$	$I_1=\{SI_1,SI_2,SI_3\}=\{$水资源占有量,水资源质量,水资源利用率$\}$ $I_2=\{SI_4,SI_5\}=\{$宜农(牧)地面积,土地生产率$\}$ $I_3=\{SI_6,SI_7\}=\{$林业资源面积,年可利用量$\}$ $I_4=\{SI_8,SI_9,SI_{10}\}=\{$矿产资源储量,矿产资源品位价值,年开采量$\}$ $I_5=\{SI_{11},SI_{12}\}=\{$旅游资源等级,旅游条件$\}$ $I_6=\{SI_{13},SI_{14},SI_{15}\}=\{$二氧化硫,氮氧化物,TSP$\}$ $I_7=\{SI_{16},SI_{17},SI_{18}\}=\{COD,BOD,pH\}$ $I_8=\{SI_{19},SI_{20}\}=\{$生活垃圾消纳能力,工业垃圾消纳能力$\}$
三级评价指标体系	承载压力度	资源压力度(S_1)、环境压力度(S_2)	$S_1=\{I_1,\cdots,I_5\}=\{$水资源压力度,土地资源压力度,林业资源压力度,矿产资源压力度,旅游资源压力度$\}$ $S_2=\{I_6,I_7,I_8\}=\{$水环境压力度,大气环境压力度,土壤环境压力度$\}$	—

需说明的是,表 9-25 针对各级评价所给出的评价指标体系是针对普遍情况而言的,对不同评价区域,应根据具体情况有重点地选择相应指标,进行有针对性的评价。

② 目标层计算。以生态系统弹性度为例,其计算公式为:

$$\text{CSI}_{\text{eco}}=\sum_{i=1}^{n}S_{i,\text{eco}}\times W_{i,\text{eco}}$$

式中 CSI_{eco}——生态系统弹性度;

$S_{i,\text{eco}}$——生态系统特征要素(地形地貌、土壤、植被、气候和水文等);

$W_{i,\text{eco}}$——要素 i 对应的权重值。

其中权重的确定可采用层次分析法或灰色层次分析法。

资源承载指数、环境承载指数和承载压力度计算方法同上。

③ 综合评价。根据三级计算结果,对生态承载力进行综合评价。每一级的计算结果为 0~100 的分值,根据各级评价指标的内涵,划分各区段分值代表的评价结果,详见表 9-23。

表 9-23　生态承载力分析评价表

分级	0~20	21~40	41~60	61~80	81~100
一级评价	弱稳定	不稳定	中等稳定	较稳定	很稳定
二级评价	弱承载	低承载	中等承载	较高承载	高承载
三级评价	弱压	低压	中压	较高压	强压

7. 水体富营养化

水体富营养化主要指人为因素引起的湖泊、水库中氮、磷增加对其水生生态产生的不良影响。一般认为，水体磷的增加是导致富营养化的主因，但富营养化也与氮含量、水温及水体特征（湖泊水面积、水源、形状、流速、水深等）有关。

(1) 流域污染源调查法　根据地形图估计流域面积；通过水文气象资料了解流域内年降水量和径流量；调查流域内地形地貌和景观特征，了解城区、农区、森林和湿地的面积和分布；调查污染物点源和面源排放情况。在稳定状况下，湖泊总磷的浓度可用以下公式描述：

$$\rho_p = L/[\bar{z}(p+\sigma)]$$

式中　ρ_p——湖水中总磷的质量浓度，mg/m^3；

L——单位面积总磷年负荷量，$mg/(m^2 \cdot a)$；

$\bar{z}$——湖水平均深度，m；

σ——磷的特定沉积率，a^{-1}；

p——湖水年替换率，a^{-1}。

$$p = Q/V$$

式中　Q——年出湖水量，m^3/a；

V——湖泊水体积，m^3。

磷的特定沉积率（σ）不容易实际测定。Dillion 和 Rigler 建议用磷的滞留系数（R）来取代：

$$R = (P_{in} - P_{out})/P_{in}$$

式中　R——磷的滞留系数；

P_{in}——磷输入量；

P_{out}——磷输出量。

因此，总磷的浓度可以表示为：

$$\rho_p = L(1-R)/(\bar{z}p)$$

一般认为春季湖水循环期间总磷浓度在 $10mg/m^3$ 以下时，基本上不会发生水华和降低水的透明度；而总磷在 $20mg/m^3$ 时，则常常伴随着数量较大的藻类。因此，可用总磷浓度 $10mg/m^3$ 作为最大可接受的负荷量，大于 $20mg/m^3$ 则是不可接受的。

水中总磷的收支数据可用输出系数法和实际测定法获得。

① 输出系数法。根据湖泊形态和水的输出资料，利用湖泊周围不同土地利用类型磷输出之和，再加上大气沉降磷的含量，推测湖泊总磷浓度。根据地表径流图、湖泊容积和水面积，估计湖泊水力停留时间和更新率，进而估计湖泊总磷的全年负荷量。预测湖泊总磷浓度，除需要了解水量收支外，还需要了解排入污水中磷的含量。不同土地利用类型磷输出系数见表 9-24。

表 9-24　不同土地利用类型磷输出系数

来源	磷输出系数/[g/(m²·a)]	来源	磷输出系数/[g/(m²·a)]
城市土地	0.10	降水	0.02
农村或农业土地	0.05	干物质沉降	0.08
森林土地	0.01		

② 实测法。可精确测定所有水源总磷的浓度和输入、输出水量，需历时一年。湖泊水量收支通用公式为：

$$输入量 = 输出量 + \Delta 储存量$$

湖水输入量是河流、地下水输入，湖面大气降水、河流以外的其他地表径流量和污水直接排入量的总和；输出量是河道出水、地下渗透、蒸发和工农业用水的总和。其中河流进出水量、大气降水量和蒸发量一般可从水文气象部门监测资料获得，各类水中磷浓度需要定期测定。地下水输入与输出较难确定，但不能忽略。

估计地下水进出量的一种方法就是通过流量网的测量，用下式计算：

$$Q = KiA$$

式中　Q——地下水输入或输出量；
　　　K——水的电导率；
　　　i——水流的坡度；
　　　A——地下水流截面积。

从湖泊外部输入的磷称为磷的外负荷。由湖泊内释放的磷称为磷的内负荷。在湖下层无氧气的湖泊中，沉积物释放磷较多，可能低估湖水实际总磷浓度。根据总磷收支资料可以估计湖泊总磷的内负荷量：

$$\sum P_{Lext} - P_{out} = P_{Lnet}$$
$$\Delta P_{lake} - P_{Lnet} = P_{Lint}$$

式中　P_{Lext}——湖泊分层期间总磷的负荷量；
　　　P_{out}——湖泊输出总磷量的总和；
　　　P_{Lnet}——湖泊总磷的内负荷，即沉积物中总磷的净释放率，mg/(m²·d)；
　　　ΔP_{lake}——开始分层至分层结束整个湖泊总磷含量的变化；
　　　P_{Lint}——湖泊输入总磷量的总和。

Nurnberg 根据实测资料，提出预测湖泊总磷的内负荷模型。计算公式为：

$$\rho_p = L_{ext}/[q_s(1-R_{pred})] + L_{ext}/q_s$$
$$L_{int} = R_{obs} - R_{pred}$$
$$R_{obs} = (P_{int} - P_{out})/P_{int}$$
$$P_{pred} = 15/(18 + q_s)$$

式中　ρ_p——湖泊总磷浓度，mg/m³；
　　　L_{ext}——湖泊分层期间总磷的负荷量；
　　　q_s——单位湖泊面积年出水量；
　　　R_{pred}——磷滞留系数预测值；
　　　L_{int}——湖泊输入磷的负荷量；
　　　R_{obs}——磷滞留系数观测值；

P_{int}——磷输入量；

P_{out}——磷输出量。

（2）**营养物质负荷法** Vollenweider 于 1969 年提出湖泊营养状况与营养物质特别是总磷浓度有密切关系。Vollenweider-OECD 模型表明，在一定范围内，总磷负荷增加，藻类生物量增加，鱼类产量也增加。这种关系受到水体平均深度、水面积、水力停留时间等因素的影响。将总磷负荷概化后，建立藻类叶绿素与总磷负荷之间的统计学回归关系。

Dillion 根据总磷负荷 $[L(1-R)/p]$ 与平均水深 $(\bar{z})$ 之间的线性关系预测湖泊总磷浓度和营养状况，从关系图可得出湖泊富营养化等级。总磷（TP）浓度 $<10\text{mg/m}^3$，为贫营养；$10\sim20\text{mg/m}^3$，为中营养；$>20\text{mg/m}^3$，为富营养。该方法简单、方便，但依据指标太少，难以准确反映水体富营养化真实状况及其时空变化趋势。

在此基础上，提出湖泊磷滞留的估计方法。假设湖泊进出水量相等，水量稳定，湖水充分混合，在稳态状况下，湖泊年均总磷浓度（ρ_p）可用年均输入磷浓度（P）和年输入磷的沉积率（R_p）描述：

$$\rho_p = P(1-R_p)$$

式中 ρ_p——湖泊年均总磷浓度；

P——年均输入磷浓度，即年输入磷量/年输入水量，$\mu g/L$；

R_p——年输入磷的沉积率。

其中年输入磷的沉积率（R_p）是预测湖泊总磷浓度的关键。R_p 与单位面积湖泊供水（年输入水量/湖泊面积）或湖水更新率（湖水年输出率/湖泊体积）有关。其表达式为：

$$R_p = 0.854 - 0.142\ln q_s$$

式中 R_p——年输入磷的沉积率；

q_s——年输入水量/湖泊面积，m/a。

该公式适用于总磷浓度 $<25\mu g/L$ 的湖泊，对于总磷浓度较高的湖泊不一定适合。

（3）**营养状况指数法** 湖泊中总磷与叶绿素 a 和透明度之间存在一定关系。Carlson 根据透明度、总磷和叶绿素三种指标建立了一种简单的营养状况指数（TSI），用于评价湖泊富营养化。TSI 用数字表示，范围为 0~100，每增加一个间隔（如 10，20，30…）表示透明度减少一半，磷浓度增加 1 倍，叶绿素浓度增加约 2 倍。三种参数的营养状况指数参考值见表 9-25。TSI<40，为贫营养；40~50，为中营养；TSI>50，为富营养。该方法简便，广泛应用于湖泊营养状况评价。

表 9-25 Carlson 营养状况指数（TSI）参数值

TSI	透明度/m	TP/($\mu g/L$)	Chl/($\mu g/L$)	TSI	透明度/m	TP/($\mu g/L$)	Chl/($\mu g/L$)
0	64	0.75	0.04	60	1	48	20
10	32	1.5	0.12	70	0.5	96	56
20	16	3	0.34	80	0.25	192	154
30	8	6	0.94	90	0.12	384	427
40	4	12	2.6	100	0.06	768	1183
50	2	24	6.4				

在非生物固体悬浮物和水的色度比较低的情况下，叶绿素 a(Chl) 和总磷（TP）与透明度（SD）之间高度相关。因此，营养状况指数（TSI）也可根据某一参数计算出来。计算公

式如下：

透明度参数式：TSI（m）＝60－14.41lnSD

叶绿素 a 参数式：TSI（mg/m³）＝9.81lnChl＋30.6

总磷参数式：TSI（mg/m³）＝14.42lnTP＋4.15

应用该标准评价我国湖泊营养状况可能存在一定偏差，应注意验证。

湖水过于浑浊（非藻类浊度）或水草繁茂的湖泊，Carlson 指数则不适用。有时用 TN/TP 值来评估湖泊或水库何种营养不足。对藻类生长来说，TN/TP 值在 20 以上时，表现为磷不足；比值小于 13 时，表现为氮不足。

水体富营养化预测还有评分法和综合评价法等，实际应用中应根据具体条件选用。

8. 图形叠置法

图形叠置法是把两个以上的生态信息叠合到一张图上，构成复合图，用以表示生态变化的方向和程度。该方法的特点是直观、形象，简单明了。图形叠置法有两种基本制作手段：指标法和 3S 叠图法。

（1）指标法

① 确定评价范围；

② 开展生态调查，收集评价范围及周边地区自然环境、动植物等信息；

③ 识别影响并筛选评价因子，包括识别和分析主要生态问题；

④ 建立表征评价因子特性的指标体系，通过定性分析或定量方法对指标赋值或分级，依据指标值进行区域划分；

⑤ 将上述区划信息绘制在生态图上。

（2）3S 叠图法

① 选用符合要求的工作底图，底图范围应大于评价范围；

② 在底图上描绘主要生态因子信息，如植被覆盖、动植物分布、河流水系、土地利用、生态敏感区等；

③ 进行影响识别与评价因子筛选；

④ 运用 3S 技术，分析影响性质、方式和程度；

⑤ 将影响因子图和底图叠加，得到生态影响评价图。

9. 生态系统评价方法

（1）植被覆盖度　植被覆盖度可用于定量分析评价范围内的植被现状。基于遥感估算植被覆盖度可根据区域特点和数据基础采用不同的方法，如植被指数法、回归模型、机器学习法等。

植被指数法主要是通过对各像元中植被类型及分布特征的分析，建立植被指数与植被覆盖度的转换关系。采用归一化植被指数（NDVI）估算植被覆盖度的方法如下：

$$FVC=(NDVI-NDVI_s)/(NDVI_v-NDVI_s)$$

式中　FVC——所计算像元的植被覆盖度；

$NDVI$——所计算像元的 NDVI 值；

$NDVI_v$——纯植物像元的 NDVI 值；

$NDVI_s$——完全无植被覆盖像元的 NDVI 值。

（2）生物量　生物量是指一定地段面积内某个时期生存着的活有机体的质量。不同生态系统的生物量测定方法不同，可采用实测与估算相结合的方法。地上生物量估算可采用植被指数法、异速生长方程法等。基于植被指数的生物量统计法是通过实地测量的生物量数据和遥感植被指数建立统计模型，在遥感数据的基础上反演得到评价区域的生物量。

(3) 生产力　生产力是生态系统的生物生产能力，反映生产有机质或积累能量的速率。群落（或生态系统）初级生产力是单位面积、单位时间群落（或生态系统）中植物利用太阳能固定的能量或生产的有机质的量。净初级生产力（NPP）是从固定的总能量或产生的有机质总量中减去植物呼吸所消耗的量，直接反映了植被群落在自然环境条件下的生产能力，表征陆地生态系统的质量状况。NPP可利用统计模型（如Miami模型）、过程模型（如BIOME-BGC模型、BEPS模型）和光能利用率模型（如CASA模型）进行计算。根据区域植被特点和数据基础确定具体方法。

通过CASA模型计算净初级生产力的公式如下：

$$NPP(x,t) = APAR(x,t) \times \varepsilon(x,t)$$

式中　NPP——净初级生产力；

APAR——植被所吸收的光合有效辐射；

ε——光能转化率；

t——时间；

x——空间位置。

(4) 生物完整性指数　生物完整性指数（index of biotic integrity，IBI）已被广泛应用于河流、湖泊、沼泽、海岸滩涂、水库等生态系统健康状况评价，指示生物类群也由最初的鱼类扩展到底栖动物、着生藻类、维管植物、两栖动物和鸟类等。生物完整性指数评价的工作步骤如下：

① 结合工程影响特点和所在区域水生态系统特征，选择指示物种；

② 根据指示物种种群特征，在指标库中确定指示物种状况参数指标；

③ 选择参考点（未开发建设、未受干扰的点或受干扰极小的点）和干扰点（已开发建设、受干扰的点），采集参数指标数据，通过对参数指标值的分布范围分析、判别能力分析（敏感性分析）和相关关系分析，建立评价指标体系；

④ 确定每种参数指标值以及生物完整性指数的计算方法，分别计算参考点和干扰点的指数值；

⑤ 建立生物完整性指数的评分标准；

⑥ 评价项目建设前所在区域水生态系统状况，预测分析项目建设后水生态系统变化情况。

(5) 生态系统功能评价　陆域生态系统服务功能评价方法可参考《全国生态状况调查评估技术规范——生态系统服务功能评估》（HJ 1173—2021），根据生态系统类型选择适用指标。

第八节　环境风险影响预测与评价

一、环境风险影响预测

1. 有毒有害物质在大气中的扩散

(1) 预测模型筛选　预测时应区分重质气体与轻质气体排放，选择合适的大气风险预测模型，重质气体和轻质气体的判断依据可采用理查德森数作为标准进行判定。采用SLAB模型或者AFTOX模型进行气体扩散后果预测，模型选择应结合模型的适用范围、参数要求等说明模型选择的依据。选用推荐模型以外的其他技术成熟的大气风险预测模型时，需说明模型选择理由及适用性。

（2）预测范围与计算点　　预测范围即预测物质浓度达到评价标准时的最大影响范围，通常由预测模型计算获取。预测范围一般不超过10km。

计算点分为特殊计算点和一般计算点。特殊计算点指大气环境敏感目标等关心点，一般计算点指下风向不同距离点。一般计算点的设置应具有一定分辨率，距离风险源500m范围内可设置10～50m间距，大于500m范围内可设置50～100m间距。

（3）事故源参数　　根据大气风险预测模型的需要，调查泄漏设备类型、尺寸、操作参数（压力、温度等），泄漏物质理化特性（摩尔质量、沸点、临界温度、临界压力、比热容比、气体定压比热容、液体定压比热容、液体密度、汽化热等）。

（4）气象参数　　一级评价，需选取最不利气象条件及事故发生地的最常见气象条件分别进行后果预测。其中最不利气象条件取F类稳定度，风速1.5m/s，温度25℃，相对湿度50%；最常见气象条件由当地近3年内的至少连续1年气象观测资料统计分析得出，包括出现频率最高的稳定度、该稳定度下的平均风速（非静风）、日最高平均气温、年平均湿度。

二级评价，需选取最不利气象条件进行后果预测。最不利气象条件取F类稳定度，风速1.5m/s，温度25℃，相对湿度50%。

（5）大气毒性终点浓度值选取　　大气毒性终点浓度即预测评价标准。大气毒性终点浓度值选取参见《建设项目环境风险评价技术导则》（HJ 169—2018）附录H，分为1、2级。其中1级为当大气中危险物质浓度低于该限值时，绝大多数人员暴露1h不会对生命造成威胁，当超过该限值时，有可能对人群造成生命威胁；2级为当大气中危险物质浓度低于该限值时，暴露一般不会对人体造成不可逆伤害，或出现的症状一般不会损伤该个体采取有效防护措施的能力。

（6）预测结果表述　　给出下风向不同距离处有毒有害物质的最大浓度，以及预测浓度达到不同毒性终点浓度的最大影响范围。

给出各关心点的有毒有害物质浓度随时间变化情况，以及关心点的预测浓度超过评价标准时对应的时刻和持续时间。

对于存在极高大气环境风险的建设项目，应开展关心点概率分析，即有毒有害气体（物质）剂量负荷对个体的大气伤害概率、关心点处气象条件的频率、事故发生概率的乘积，以反映关心点处人员在无防护措施条件下受到伤害的可能性。

暴露于有毒有害物质气团下、无任何防护的人员，因物质毒性而导致死亡的概率可按表9-26取值，或者按下式估算：

$$P_E = 0.5 \times \left[1 + \mathrm{erf}\left(\frac{Y-5}{\sqrt{2}}\right)\right] \qquad (Y \geqslant 5)$$

$$P_E = 0.5 \times \left[1 - \mathrm{erf}\left(\frac{Y-5}{\sqrt{2}}\right)\right] \qquad (Y < 5)$$

式中　P_E——人员吸入毒性物质而导致急性死亡的概率；
　　　　Y——中间量，量纲为1，可采用下式估算。

$$Y = A_t + B_t \ln(C^n \times t_e)$$

式中 A_t、B_t 和 n——与毒物性质有关的参数,见表 9-27;

  C——接触的质量浓度,mg/m³;

  t_e——接触 C 质量浓度的时间,min。

表 9-26 毒性计算中各 Y 值所对应的死亡率

死亡率①/%	死亡率②/%									
	0	1	2	3	4	5	6	7	8	9
0		2.67	2.95	3.12	3.25	3.36	3.45	3.52	3.59	3.66
10	3.72	3.77	3.82	3.87	3.92	3.96	4.01	4.05	4.08	4.12
20	4.16	4.19	4.23	4.26	4.29	4.33	4.26	4.39	4.42	4.45
30	4.48	4.50	4.53	4.56	4.59	4.61	4.64	4.67	4.69	4.72
40	4.75	4.77	4.80	4.82	4.85	4.87	4.90	4.92	4.95	4.97
50	5.00	5.03	5.05	5.08	5.10	5.13	5.15	5.18	5.20	5.23
60	5.25	5.28	5.31	5.33	5.36	5.39	5.41	5.44	5.47	5.50
70	5.52	5.55	5.58	5.61	5.64	5.67	5.71	5.74	5.77	5.81
80	5.84	5.88	5.92	5.95	5.99	6.04	6.08	6.13	6.18	6.23
90	6.28	6.34	6.41	6.48	6.55	6.64	6.75	6.88	7.05	7.33
99	0.0	0.1	0.2	0.3	0.4	0.5	0.6	0.7	0.8	0.9
	7.33	7.37	7.41	7.46	7.51	7.58	7.58	7.65	7.88	8.09

注:死亡率①与死亡率②之和对应数值为 0~99.9%。由于死亡率小于 100%,因此死亡率①为 99% 时,死亡率②以 0.1% 递增,对应死亡率②的范围为 0.0~0.9。死亡率①为其他数值时,对应的死亡率②范围为 0~9。计算方法如下:如已知中间量 Y 为 2.67,则对应的死亡率为死亡率①+死亡率②=0%+1%=1%;如已知中间量 Y 为 7.37,则对应的死亡率为死亡率①+死亡率②=99%+0.1%=99.1%。

表 9-27 几种物质的参数 单位:mg/m³

物质	A_t	B_t	n
丙烯醛	−4.1	1	1
丙烯腈	−8.6	1	1.3
烯丙醇	−11.7	1	2
氨	−15.6	1	2
甲基谷硫磷	−4.8	1	2
溴	−12.4	1	2
一氧化碳	−7.4	1	1
氯	−6.35	0.5	2.75
环氧乙烷	−6.8	1	1
氯化氢	−37.3	3.69	1
氰化氢	−9.8	1	2.4
氟化氢	−8.4	1	1.5
硫化氢	−11.5	1	1.9
溴甲烷	−7.3	1	1.1
异氰酸甲酯	−1.2	1	0.7

续表

物质	A_t	B_t	n
二氧化氮	−18.6	1	3.7
对硫磷	−6.6	1	2
光气	−10.6	2	1
磷酰胺酮	−2.8	1	0.7
磷化氢	−6.8	1	2
二氧化硫	−19.2	1	2.4
四乙基铅	−9.8	1	2

注：有毒物质接触时间单位为 min，以上数据来源于荷兰国家应用科学研究院（TNO）"紫皮书"（《定量风险分析指南》，*Guidelines for Quantitative Risk Assessment*）。

2. 有毒有害物质在地表水、地下水环境中的运移扩散

（1）有毒有害物质进入水环境的方式　有毒有害物质进入水环境包括事故直接导致和事故处理处置过程间接导致的情况，一般为瞬时排放源和有限时段内排放源。

（2）预测模型

① 地表水预测模型。根据风险识别结果，有毒有害物质进入水体的方式、水体类别及特征，以及有毒有害物质的溶解性，选择适用的预测模型。

对于油品类泄漏事故，流场计算按《环境影响评价技术导则　地表水环境》（HJ 2.3—2018）中的相关要求，选取适用的预测模型，溢油漂移扩散过程按《海洋工程环境影响评价技术导则》（GB/T 19485—2014）中的溢油粒子模型进行溢油轨迹预测；对于其他事故，地表水风险预测模型及参数参照《环境影响评价技术导则　地表水环境》（HJ 2.3—2018）。

② 地下水风险预测模型。参照《环境影响评价技术导则　地下水环境》（HJ 610—2016），选择适宜的预测模型。

（3）终点浓度值选取　终点浓度即预测评价标准。终点浓度值根据水体分类及预测点水体功能要求，按照《地表水环境质量标准》（GB 3838—2002）、《生活饮用水卫生标准》（GB 5749—2022）、《海水水质标准》（GB 3097—1997）或《地下水质量标准》（GB/T 14848—2017）选取。对于未列入上述标准，但确需进行分析预测的物质，其终点浓度值选取可参照《环境影响评价技术导则　地表水环境》（HJ 2.3—2018）、《环境影响评价技术导则　地下水环境》（HJ 610—2016）。对于难以获取终点浓度值的物质，可按质点运移到达判定。

（4）预测结果表述　对于地表水，根据风险事故情形对水环境的影响特点，预测结果可采用以下表述方式：给出有毒有害物质进入地表水体最远超标距离及时间；给出有毒有害物质经排放通道到达下游（按水流方向）环境敏感目标处的到达时间、超标时间、超标持续时间及最大浓度，对于在水体中漂移类物质，应给出漂移轨迹。

对于地下水，给出有毒有害物质进入地下水体到达下游厂区边界和环境敏感目标处的到达时间、超标时间、超标持续时间及最大浓度。

二、环境风险影响评价

结合各要素风险预测，分析说明建设项目环境风险的危害范围与程度。大气环境风险的影响范围和程度由大气毒性终点浓度确定，明确影响范围内的人口分布情况；地表水、地下水对照功能区质量标准浓度（或参考浓度）进行分析，明确对下游环境敏感目标的影响情

况。环境风险可采用后果分析、概率分析等方法开展定性或定量评价，以避免急性损害为重点，确定环境风险防范的基本要求。

思考题

1. 讨论分析环境现状调查范围、环境影响预测范围和环境影响评价范围三者之间的关系。
2. 对于现状环境质量不符合环境功能要求或环境质量改善目标的区域，应重点考虑哪些影响因素？如何构建情景方案进行预测？
3. 讨论当建设项目或规划项目排放 SO_2、NO_x 及 VOCs 年排放量达到规定量时，为什么要对二次污染物 O_3 或 $PM_{2.5}$ 进行预测。
4. 臭氧的前体污染物是什么？讨论分析如何开展 O_3 和 $PM_{2.5}$ 协同控制。
5. 在环境风险影响预测时通常应区分重质气体和轻质气体，查阅相关资料，分析如何区分重质气体和轻质气体。

小测验

第十章

污染防治对策与环境管理方法

引言

习近平总书记在2019年中国北京世界园艺博览会开幕式上的讲话中指出:"地球是全人类赖以生存的唯一家园。我们要像保护自己的眼睛一样保护生态环境,像对待生命一样对待生态环境,同筑生态文明之基,同走绿色发展之路!"2018年,中共中央、国务院发布《关于全面加强生态环境保护 坚决打好污染防治攻坚战的意见》,提出坚决打赢蓝天保卫战,着力打好碧水保卫战,扎实推进净土保卫战。在系统学习国家及地方污染防治政策文件、环境保护工程技术规范等基础上,根据项目实际情况,考虑技术先进性和经济合理性,科学制定项目污染防治措施或方案,确保污染物达标排放。通过强化源头控制、污染防治、生态保护、环保执法和环境监测等举措,全面提升环境质量。

排污许可制度是落实企事业单位污染物排放总量控制要求的重要手段,排污许可证载明的许可排放量即为企业污染物排放阈值,是企业污染物排放的总量指标,通过在许可证中载明,使企业知晓自身责任,政府明确核查重点,公众掌握监督依据。"客观、公开、公正"是环境影响评价的基本原则,"公开"是指除了国家规定需要保密的情形之外,环境影响评价的有关情况和环境影响评价文件应当依法向社会公开,征求有关单位、专家和公众的意见,开展充分的公众参与。

导读

污染防治对策应遵循"预防为主"的原则,通过行政措施、经济手段、技术方法等降低不良环境影响,保证污染源污染物排放以及控制措施符合环境保护相关要求。环境管理方法是运用行政、法律、经济、教育和科学技术等综合手段,控制生态环境和经济社会协调发展的方法。本章重点介绍污染防治措施与对策、主要环境管理制度和方法,具体包括水环境、大气环境、声环境、土壤环境、危险废物、生态环境、环境风险的防治措施与对策,以及环境经济损益分析、环境管理与监测计划、总量控制与排污许可制度、公众参与等内容。通过本章的学习,应熟悉各种污染防治措施与对策、环境经济损益分析、污染物排放总量控制、排污许可制度、公众参与等主要环境管理制度或方法,及其在环境影响评价中的应用。

第一节 环境保护措施与对策

一、水环境保护措施与对策

1. 地表水环境保护措施与对策

(1) 基本要求

① 在建设项目污染控制治理措施与废水排放满足排放标准与环境管理要求的基础上,针对建设项目实施可能造成地表水环境不利影响的阶段、范围和程度,提出预防、治理、控制、补偿等环保措施或替代方案等内容。

② 水环境保护对策措施的论证应包括水环境保护措施的内容、规模和工艺,相应投资、实施计划,所采取措施的预期效果,达标可行性、经济技术可行性及可靠性分析等内容。

③ 对水文要素影响型建设项目,应提出减缓水文情势影响、保障生态需水的环保措施。

(2) 水环境保护措施

① 对建设项目可能产生的水污染物,通过优化生产工艺和强化水资源的循环利用,提出减少污水产生量与排放量的环保措施,并对污水处理方案进行技术经济及环保论证比选,明确污水处理设施的位置、规模、处理工艺,主要构筑物或设备,处理效率;采取的污水处理方案要实现达标排放,满足总量控制指标要求,并对排放口设置及排放方式进行环保论证。

② 达标区建设项目选择废水处理措施或多方案比选时,应综合考虑成本和治理效果,选择可行技术方案。

③ 不达标区建设项目选择废水处理措施或多方案比选时,应优先考虑治理效果,结合区(流)域水环境质量改善目标、替代源的削减方案实施情况,确保废水污染物达到最低排放强度和排放浓度。

④ 对水文要素影响型建设项目,应考虑保护水域生境、水生态系统的水文条件以及生态环境用水的基本需求,提出优化运行调度方案或下泄流量及过程,并明确相应的泄放保障措施与监控方案。

⑤ 对于建设项目引起的水温变化可能对农业、渔业生产或鱼类繁殖与生长等产生不利影响的,应提出水温影响减缓措施。对产生低温水影响的建设项目,对其取水与泄水建筑物的工程方案提出环保优化建议,可采取分层取水设施、合理利用水库洪水调度运行方式等。对产生温排水影响的建设项目,可采取优化冷却方式减少排放量,可通过余热利用措施降低热污染强度,合理选择温排水口的布置和型式,控制高温区范围等。

2. 地下水环境保护措施与对策

(1) 基本要求

① 地下水环境保护措施与对策应符合《中华人民共和国水污染防治法》和《中华人民共和国环境影响评价法》的相关规定,按照"源头控制、分区防控、污染监控、应急响应",

重点突出饮用水水质安全的原则确定。

② 地下水环境保护对策措施建议应根据建设项目特点、调查评价区和场地环境水文地质条件，在建设项目可行性研究提出的污染防控对策的基础上，根据环境影响预测与评价结果，提出需要增加或完善的地下水环境保护措施和对策。

③ 改、扩建项目应针对现有工程引起的地下水污染问题，提出"以新带老"的对策和措施，有效减轻污染程度或控制污染范围，防止地下水污染加剧。

④ 给出各项地下水环境保护措施与对策的实施效果，列表给出初步估算各措施的投资概算，并分析其技术、经济可行性。

⑤ 提出合理可行、操作性强的地下水污染防控环境管理体系，包括地下水环境跟踪监测方案和定期信息公开等。

(2) 建设项目污染防控对策

① 源头控制措施。主要包括：提出各类废物循环利用的具体方案，减少污染物的排放量；提出工艺、管道、设备、污水储存及处理构筑物应采取的污染控制措施，将污染物跑、冒、滴、漏降到最低限度。

② 分区防控措施。结合地下水环境影响评价结果，对工程设计或可行性研究报告提出的地下水污染防控方案提出优化调整的建议，给出不同分区的具体防渗技术要求。一般情况下，应以水平防渗为主，防控措施应满足以下要求：已颁布污染控制国家标准或防渗技术规范的行业，水平防渗技术要求按照相应标准或规范执行，如《生活垃圾填埋场污染控制标准》(GB 16889—2008)、《危险废物贮存污染控制标准》(GB 18597—2023)、《危险废物填埋污染控制标准》(GB 18598—2019)、《一般工业固体废物贮存和填埋污染控制标准》(GB 18599—2020)、《石油化工工程防渗技术规范》(GB/T 50934—2013) 等；未颁布相关标准的行业，根据预测结果和场地包气带特征及其防污性能，提出防渗技术要求，或根据建设项目场地天然包气带防污性能、污染控制难易程度和污染物特性，参照表10-1提出防渗技术要求。其中污染控制难易程度分级和天然包气带防污性能分级分别参照表10-2和表10-3进行相关等级的确定。

表 10-1　地下水污染防渗分区参照表

防渗分区	天然包气带防污性能	污染控制难易程度	污染物类型	防渗技术要求
重点防渗区	弱	易—难	重金属、持久性有机污染物	等效黏土防渗层 $M_b \geq 6.0\text{m}, K \leq 1.0\times10^{-7}\text{cm/s}$；或参照 GB 18598 执行
	中—强	难		
一般防渗区	中—强	易	重金属、持久性有机污染物	等效黏土防渗层 $M_b \geq 1.5\text{m}, K \leq 1.0\times10^{-7}\text{cm/s}$；或参照 GB 16889 执行
	弱	易—难	其他类型	
	中—强	难		
简单防渗区	中—强	易	其他类型	一般地面硬化

注：M_b 为岩土层单层厚度，K 为渗透系数。

表 10-2　污染控制难易程度分级参照表

污染控制难易程度	主要特征
难	对地下水环境有污染的物料或污染物泄漏后，不能及时发现和处理
易	对地下水环境有污染的物料或污染物泄漏后，可及时发现和处理

表 10-3 天然包气带防污性能分级参照表

分级	包气带岩土的渗透性能
强	岩土层单层厚度 $M_b \geqslant 1.0$m,渗透系数 $K \leqslant 1\times10^{-6}$cm/s,且分布连续、稳定
中	岩土层单层厚度 $0.5\text{m} \leqslant M_b < 1.0$m,渗透系数 $K \leqslant 1\times10^{-6}$cm/s,且分布连续、稳定。 岩土层单层厚度 $M_b \geqslant 1.0$m,渗透系数 1×10^{-6}cm/s$< K \leqslant 1\times10^{-4}$cm/s,且分布连续、稳定
弱	岩土层不满足上述"强"和"中"条件

对难以采取水平防渗的场地,可采用垂向防渗为主、局部水平防渗为辅的防控措施。根据非正常状况下的预测评价结果,在建设项目服务年限内个别评价因子超标范围超出厂界时,应提出优化总图布置的建议或地基处理方案。

③ 应急响应措施。制定地下水污染应急响应预案,明确污染状况下应采取的控制污染源、切断污染途径等措施。

二、大气环境保护措施与对策

1. 基本要求

① 大气污染治理设施与预防措施必须保证污染源排放以及控制措施均符合排放标准的有关规定,满足经济、技术可行性。

② 从项目选址选线、污染源的排放强度与排放方式、污染控制措施技术与经济可行性等方面,结合区域环境质量现状及区域削减方案、项目正常排放及非正常排放下大气环境影响预测结果,综合评价治理设施、预防措施及排放方案的优劣,并对存在的问题(如果有)提出解决方案。对解决方案进行进一步预测和评价比选后,给出大气污染控制措施可行性建议及最终的推荐方案。

2. 污染控制措施

对于达标区建设项目,根据预测结果评价不同方案主要污染物对环境空气保护目标和网格点的环境影响与达标情况,比较分析不同污染治理设施、预防措施或排放方案的有效性。在选择大气污染治理设施、预防措施或多方案比选时,应综合考虑成本和治理效果,选择最佳可行技术方案,保证大气污染物能够达标排放,并使环境影响可以接受。

对于不达标区建设项目,预测不同方案主要污染物对环境空气保护目标和网格点的环境影响,评价达标情况或评价区域环境质量整体变化情况,比较分析不同污染治理设施、预防措施或排放方案的有效性。在选择大气污染治理设施、预防措施或多方案比选时,应优先考虑治理效果,结合达标规划和替代源削减方案的实施情况,在只考虑环境因素的前提下选择最优技术方案,保证大气污染物达到最低排放强度和排放浓度,并使环境影响可以接受。

污染治理设施与预防措施有效性分析与方案比选结果见表 10-4。

表 10-4 污染治理设施与预防措施有效性分析与方案比选结果表

序号	比选方案名称	主要污染治理设施与预防措施	污染源排放方式	排放强度/(kg/a)	叠加后浓度			
					保证率日平均质量浓度/(μg/m³)	占标率/%	年平均质量浓度/(μg/m³)	占标率/%

3. 大气环境防护距离

(1) 基本要求

① 对于项目厂界浓度满足大气污染物厂界浓度限值，但厂界外大气污染物短期贡献浓度超过环境质量浓度限值的，可以自厂界向外设置一定范围的大气环境防护区域，以确保大气环境防护区域外的污染物贡献浓度满足环境质量标准。

② 对于项目厂界浓度超过大气污染物厂界浓度限值的，应要求削减排放源强或调整工程布局，待满足厂界浓度限值后，再核算大气环境防护距离。

③ 大气环境防护距离内不应有长期居住的人群。若大气环境防护距离内存在长期居住的人群，应给出相应优化调整项目选址、布局或搬迁的建议。

(2) 大气环境防护距离确定　采用进一步预测模型模拟评价基准年内，项目所有污染源（改建、扩建项目应包括全厂现有污染源）对厂界外主要污染物的短期贡献浓度分布。厂界外预测网格分辨率不应超过 50m。在底图上标注从厂界起所有超过环境质量短期浓度标准值的网格区域，以自厂界起至超标区域的最远垂直距离作为大气环境防护距离。

三、声环境保护措施与噪声防治对策

1. 基本要求

① 坚持统筹规划、源头防控、分类管理、社会共治、损害担责的原则。加强源头控制，合理规划噪声源与声环境保护目标布局；从噪声源、传播途径、声环境保护目标等方面采取措施；在技术经济可行条件下，优先考虑对噪声源和传播途径采取工程技术措施，实施噪声主动控制。

② 评价范围内存在声环境保护目标时，工业企业建设项目噪声防治措施应根据建设项目投产后厂界噪声影响最大噪声贡献值以及声环境保护目标超标情况制定。

③ 交通运输类建设项目（如公路、城市道路、铁路、城市轨道交通、机场项目等）的噪声防治措施应针对建设项目代表性评价水平年的噪声影响预测值进行制定。铁路建设项目噪声防治措施还应同时满足铁路边界噪声限值要求。结合工程特点和环境特点，在交通流量较大的情况下，铁路、城市轨道交通、机场等项目，还需考虑单列车通过（$L_{Aeq,Tp}$）或单架航空器通过（L_{Amax}）时噪声对声环境保护目标的影响，进一步强化控制要求和防治措施。

④ 当声环境质量现状超标时，属于与本工程有关的噪声问题应一并解决；属于本工程和工程外其他因素综合引起的噪声问题，应优先采取措施降低本工程自身噪声贡献值，并推动相关部门采取区域综合整治等措施逐步解决相关噪声问题。

⑤ 当工程评价范围内涉及主要保护对象为野生动物及其栖息地的生态敏感区时，应从优化工程设计和施工方案、采取降噪措施等方面强化控制要求。

2. 防治途径

(1) 规划防治对策　规划防治对策主要指从建设项目的选址（选线）、规划布局、总图布置（如跑道方位布设）和设备布局等方面进行调整，提出降低噪声影响的建议。如根据"以人为本""闹静分开""合理布局"的原则，提出高噪声设备尽可能远离声环境保护目标、优化建设项目选址（选线）、调整规划用地布局等建议。

(2) 噪声源控制措施

① 选用低噪声设备、低噪声工艺；

② 采取声学控制措施，如对声源采用吸声、消声、隔声、减振等措施；
③ 改进工艺、设施结构和操作方法等；
④ 将声源设置于地下、半地下室内；
⑤ 优先选用低噪声车辆、低噪声基础设施、低噪声路面等。

(3) 噪声传播途径控制措施

① 设置声屏障等，包括直立式、折板式、半封闭、全封闭等类型声屏障。声屏障的具体型式根据声环境保护目标处超标程度、噪声源与声环境保护目标的距离、敏感建筑物高度等因素综合考虑来确定；
② 利用自然地形物（如利用位于声源和声环境保护目标之间的山丘、土坡、地堑、围墙等）降低噪声。

(4) 声环境保护目标自身防护措施

① 声环境保护目标自身增设吸声、隔声等措施；
② 优化调整建筑物平面布局、建筑物功能布局；
③ 声环境保护目标功能置换或拆迁。

(5) 管理措施　提出噪声管理方案（如合理制定施工方案、优化调度方案、优化飞行程序等），制定噪声监测方案，提出工程设施、降噪设施的运行使用、维护保养等方面的管理要求，必要时提出跟踪评价要求等。典型建设项目噪声防治措施详见表10-5。

表 10-5　典型建设项目噪声防治措施

项目类型	具体防治措施
工业	• 从选址、总图布置、声源、传播途径及声环境保护目标自身防护等方面分别给出噪声防治的具体方案。主要包括：选址的优化方案及其原因分析、总图布置调整的具体内容及降噪效果（包括边界和声环境保护目标），给出各主要声源的降噪措施、效果和投资。 • 提出设置声屏障和对声环境保护目标进行噪声防护等的措施方案，给出措施的降噪效果及投资，并进行经济、技术可行性论证。 • 根据噪声影响特点和环境特点，提出规划布局及功能调整建议。 • 提出噪声监测计划、管理措施等对策建议
公路、城市道路	• 通过选线方案的声环境影响预测结果，分析声环境保护目标受影响的程度、影响规模，提出选线方案推荐建议。 • 根据工程与环境特征，给出局部线路调整、声环境保护目标搬迁、邻路建筑物使用功能变更、改善道路结构和路面材料、设置声屏障和对敏感建筑物进行噪声防护等具体的措施方案及其降噪效果，并进行经济、技术可行性论证； • 根据噪声影响特点和环境特点，提出城镇规划区路段与敏感建筑物之间的规划调整建议； • 给出车辆行驶规定（限速、禁鸣等）及噪声监测计划等对策建议
铁路、城市轨道	• 通过不同选线方案声环境影响预测结果，分析声环境保护目标受影响的程度，提出优化的选线方案建议； • 根据工程与环境特征，提出局部线路和站场优化调整建议，明确声环境保护目标搬迁或功能置换措施，从列车、线路（路基或桥梁）、轨道的优选，列车运行方式、运行速度、鸣笛方式的调整，设置声屏障和对敏感建筑物进行噪声防护等方面，给出具体的措施方案及其降噪效果，并进行经济、技术可行性论证； • 根据噪声影响特点和环境特点，提出城镇规划区铁路（或城市轨道交通）与敏感建筑物之间的规划调整建议； • 给出列车行驶规定及噪声监测计划等对策建议
机场航空器	• 通过不同机场位置、跑道方位、飞行程序方案的声环境影响预测结果，分析声环境保护目标受影响的程度，提出优化的机场位置、跑道方位、飞行程序方案建议； • 根据工程与环境特征，给出机型优选，昼间、傍晚、夜间飞行架次比例的调整，对敏感建筑物进行噪声防护或使用功能变更、拆迁等具体的措施方案及其降噪效果，并进行经济、技术可行性论证； • 根据噪声影响特点和环境特点，提出机场噪声影响范围内的规划调整建议； • 给出机场航空器噪声监测计划等对策建议

四、土壤环境保护措施与对策

1. 基本要求

① 土壤环境保护措施与对策应包括保护的对象和目标、措施的内容、设施的规模及工艺、实施部位和时间、实施的保证措施、预期效果的分析等,在此基础上估算(概算)环境保护投资,并编制环境保护措施布置图。

② 在建设项目可行性研究提出的影响防控对策基础上,结合建设项目特点、调查评价范围内的土壤环境质量现状,根据环境影响预测与评价结果,提出合理、可行、操作性强的土壤环境影响防控措施。

③ 改、扩建项目应针对现有工程引起的土壤环境影响问题,提出"以新带老"措施,有效减轻影响程度或控制影响范围,防止土壤环境影响加剧。

④ 涉及取土的建设项目,所取土壤应满足占地范围对应的土壤环境相关标准要求,并说明其来源;弃土应按照固体废物相关规定进行处理处置,确保不产生二次污染。

2. 建设项目环境保护措施

建设项目土壤环境保护措施主要包括土壤环境质量现状保障措施、源头控制措施、过程防控措施,详见表10-6。

表10-6 土壤环境保护措施汇总表

类型	具体措施
土壤环境质量现状保障措施	• 对于建设项目占地范围内的土壤环境质量存在点位超标的,应依据土壤污染防治相关管理办法、规定和标准,采取有关土壤污染防治措施
源头控制措施	• 生态影响型建设项目应结合项目的生态影响特征,按照生态系统功能优化的理念、坚持高效适用的原则提出源头防控措施。 • 污染影响型建设项目应针对关键污染源、污染物的迁移途径提出源头控制措施,并与《环境影响评价技术导则 大气环境》(HJ 2.2—2018)、《环境影响评价技术导则 地表水环境》(HJ 2.3—2018)、《环境影响评价技术导则 生态影响》(HJ 19—2022)、《建设项目环境风险评价技术导则》(HJ 169—2018)、《环境影响评价技术导则 地下水环境》(HJ 610—2016)等标准要求相协调
过程防控措施	• 根据行业特点与占地范围内的土壤特性,按照相关技术要求采取过程阻断、污染物削减和分区防控措施。 • 生态影响型建设项目:涉及酸化、碱化影响的,可采取相应措施调节土壤pH值,以减轻土壤酸化、碱化的程度;涉及盐化影响的,可采取排水排盐或降低地下水位等措施,以减轻土壤盐化的程度。 • 污染影响型建设项目:涉及大气沉降影响的,占地范围内应采取绿化措施,以种植具有较强吸附能力的植物为主;涉及地表漫流影响的,应根据建设项目所在地的地形特点优化地面布局,必要时设置地面硬化、围堰或围墙,以防止土壤环境污染;涉及入渗途径影响的,应根据相关标准规范要求,对设备设施采取相应的防渗措施,以防止土壤环境污染

五、危险废物污染防治措施与对策

1. 基本要求

环境影响报告书(表)应对建设项目可行性研究报告、设计等技术文件中的污染防治措施的技术先进性、经济可行性及运行可靠性进行评价,根据需要补充完善危险废物污染防治措施,明确危险废物贮存、利用或处置相关环境保护设施投资,并纳入环境保护设施投资、"三同时"验收表。

2. 污染防治措施

危险废物污染防治措施重点考虑贮存场所（设施）污染防治措施、运输过程的污染防治措施、利用或者处置方式的污染防治措施，具体措施详见表10-7。

表10-7　危险废物污染防治措施汇总表

类型	具体措施
贮存场所（设施）	• 分析项目可研、设计等技术文件中危险废物贮存场所（设施）所采取的污染防治措施、运行与管理、安全防护与监测等是否符合有关要求，并提出环保优化建议。 • 危险废物贮存应关注"四防"（防风、防雨、防晒、防渗漏），明确防渗措施和渗漏收集措施，以及危险废物堆放方式、警示标识等方面内容。 • 对同一贮存场所（设施）贮存多种危险废物的，应根据项目所产生危险废物的类别和性质，分析论证贮存方案与《危险废物贮存污染控制标准》（GB 18597—2023）中的贮存容器要求、相容性要求等的符合性，必要时，提出可行的贮存方案。 • 环境影响报告书（表）应列表明确危险废物贮存场所（设施）的名称、位置、占地面积、贮存方式、贮存容积、贮存周期等
运输过程	• 按照《危险废物收集、贮存、运输技术规范》（HJ 2025—2012），分析危险废物的收集和转运过程中采取的污染防治措施的可行性，并论证运输方式、运输线路的合理性
利用或者处置方式	• 按照《危险废物焚烧污染控制标准》（GB 18484—2020）、《危险废物填埋污染控制标准》（GB 18598—2019）和《水泥窑协同处置固体废物污染控制标准》（GB 30485—2013）等，分析论证建设项目自建危险废物处置设施的技术、经济可行性，包括处置工艺、处理能力是否满足要求，装备（装置）水平的成熟性、可靠性，运行的稳定性和经济合理性，污染物稳定达标的可靠性
其他	• 积极推行危险废物的无害化、减量化、资源化，提出合理、可行的措施，避免产生二次污染。 • 改扩建及异地搬迁项目需说明现有工程危险废物的产生、收集、贮存、运输、利用和处置情况及处置能力，存在的环境问题及拟采取的"以新带老"措施等内容，改扩建项目产生的危险废物与现有贮存或处置的危险废物的相容性等。涉及原有设施拆除及造成环境影响的分析，明确应采取的措施

六、生态保护对策措施

1. 总体要求

① 应针对生态影响的对象、范围、时段、程度，提出避让、减缓、修复、补偿、管理、监测、科研等对策措施，分析措施的技术可行性、经济合理性、运行稳定性、生态保护和修复效果的可达性，选择技术先进、经济合理、便于实施、运行稳定、长期有效的措施，明确措施的内容、设施的规模及工艺、实施位置和时间、责任主体、实施保障、实施效果等，编制生态保护措施平面布置图、生态保护措施设计图，并估算（概算）生态保护投资。

② 优先采取避让方案，源头防止生态破坏，包括通过选址选线调整或局部方案优化避让生态敏感区，施工作业避让重要物种的繁殖期、越冬期、迁徙洄游期等关键活动期和特别保护期，取消或调整产生显著不利影响的工程内容和施工方式等。优先采用生态友好的工程建设技术、工艺及材料等。

③ 坚持山水林田湖草沙一体化保护和系统治理的思路，提出生态保护对策措施。必要时开展专题研究和设计，确保生态保护措施有效。坚持尊重自然、顺应自然、保护自然的理念，采取自然的恢复措施或绿色修复工艺，避免生态保护措施自身的不利影响。不应采取违背自然规律的措施，切实保护生物多样性。

2. 生态保护措施

① 项目施工前应对工程占用区域可利用的表土进行剥离，单独堆存，加强表土堆存防

护及管理，确保有效回用。施工过程中，采取绿色施工工艺，减少地表开挖，合理设计高陡边坡支挡、加固措施，减少对脆弱生态的扰动。

② 项目建设造成地表植被破坏的，应提出生态修复措施，充分考虑自然生态条件，因地制宜，制定生态修复方案，优先使用原生表土和选用乡土物种，防止外来生物入侵，构建与周边生态环境相协调的植物群落，最终形成可自我维持的生态系统。生态修复的目标主要包括：恢复植被和土壤，保证一定的植被覆盖度和土壤肥力；维持物种种类和组成，保护生物多样性；实现生物群落的恢复，提高生态系统的生产力和自我维持力；维持生境的连通性；等等。生态修复应综合考虑物理（非生物）方法、生物方法和管理措施，结合项目施工工期、扰动范围，有条件的可提出"边施工、边修复"的措施要求。

③ 尽量减少对动植物的伤害和生境占用。项目建设对重点保护野生植物、特有植物、古树名木等造成不利影响的，应提出优化工程布置或设计、就地或迁地保护、加强观测等措施，具备移栽条件、长势较好的尽量全部移栽。项目建设对重点保护野生动物、特有动物及其生境造成不利影响的，应提出优化工程施工方案、运行方式，实施物种救护，划定生境保护区域，开展生境保护和修复，构建活动廊道或建设食源地等措施。采取增殖放流、人工繁育等措施恢复受损的重要生物资源。项目建设产生阻隔影响的，应提出减缓阻隔、恢复生境连通的措施，如野生动物通道、过鱼设施等。项目建设和运行噪声、灯光等对动物造成不利影响的，应提出优化工程施工方案、设计方案或降噪遮光等防护措施。

④ 矿山开采项目还应采取保护性开采技术或其他措施控制沉陷深度和保护地下水的生态功能。水利水电项目还应结合工程实施前后的水文情势变化情况、已批复的所在河流生态流量（水量）管理与调度方案等相关要求，确定合适的生态流量，具备调蓄能力且有生态需求的，应提出生态调度方案。涉及河流、湖泊或海域治理的，应尽量塑造近自然水域形态、底质、亲水岸线，尽量避免采取完全硬化措施。

七、环境风险防范措施

环境风险管理目标是采用最低合理可行原则管控环境风险，采取的环境风险防范措施应与社会经济技术发展水平相适应，运用科学的技术手段和管理方法，对环境风险进行有效的预防、监控、响应。

① 大气环境风险防范应结合风险源状况明确环境风险的防范、减缓措施，提出环境风险监控要求，并结合环境风险预测分析结果、区域交通道路和安置场所位置等，提出事故状态下人员的疏散通道及安置等应急建议。

② 事故废水环境风险防范应明确"单元—厂区—园区/区域"的环境风险防控体系要求，设置事故废水收集（尽可能以非动力自流方式）和应急储存设施，以满足事故状态下收集泄漏物料、污染消防水和污染雨水的需要，明确并图示防止事故废水进入外环境的控制、封堵系统。应急储存设施应根据发生事故的设备容量、事故时消防用水量及可能进入应急储存设施的雨水量等因素综合确定。应急储存设施内的事故废水，应及时进行有效处置，做到回用或达标排放。结合环境风险预测分析结果，提出实施监控和启动相应的园区/区域突发环境事件应急预案的建议要求。

③ 地下水环境风险防范应重点采取源头控制和分区防渗措施，加强地下水环境的监控、预警，提出事故应急减缓措施。

④ 针对主要风险源，提出设立风险监控及应急监测系统的要求，实现事故预警和快速

应急监测、跟踪，提出应急物资、人员等的管理要求。

⑤ 对于改建、扩建和技术改造项目，应分析依托企业现有环境风险防范措施的有效性，提出完善意见和建议。

⑥ 环境风险防范措施应纳入环保投资和建设项目竣工环境保护验收内容。

⑦ 考虑事故触发具有不确定性，厂内环境风险防控系统应纳入园区/区域环境风险防控体系，明确风险防控设施、管理的衔接要求。极端事故风险防控及应急处置应结合所在园区/区域环境风险防控体系筹考虑，按分级响应要求及时启动园区/区域环境风险防范措施，实现厂内与园区/区域环境风险防控设施及管理有效联动，有效防控环境风险。

第二节 环境影响经济损益分析

环境影响的经济损益分析，也称为环境影响的经济评价，是指估算某一项目、规划或政策所引起环境影响的经济价值，并将环境影响的价值纳入项目、规划或政策的经济分析（费用效益分析）中去，以判断这些环境影响对该项目、规划或政策的可行性会产生多大的影响。对于负面的环境影响，估算出的是环境成本；对于正面的环境影响，估算出的是环境效益。

建设项目环境影响的经济评价以大气、水、声、生态等环境影响评价为基础，只有在得到各环境要素影响评价结果以后，才可能在此基础上进行环境影响的经济评价。建设项目环境影响经济损益评价包括建设项目环境影响经济评价和环保措施的经济损益评价两部分。

一、环境经济评价方法

1. 环境价值

环境的总价值包括环境的使用价值和非使用价值。

环境的使用价值，是指环境被生产者或消费者使用时所表现出的价值。环境的使用价值通常包含直接使用价值、间接使用价值和选择价值。例如森林的旅游价值就是森林的直接使用价值，森林防风固沙的价值就是森林的间接使用价值。选择价值是人们虽然现在不使用某一环境，但希望保留它，以便将来有可能使用它，也即保留了人们选择使用它的机会，环境所具有的这种价值就是选择价值。

环境的非使用价值是指人们虽然不使用某一环境物品，但是该环境物品仍具有的价值。根据不同动机，环境的非使用价值又可分为遗赠价值和存在价值。例如濒危物种，部分人认为，其存在本身具有价值，这种价值与人们是否利用该物种谋取经济利益无关。

无论使用价值还是非使用价值，价值的恰当度量都是人们的最大支付意愿，即一个人为获得某件物品（服务）而愿意付出的最大货币量。影响支付意愿的因素有收入、替代品价格、年龄、教育程度、个人独特偏好以及对该物品的了解程度等。

市场价格在有些情况下（如对市场物品）可以近似地衡量物品的价值，但它不能准确地度量一个物品的价值。市场价格是由物品的总供给和总需求决定的，通常低于消费者的最大支付意愿，二者之差是消费者剩余。三者关系为：价值＝支付意愿＝价格×消费量＋消费者剩余。

图 10-1 为森林环境价值的基本构成。

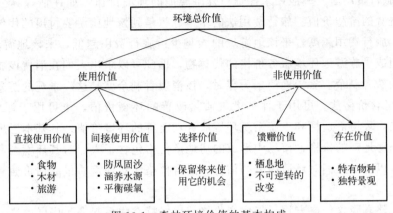

图 10-1　森林环境价值的基本构成

人们在消费部分环境服务或环境物品时，常常没有支付价格，因为这些环境服务没有市场价格，如游览许多户外景观时。此时这些环境服务的价值就等于人们享受这些环境服务时所获得的消费者剩余。部分环境价值评估技术，就是通过测量消费者剩余来评估环境的价值。环境价值也可以根据人们对某种特定的环境退化而表示的最低补偿意愿来度量。

2. 环境价值评估方法

环境价值评估方法可以分为三组，详见表 10-8。第Ⅰ组评估方法的理论基础较完善，是标准的环境价值评估方法；第Ⅱ组评估法可作为低限值，但有时具有不确定性；第Ⅲ组评估方法有助于项目的决策。三组方法选择的优先顺序为：第Ⅰ组＞第Ⅱ组＞第Ⅲ组。

表 10-8　环境价值评估方法

评估方法		适用范围
第Ⅰ组	旅行费用法	通常用于评估户外游憩地的环境价值
	隐含价格法	用于评估大气质量改善的环境价值,或大气污染、水污染的损失,环境舒适性和生态系统环境服务功能等的环境价值
	调查评价法	用于评估几乎所有的环境对象,如大气污染的环境损害、户外景观的游憩价值、环境污染的健康损害、人的生命价值、特有环境的非使用价值。其中环境的非使用价值只能使用调查评价法来评估
	成果参照法	用于评价一个新的环境物品,与类比分析法相似
第Ⅱ组	医疗费用法	用于评估环境污染引起的健康影响(疾病)的经济损失
	人力资本法	用于评估环境污染的健康影响(收入损失、死亡)
	生产力损失法	用于评估环境污染和生态破坏造成的工农业等生产力的损失
	恢复或重置费用法	用于评估水土流失、重金属污染、土地退化等环境破坏造成的损失
	影子工程法	用于评估污染造成的损失、森林生态功能价值等
	防护费用法	用于评估噪声、危险品和其他污染造成的损失
第Ⅲ组	反向评估法	数据严重不足时可考虑使用
	机会成本法	

(1) 第Ⅰ组评估方法

①Ⅰ-1 旅行费用法。一般用来评估户外游憩地的环境价值，如评估森林公园、城市公园、自然景观等的游憩价值。旅行费用法的基本思想是到该地旅游要付出的代价，这一代价即旅行费用。旅行费用越高，来该地游玩的人越少；旅行费用越低，来该地游玩的人越多。因此旅行费用成了旅游地环境服务价格的代替物，据此可以求出人们在消费该旅游地环境服务时获得的消费者剩余。旅游地门票为零时，该消费者剩余就是这一景观的游憩价值。

②Ⅰ-2 隐含价格法。可用于评估大气质量改善的环境价值，也可用于评估大气污染、水污染的损失，环境舒适性和生态系统环境服务功能等的环境价值。其基本思想是，以上环境因素会影响房地产的价格，市场中形成的房地产价格包含了人们对其环境因素的评估，通过回归分析可以得出人们对环境因素的估价。隐含价格法对环境质量的估价通常包括以下两个步骤：

第一步，建立隐含价格方程。将房产价格与房屋特点联系起来，房屋价格一般受三类变量的影响：房屋自身的建筑特点，如房屋面积、房间数、建成时间等；房屋所在社区的特点，如距离商店远近、周边学校质量、交通状况等；房屋周围环境质量状况，如大气污染程度、水污染状况等。以房产价格为因变量，以上三类变量为自变量，可以建立回归方程：

$$P = P(S, N, Q) \tag{10-1}$$

式中　P——房屋市场价格；

　　　S——一组建筑特点变量；

　　　N——一组社区特点变量；

　　　Q——一组环境质量变量。

收集各变量数据，确定恰当的方程形式，可以求出隐含价格方程。根据这一方程可以求出环境质量的隐含价格（对环境质量的边际支付意愿），用 W 表示。

$$W = \frac{\partial P}{\partial Q} \tag{10-2}$$

如果式(10-1)具有线性形式，则 W 是一个常数，否则 W 是环境质量的函数：

$$W = W(Q) \tag{10-3}$$

此时已经求出了环境质量边际变化的价值，假设该房屋市场的所有消费者具有同样的收入和偏好，则环境质量的非边际变化（$Q_0 \sim Q_1$）的价值（V）可以通过对式(10-3)积分得到：

$$V = \int_{Q_0}^{Q_1} W(Q) \mathrm{d}Q = \int_{Q_0}^{Q_1} \frac{\partial P}{\partial Q} \mathrm{d}Q \tag{10-4}$$

如果上述假设与现实相差甚远，则需要进行隐含价格法的第二步。

第二步，建立环境质量需求方程。式(10-3)给出的是在固定收入和偏好下对环境质量的边际支付意愿，而消费者的收入、偏好等往往相差很大，这时就需要利用式(10-3)和房屋消费者的社会经济变量，拟合出消费者对环境质量的需求方程：

$$W = W(Q, \mathrm{IN}, S) \tag{10-5}$$

式中　IN——消费者收入；

　　　S——消费者的其他社会经济变量，如家庭人口数、平均年龄等。

收集消费者的变量数据，确定恰当的方程形式，结合式(10-3)就可以求出式(10-5)。环境质量从 Q_0 提高到 Q_1 的经济价值 V，可以通过对式(10-5)积分得到：

$$V = \int_{Q_0}^{Q_1} W(Q, \text{IN}, S) \mathrm{d}Q \tag{10-6}$$

隐含价格法应用条件为：房地产价格在市场中自由形成；可获得大量完整的市场交易记录以及长期的环境质量记录。

③ I-3 调查评价法。可用于评估几乎所有的环境对象，如大气污染的环境损害、户外景观的游憩价值、环境污染的健康损害、人的生命价值、特有环境的非使用价值，其中环境的非使用价值只能使用调查评价法来评估。

调查评价法通过构建模拟市场来揭示人们对某种环境物品的支付意愿，从而评价环境价值。该方法通过人们在模拟市场中的行为，而不是在现实市场中的行为来进行价值评估，通常不发生实际的货币支付。人们对环境质量变化 $\Delta q = q_2 - q_1$ 的支付意愿可以通过两种方式求得：在方法设计中直接调查人们对 Δq 的支付意愿，这种方法直接明了，但难以推及超过 Δq 的支付意愿；在方法设计中调查人们对环境质量变化的支付意愿，建立支付意愿方程，根据方程求出某种环境质量变化的价值。对环境质量变化的支付意愿方程为：

$$W = W(q, \text{IN}, S) \tag{10-7}$$

式中　W——环境质量消费者对环境质量从原水平 q_0 变化到 q 的支付意愿；

　　　q——变化后的环境质量水平；

　　　IN——消费者收入水平；

　　　S——一组代表消费者偏好的其他社会经济变量。

通过调查获取相关数据，确定方程形式（代表消费者的偏好结构），就可以求得任一环境质量变化 Δq 的价值 V：

$$V = \int_{q_0}^{q_1} \frac{\partial W}{\partial q} \mathrm{d}q \tag{10-8}$$

④ I-4 成果参照法。成果参照法是将旅行费用法、隐含价格法、调查评价法的评价结果作为参照对象，用于评价一个新的环境物品。该法类似于环评中的类比分析法，其优点是节省时间和费用，因此在环境影响经济评价中最为常用。成果参照法有三种类型。

a. 直接参照单位价值，如引用某人评估某地的游憩价值为 90 元/(人·d)。

b. 参照已有案例研究的评估函数，代入要评估的项目区变量，得到项目环境影响价值。

c. 进行 Meta 分析，以环境价值为因变量（V），以环境质量特性（E）、人口特性（P）、研究模型（M）等为自变量，进行 Meta 回归分析，得到：

$$V = f(E, P, M, \cdots) \tag{10-9}$$

成果参照法的步骤见图 10-2。

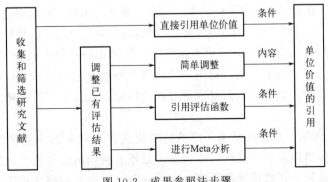

图 10-2　成果参照法步骤

(2) 第Ⅱ组评估方法

① Ⅱ-1 医疗费用法。用于评估环境污染引起的健康影响（疾病）的经济损失。如果环境污染导致某种疾病发病率增加，则治疗该疾病的费用可以作为人们为避免该环境影响所具有的支付意愿的底线值。例如，某项目 SO_2 超标排放导致周边受影响人群哮喘发病率增加，假设一例哮喘发病的治疗费用为 150 元/天，每次发病持续 7 天，则避免该疾病一次发病的支付意愿最少为 1050 元。

② Ⅱ-2 人力资本法。用于评估环境污染的健康影响（收入损失、死亡）。环境污染引起误工、收入能力降低、某种疾病死亡率的增加，由此引起的收入减少可以作为人们为避免该环境影响所具有的支付意愿的底线值。人力资本法把人作为生产财富的资本，用生产财富的多少来定义一个人的价值。由于劳动力的边际产量等于工资，因此用工资表示一个人的边际价值，用一个人工资的总和（经贴现）表示其总价值。

人力资本法在计算时通常会做以下考虑：a. 只计算工资收入，不计算非工资收入，因为劳动力只创造工资；b. 无工资收入者，价值取为零，包括退休者（年金收入者）、无工作者、未成年人；c. 采用税前工资；d. 工资不反映劳动力边际产量时采用影子工资；e. 严格的人力资本法还要从工资收入中减去个人的消费，早逝造成的工资丧失中还要减去医药费的节省；f. 贴现未来工资收入时，采用社会贴现率。

人力资本法计算公式如下：

$$L = p\left[\sum_{i=1}^{n}(\alpha_i St_i) + \sum_{i=1}^{n}(\beta_i St_i)\right] + \sum_{i=1}^{n}(C_i \alpha_i S) \tag{10-10}$$

式中　L——污染引起的健康损失；

　　　p——污染区人均国民收入；

　　　α_i——i 种疾病污染区高于对照区的发病率；

　　　β_i——i 种疾病污染区高于对照区的死亡率；

　　　S——污染区覆盖人口；

　　　t_i——i 种疾病人均失去的劳动时间（含护理人员的误工时间）；

　　　C_i——i 种疾病人均医疗费用。

③ Ⅱ-3 生产力损失法。也称市场价值法，用于评估环境污染和生态破坏造成的工农业等生产力的损失。该方法用环境破坏造成的产量损失乘以该产品的市场价格来表示该环境破坏的损失。粉尘对作物的影响、酸雨对作物和森林产量的影响、湖泊富营养化对渔业的影响常用生产力损失法进行评估。例如，某地区酸雨使玉米减产 10%～15%，减产量乘以当年玉米价格可以作为酸雨的农业危害损失。

④ Ⅱ-4 恢复或重置费用法。用于评估水土流失、重金属污染、土地退化等环境破坏造成的损失。用恢复被破坏的环境（或重置相似环境）的费用来表示该环境的价值。例如，水土流失的小流域治理费用为 50 万元/km^2，则水土流失这一环境影响的损失就是 50 万元/km^2。如果这种恢复或重置行为确会发生，则该费用一定小于该环境影响的价值，该费用只能作为环境影响价值的最低估计值；如果这种恢复或重置行为可能不会发生，则该费用可能大于或小于环境影响价值。

⑤ Ⅱ-5 影子工程法。用于评估水污染造成的损失、森林生态功能价值等。用复制具有相似环境功能的工程费用来表示该环境的价值，是重置费用法的特例。例如，森林具有涵养水源的生态功能，假如一片森林涵养水量为 100 万立方米，在当地建造一个 100 万立方米

库容水库的费用是 150 万元，则可以用 150 万元的建库费用来表示这片森林涵养水源生态功能的价值。如果这种复制行为确会发生，则该费用一定小于该生态环境的价值，只能作为该价值的最低估计值；如果这种行为可能不会发生，则该费用可能大于或小于环境价值。

⑥ Ⅱ-6 防护费用法。用于评估噪声、危险品和其他污染造成的损失。用避免某种污染的费用来表示该环境污染造成损失的价值。例如，用购买桶装纯净水作为对水污染的防护措施，由此引起的额外费用可视为水污染的损害价值。同样，购买空气净化器以防大气污染、安装隔声设施以防噪声，都可用相应的防护费用来表示环境影响的损害价值。如果这种防护行为确会发生，则该费用一定小于该损失的价值，只能作为该损失的最低估计值；如果这种行为可能不会发生，则该费用可能大于或小于损失价值。

(3) 第Ⅲ组评估方法

① Ⅲ-1 反向评估法。反向评估是根据项目的内部收益率或净现值反推出项目的环境成本不超过多少时，该项目才是可行的（数据严重不足时可考虑使用）。例如，某项目成本为 120 万元，收益为 150 万元，则环境成本不超过 30 万元时该项目才是可行的。

② Ⅲ-2 机会成本法。机会成本法是一种反向评估法，它对项目只进行财务分析，先不考虑外部环境影响，计算出该项目的净收益。例如，某水电开发计划，需要提高湖区的水位，该湖区的景观价值和野生生物栖息地价值难以估计。项目财务分析结果显示，该项目的净现值为 10000 万～15000 万元（2020 年），在项目计算期内，影响区域内平均每人每年净得收益约 600 元，这就是保护该湖区的机会成本。问题是该湖区的风景、生态及野生生物栖息地的价值，是否大到使大家放弃年人均收益 600 元的程度。这可以通过民意调查来了解："你愿意放弃每年 600 元的收入而保护该湖区的风景、生态和野生生物栖息地吗？"计算公式如下：

$$L = \sum_{i=1}^{n} S_i W_i \tag{10-11}$$

式中　L——资源损失机会成本的价值；

　　　S_i——第 i 种资源损失的单位机会成本价值；

　　　W_i——因环境质量变化（或用途变化），第 i 种资源损失的数量。

二、费用效益分析

费用效益分析是环境影响经济评价中的另一个重要评价方法，它从全社会的角度评价项目、规划或政策对整个社会的净贡献。它是对项目可行性研究报告中财务分析的扩展和补充，是在财务分析的基础上考虑项目的外部费用（环境成本等），并对项目中涉及的税收、补贴、利息和价格等的性质重新界定和处理后，评价项目、规划或政策的可行性。

1. 费用效益分析与财务分析的差别

费用效益分析和财务分析的差异主要体现在以下几个方面：

(1) 分析的角度不同　财务分析是从厂商（以营利为目的的生产商品或提供劳务的经济单位）的角度出发，分析某一项目的营利能力。费用效益分析则是从全社会的角度出发，分析某项目对整个国民经济净贡献的大小。

(2) 使用的价格不同　财务分析中使用的价格是预期的现实中要发生的价格，而费用效益分析中所使用的价格则是反映整个社会资源供给与需求状况的均衡价格。

(3) 对项目外部影响的处理不同　财务分析只考虑厂商自身对某一项目方案的直接支出

和收入，而费用效益分析除了考虑这些直接收支外，还要考虑该项目引起的间接的、未发生实际支付的费用和效益，如环境成本和环境效益。

（4）对税收、补贴等项目的处理不同 在费用效益分析中，补贴和税收不列入企业的收支项目中。

2. 费用效益分析的步骤

费用效益分析主要包括以下两个步骤：

第一步，基于财务分析中的现金流量表（财务现金流量表）编制用于费用效益分析的现金流量表（经济现金流量表）。实际上是根据费用效益分析和财务分析的差别来调整财务现金流量表，使之成为经济现金流量表。通常要把估算出的环境成本（环境损害、外部费用）计入现金流出项，并把估算出的环境效益计入现金流入项，表10-9是经济现金流量表的一般结构。

表10-9 经济现金流量表一般结构   单位：万元

编号	项目	建设期			投产期		生产期					合计
		1	2	3	4	5	6	…	9	…	24	25	
（一）	现金流入												
	1. 销售收入				50	60	80	…	80	…	80	80	
	2. 回收固定资产残值												20
	3. 回收流动资金												20
	4. 项目外部效益				8	8	8	…	8	…	8	8	
	流入合计				58	68	88	…	88	…	88	128	
（二）	现金流出												
	1. 固定资产投资	7	20	5									
	2. 流动资金				10	10							
	3. 经营成本				20	20	20	…	20	…	20	20	
	4. 土地费用	1	1	1	1	1	1	…	1	…	1	1	
	5. 项目外部费用	10	10	10	10	10	10	…	10	…	10	10	
	流出合计	18	31	16	41	41	31	…	31	…	31	31	
（三）	净现金流量	-18	-31	-16	17	27	57	…	57	…	57	97	

注：贴现率 $r=12\%$。

第二步，计算项目可行性指标。在费用效益分析中，项目的可行性有两个重要的判定指标：经济净现值和经济内部收益率。

（1）经济净现值（ENPV） 经济净现值是反映项目对国民经济所做贡献的绝对量指标，它是用社会贴现率将项目计算期内各年净效益折算到建设起点的现值之和。当经济净现值大于零时，表示该项目的建设能为社会做出净贡献，即项目是可行的。计算公式如下：

$$\text{ENPV} = \sum_{t=1}^{n}\left[(\text{CI}-\text{CO})_t(1+r)^{-t}\right] \tag{10-12}$$

式中 CI——现金流入量；

CO——现金流出量；

$(\text{CI}-\text{CO})_t$——第 t 年的净现金流量；

n——项目计算期（寿命期）；
t——时间；
r——贴现率。

(2) 经济内部收益率（EIRR） 经济内部收益率是反映项目对国民经济贡献的相对量指标，它是使项目计算期内的经济净现值等于零时的贴现率。当项目的经济内部收益率大于行业基准内部收益率（国家公布的各行业的基准内部收益率）时，表明该项目是可行的。计算公式如下：

$$\sum_{t=i}^{n} [(CI-CO)_t (1+EIRR)^{-t}] = 0 \tag{10-13}$$

贴现率是将发生于不同时间的费用或效益折算成同一时间点上（现在）可以比较的费用或效益的折算比率，又称折现率。之所以要贴现，是因为现在的资金比一年以后等量的资金更有价值。项目的费用发生在近期，效益发生在若干年后的将来，为使费用与效益能够比较，必须把费用和效益贴现到基准年。计算公式如下：

$$PV = \frac{FV}{(1+r)^t} \tag{10-14}$$

式中　PV——现值；
　　　FV——未来值；
　　　r——贴现率；
　　　t——项目期第 t 年。

假设贴现率 $r=10\%$，则 10 年后的 100 元只相当于现在的 38.5 元，60 年后的 100 元只相当于现在的 0.33 元。选择较高贴现率时，未来的环境效益对现在来说就变小了，未来环境成本的重要性也下降了，对未来环境造成长期破坏的项目就容易通过可行性分析，对未来环境起到长期保护作用的项目就不易通过可行性分析，因此高贴现率不利于环境保护。但是，高贴现率对环境保护的作用是两面的，因为高贴现率会限制投资总量。任何投资项目都会消耗资源、扰动或破坏环境，降低投资总量会在一定程度上有利于资源环境的保护。

理论上，合理的贴现率取决于人们的时间偏好率和资本的机会收益率。进行项目费用效益分析时只能使用一个贴现率，为考察环境影响对贴现率的敏感性，可在敏感性分析中选取不同的贴现率进行分析。

3. 敏感性分析

敏感性分析是通过分析和预测一个或多个不确定性因素变化所导致的项目可行性指标的变化幅度，判断该因素变化对项目可行性的影响程度。在项目评价中是指改变某一指标或参数的大小，分析这一改变对项目可行性（ENPV、EIRR）的影响。

财务分析中用于进行敏感性分析的指标或参数主要有生产成本、产品价格、税费豁免等。费用效益分析中，考察项目对环境影响的敏感性时可以考虑分析的指标或参数有：①贴现率（例如 10%、8%、5%）；②环境影响的价值（上限、下限）；③市场边界（受影响人群的规模大小）；④环境影响持续的时间（超出项目计算期时）；⑤环境计划执行情况（好、坏）。

例如，在进行费用效益分析时，用 10% 的贴现率计算出项目的一组可行性指标，再分别用8%、5%的贴现率计算该项目的可行性指标,通过比较不同贴现率下项目的经济净现值和经济内部收益率是否存在很大变化,判断项目的可行性对贴现率的选择是否很敏感。有时,当环境计划执行得好时,计算出项目的可行性指标很高(因为环境影响小,环境成本低);当环境计划执行得不好时,项目的可行性指标变得很低(因为环境影响大,环境成本高),甚至经济净现值小于零,使得项目变得不可行。这些评价信息对于帮助项目决策和管理非常重要。

三、环境影响经济损益分析的步骤

理论上,环境影响的经济损益分析包括以下四个步骤:①筛选环境影响;②量化环境影响;③评估环境影响的货币化价值;④将货币化的环境影响价值纳入项目的经济分析。在实际分析中有些步骤可以合并操作。

1. 环境影响的筛选

由于不是所有环境影响都需要进行经济评价,因此需要筛选环境影响。一般从以下四个方面来筛选环境影响:

筛选1(S1):影响是否是内部的或已被控制?

环境影响的经济评价只考虑项目的外部影响,即未被纳入项目财务核算的影响。内部影响将被排除,内部环境影响是已被纳入项目财务核算的影响。环境影响的经济评价也只考虑项目未被控制的影响。按项目设计已被环境保护措施解决的影响也将被排除,因为计算已被控制的环境影响的价值是毫无意义的。

筛选2(S2):影响是否是小的或不重要的?

项目造成的环境影响通常是多方面的,其中小的、轻微的环境影响将不再被量化和货币化。损益分析部分只关注大的、重要的环境影响。环境影响的大小轻重,需要评价者做出判断。

筛选3(S3):影响是否不确定或过于敏感?

有些影响可能是比较大的,但这些环境影响本身是否发生存在很大的不确定性,或人们对该影响的认识存在较大分歧,这样的影响将被排除。另外,对有些环境影响的评估可能涉及政治、军事禁区,这些影响也不做进一步经济评价。

筛选(S4):影响能否被量化和货币化?

由于认识上的限制、时间限制、数据限制、评估技术上的限制或者预算限制,有些大的环境影响难以量化,有的环境影响难以货币化,这些影响将被筛选出去,不再对其进行经济评价。例如,破坏一片森林引起当地社区在文化、心理或精神上的损失很可能是巨大的,但因为太难以量化,所以不对此进行经济评价。

经过筛选过程后,全部环境影响将被分成三大类:第一类环境影响是被剔除、不再做任何评价分析的影响,如内部的环境影响、小的环境影响以及能被控制的影响等;第二类环境影响是需要做定性说明的影响,如那些大的但可能很不确定的影响、显著但难以量化的影响等;第三类环境影响是那些需要并且能够量化和货币化的影响。

2. 环境影响的量化

环境影响的量化应该在环评的前面阶段已经完成,但是环境影响的已有量化方式不一定适合进行下一步的价值评估,如对健康的影响可能被量化为健康风险水平的变化,而不是死亡率、发病率的变化。很多情况下,环评报告前面部分只给出项目排放污染物的数量或浓度，而不是这些污染物对受体影响的大小。例如，利用剂量-反应关系将污染物的排放量或浓度与其对受体产生的影响联系起来。根据魏复盛（2001）的研究，中国城市大气 PM_{10} 质量浓度每升高 $10\mu g/m^3$，支气管炎患病率在儿童中升高 0.93%，在成人中升高 0.51%；感冒时咳嗽的发生率在儿童中升高 1.19%，在成人中升高 0.48%。

3. 环境影响的价值评估

价值评估是对量化的环境影响进行货币化的过程，这是经济损益分析中最为关键的一步，也是环境影响经济评价的核心。环境价值的评估方法详见前面介绍。

4. 将环境影响货币化价值纳入项目经济分析

环境影响经济评价的最后一步是将环境影响的货币化价值纳入项目的整体经济分析（费用效益分析）中去，以判断项目的这些环境影响将在多大程度上影响项目、规划或政策的可行性。此时需要对项目进行费用效益分析（经济分析），关键是将估算出的环境影响价值（环境成本或环境效益）纳入经济现金流量表。

计算出项目的经济净现值和经济内部收益率后，可以做出以下判断：将环境影响的价值纳入项目经济分析后计算出的净现值和内部收益率，是否显著改变了项目可行性报告中财务分析得出的项目评价指标，以及在多大程度上改变了原有的可行性评价指标；将环境成本纳入项目的经济分析后，是否使项目变得不可行了。以此判断项目的环境影响在多大程度上影响了项目的可行性。

在费用效益分析之后通常需要开展敏感性分析，分析项目的可行性对项目环境计划执行情况、环境成本变动幅度、贴现率选择等的敏感性。

第三节　环境管理与环境监测

建设项目的环境管理和环境监测是建设项目环境保护及污染防控的重要内容，通过有效的环境管理与监测，使项目防治污染设施的建设和运行得以落实及监控，是建设项目依法公开环境信息的基础。环境影响评价文件应按照建设项目建设期、生产运行期、服务期满后等不同阶段，根据建设项目的特点，针对不同工况、环境影响途径和环境风险特征，提出环境管理要求。在建设项目污染物排放清单中的各类污染物应有具体的管理要求，需提出环境信息公开的内容要求。环境影响评价文件提出的日常环境管理制度要求，应明确各项环境保护设施的建设、运行及维护保障计划。环境监测计划应包括污染源监测计划和环境质量监测计划。

一、建设项目环境管理

建设项目施工期、营运期环境管理要求见表 10-10。

表 10-10　建设项目不同阶段环境管理内容

阶段	环境管理内容
施工期	• 建设单位应按环境保护基本要求建立施工期环境管理相关规定,预防施工期土石方堆存、施工废水、施工噪声等对周围环境的破坏,监督临时用地的及时恢复。 • 施工单位应针对项目所在地区的环境特点及周围保护目标的情况,制定相应的措施,确保施工作业对周围敏感目标的影响降至最低。 • 建设单位应监督施工期环境保护设施的建设情况,可按照相关要求,结合建设项目的工程特点,确定环境监理模式,对环保工程质量严格把关

续表

阶段	环境管理内容
营运期	企业应建立环境管理机构,负责营运期的环境保护工作。环境管理机构主要职责如下: • 认真贯彻国家有关环保法规、规范,健全各项规章制度; • 监督环保设施运行状况,监督企业各污染物排放口的排放状况; • 建立企业环境保护档案; • 加强环境监测仪器、设备的维护保养,确保企业的环境监测工作正常进行; • 参加本企业环境事件的调查、处理、协调工作

二、环境监测

建设项目环境监测应包括对污染源废气、废水等排放的监测,分为污染源自动监测和手动监测。根据《污染源自动监控管理办法》,新建、改建、扩建和技术改造项目应建设、安装自动监控设备及其配套设施,作为环境保护设施的组成部分,与主体工程同时设计、同时施工、同时投入使用。环境监测计划应包括污染源监测计划和环境质量监测计划,内容包括监测因子、监测网点布设、监测频次、监测数据采集与处理、采样分析方法等,明确自行监测计划内容。各环境要素监测计划详见表 10-11。

表 10-11 建设项目环境监测计划

环境要素	监测计划
地表水	• 按建设项目建设期、生产运行期、服务期满后等不同阶段,针对不同工况、不同地表水环境影响的特点,根据《排污单位自行监测技术指南 总则》(HJ 819—2017)、《水污染物排放总量监测技术规范》(HJ/T 92—2002)、相应的污染源源强核算技术指南和自行监测技术指南,提出水污染源的监测计划。 • 提出地表水环境质量监测计划,包括监测断面或点位位置(经纬度)、监测因子、监测频次、监测数据采集与处理、分析方法等。明确自行监测计划内容,提出应向社会公开的信息内容。 • 监测因子应与评价因子相协调。地表水环境质量监测断面或点位设置需与水环境现状监测、水环境影响预测的断面或点位相协调,并应强化其代表性、合理性。 • 建设项目排放口应根据污染物排放特点、相关规定设置监测系统,排放口附近有重要水环境功能区或水功能区及特殊用水需求时,应对排放口下游控制断面进行定期监测。 • 对下泄流量有泄放要求的建设项目,应在闸坝下游设置生态流量监测系统
地下水	• 建立地下水环境监测管理体系,包括制定地下水环境影响跟踪监测计划、建立地下水环境影响跟踪监测制度、配备先进的监测仪器和设备,以便及时发现问题,采取措施。 • 跟踪监测计划应根据环境水文地质条件和建设项目特点设置跟踪监测点,跟踪监测点应明确与建设项目的位置关系,给出点位、坐标、井深、井结构、监测层位、监测因子、监测频率等相关参数。 • 跟踪监测点的数量要求:①一、二级评价的建设项目,一般不少于 3 个,应至少在建设项目场地上、下游各布设 1 个;②一级评价的建设项目,应在建设项目总图布置基础之上,结合预测评价结果和应急响应时间要求,在重点污染风险源处增设监测点;③三级评价的建设项目,一般不少于 1 个,应至少在建设项目场地下游布置 1 个。 • 明确跟踪监测点的基本功能,如背景值监测点、地下水环境影响跟踪监测点、污染扩散监测点等,必要时明确跟踪监测点兼具的污染控制功能。根据环境管理对监测工作的需要,提出有关监测机构、人员和装备的建议。 • 制定地下水环境跟踪监测与信息公开计划。落实跟踪监测报告编制的责任主体,明确地下水环境跟踪监测报告的内容,一般应包括:①建设项目所在场地及其影响区地下水环境跟踪监测数据,排放污染物的种类、数量、浓度;②生产设备、管廊或管线、贮存与运输装置、污染物贮存与处理装置、事故应急装置等设施的运行状况、跑冒滴漏记录、维护记录。 • 信息公开计划应至少包括建设项目特征因子的地下水环境监测值
大气	• 基本要求:一级评价项目按《排污单位自行监测技术指南 总则》(HJ 819—2017)的要求,提出项目在生产运行阶段的污染源监测计划和环境质量监测计划;二级评价项目按 HJ 819—2017 的要求,提出项目在生产运行阶段的污染源监测计划;三级评价项目可参照 HJ 819—2017 的要求,并适当简化环境监测计划。

续表

环境要素	监测计划
大气	• 污染源监测计划：①按照《排污单位自行监测技术指南 总则》（HJ 819—2017）、《排污许可证申请与核发技术规范 总则》（HJ 942—2018）、各行业排污单位自行监测技术指南及排污许可证申请与核发技术规范执行；②污染源监测计划应明确监测点位、监测指标、监测频次、执行排放标准，相关格式要求详见《环境影响评价技术导则 大气环境》（HJ 2.2—2018）附录。 • 环境质量监测计划：①筛选项目排放污染物 P_i≥1%的其他污染物作为环境质量监测因子；②环境质量监测点位一般在项目厂界或大气环境防护距离（如有）外侧设置1~2个监测点；③各监测因子的环境质量每年至少监测一次；④新建10km及以上的城市快速路、主干路等城市道路项目，应在道路沿线设置至少1个路边交通自动连续监测点，监测项目包括道路交通源排放的基本污染物；⑤环境质量监测采样方法、监测分析方法、监测质量保证与质量控制措施等应符合所执行的环境质量标准、HJ 819、HJ 942的相关要求；⑥环境空气质量监测计划包括监测点位、监测指标、监测频次、执行环境质量标准等，相关格式要求参见 HJ 2.2 附录；⑦信息报告和信息公开，按照 HJ 819相关要求执行
噪声	• 一级、二级评价项目应根据项目噪声影响特点和声环境保护目标特点，提出项目在生产运行阶段的厂界（场界、边界）噪声监测计划和代表性声环境保护目标监测计划。 • 监测计划可根据噪声源特点、相关环境保护管理要求制定，可以选择自动监测或者人工监测。 • 监测计划中应明确监测点位置、监测因子、执行标准及其限值、监测频次、监测分析方法、质量保证与质量控制措施、经费估算及来源等
土壤	• 土壤环境跟踪监测措施包括制定跟踪监测计划、建立跟踪监测制度，以便及时发现问题，采取措施。 • 土壤环境跟踪监测计划应明确监测点位、监测指标、监测频次以及执行标准等，具体包括：①监测点位应布设在重点影响区和土壤环境敏感目标附近；②监测指标应选择建设项目的特征因子；③评价工作等级为一级的建设项目一般每3年内开展1次监测工作，二级的每5年内开展1次，三级的必要时可开展跟踪监测；④生态影响型建设项目跟踪监测应尽量在农作物收割后开展；⑤执行标准应与评价标准一致。 • 监测计划应包括向社会公开的信息内容
危险废物	• 按照危险废物相关导则、标准、技术规范等要求，严格落实危险废物环境管理与监测制度，对项目危险废物收集、贮存、运输、利用、处置各环节提出全过程环境监管要求。 • 列入《国家危险废物名录》附《危险废物豁免管理清单》中的危险废物，在所列的豁免环节，且满足相应豁免条件时，可以按照豁免内容的规定实行豁免管理。 • 对冶金、石化和化工行业中有重大环境风险，建设地点敏感，且持续排放重金属或者持久性有机污染物的建设项目，提出开展环境影响后评价要求，并将后评价作为其改扩建、技改环评管理的依据
生态	• 结合项目规模、生态影响特点及所在区域的生态敏感性，针对性地提出全生命周期、长期跟踪或常规的生态监测计划，提出必要的科技支撑方案。大中型水利水电项目、采掘类项目、新建100km以上的高速公路及铁路项目、大型海上机场项目等应开展全生命周期生态监测；新建50~100km的高速公路及铁路项目、新建码头项目、高等级航道项目、围填海项目以及占用或穿（跨）越生态敏感区的其他项目应开展长期跟踪生态监测（包括施工期并延续至正式投运后5~10年），其他项目可根据情况开展常规生态监测。 • 生态监测计划应明确监测因子、方法、频次、点位等。开展全生命周期和长期跟踪生态监测的项目，其监测点位以代表性为原则，在生态敏感区可适当增加调查密度、频次。 • 施工期重点监测施工活动干扰下生态保护目标的受影响状况，如植物群落变化、重要物种的活动、分布变化、生境质量变化等，运行期重点监测对生态保护目标的实际影响、生态保护对策措施的有效性以及生态修复效果等。有条件或有必要的，可开展生物多样性监测

第四节 总量控制与排污许可制度

一、污染物排放总量控制

根据国家对污染物排放总量控制指标的要求，在核算污染物排放量的基础上提出项目污染物总量控制建议指标,是建设项目环境影响评价的任务之一,污染物总量控制建议指标应包括国家规定的指标和项目的特征污染物。项目的特征污染物是指国家规定的污染物排放总量控制指标中未包括但又是项目排放的主要污染物,如电解铝、磷化工排放的氟化物,氯碱化工排放的氯气、氯化氢等。这些污染物虽然不属于国家规定的污染物排放总量控制指标,但由于其对环境影响较大,又是项目排放的特有污染物,因此必须作为项目的污染物排放总量控制指标。

在环境影响评价中提出的项目污染物总量控制建议指标必须满足以下要求。

① 符合达标排放的要求,排放不达标的污染物不能作为总量控制建议指标。

② 符合相关环保要求,符合比总量控制更严的环境保护要求(如特殊控制的区域与河段)。

③ 技术上可行,通过技术改造可以实现达标排放。

二、排污许可制度

排污许可制度是依法规范企事业单位排污行为的基础性环境管理制度,是企事业单位向生态环境主管部门提出申请,生态环境主管部门经审查后核发污染物许可排放限值的凭证,据此监管企事业单位按许可证排污情况的制度。

环境影响评价制度是建设项目的环境准入门槛,排污许可制是企事业单位生产运营期排污的法律依据。二者在污染物排放上进行衔接,可以实现从污染预防到污染治理和排放控制的全过程监管。在时间节点上,新建污染源必须在产生实际排污行为之前申领排污许可证;在内容要求上,环境影响评价审批文件中与污染物排放相关的内容应纳入排污许可证;在环境监管上,对需要开展环境影响后评价的排污单位,排污许可证执行情况应作为环境影响后评价的主要依据。二者的衔接主要体现在以下几个方面。

① 《建设项目环境影响评价分类管理名录》与《固定污染源排污许可分类管理名录》的衔接,按照建设项目对环境的影响程度、污染物产生量和排放量,实行统一分类管理。纳入排污许可管理的建设项目,可能造成重大环境影响、应当编制环境影响报告书的,原则上实行排污许可重点管理;可能造成轻度环境影响、应当编制环境影响报告表的,原则上实行排污许可简化管理。

② 环境影响评价审批部门做好建设项目环境影响报告书(表)的审查,结合排污许可证申请与核发技术规范,核定建设项目的产排污环节、污染物种类及污染防治设施和措施等基本信息;依据国家或地方污染物排放标准、环境质量标准和总量控制要求等管理规定,按照污染源源强核算技术指南、环境影响评价要素导则等技术文件,严格核定排放口数量、位置以及每个排放口的污染物种类、允许排放浓度和允许排放量、排放方式、排放去向、自行监测计划等与污染物排放相关的主要内容。

③ 分期建设的项目,环境影响报告书(表)以及审批文件应当列明分期建设内容,明确分期实施后排放口数量、位置以及每个排放口的污染物种类、允许排放浓度和允许排放量、排放方式、排放去向、自行监测计划等与污染物排放相关的主要内容,建设单位应据此分期申请排污许可证。分期实施项目的允许排放量之和不得大于建设项目总的允许排放量。

④ 改扩建项目的环境影响评价,应当将排污许可证执行情况作为现有工程回顾评价的主要依据。现有工程应按照相关法律、法规、规章关于排污许可实施范围和步骤的规定,按时申请并获取排污许可证,并在申报改扩建项目环境影响报告书(表)时,依法提交相关排污许可证执行报告。

⑤ 建设项目发生实际排污行为之前，排污单位应当按照国家环境保护相关法律法规以及排污许可证申请与核发技术规范要求申请排污许可证，不得无证排污或不按证排污。2015年1月1日（含）后获得批准的建设项目，其环境影响报告书（表）以及审批文件中与污染物排放相关的主要内容应当纳入排污许可证。建设项目无证排污或不按证排污的，建设单位不得出具该项目验收合格的意见，验收报告中与污染物排放相关的主要内容应当纳入该项目验收完成当年排污许可证执行年报。排污许可证执行报告、台账记录以及自行监测执行情况等应作为开展建设项目环境影响后评价的重要依据。

⑥ 建设项目的环境影响报告书（表）经批准后，建设项目的性质、规模、地点，采用的生产工艺或者防治污染、防止生态破坏的措施发生重大变动的，建设单位应当依法重新报批环境影响评价文件，并在申请排污许可证时提交重新报批的环评批复（文号）。发生变动但不属于重大变动情形的建设项目，2015年1月1日（含）后获得批准的环境影响报告书（表），排污许可证核发部门按照污染物排放标准、总量控制要求、环境影响报告书（表）以及审批文件从严核发，其他建设项目由排污许可证核发部门按照排污许可证申请与核发技术规范要求核发。

⑦ 建设项目涉及"上大压小""区域（总量）替代"等措施的，环境影响评价审批部门应当审查总量指标来源，依法依规应当取得排污许可证的被替代或关停企业，须明确其排污许可证编码及污染物替代量。排污许可证核发部门应按照环境影响报告书（表）审批文件要求，变更或注销被替代或关停企业的排污许可证。应当取得排污许可证但未取得的企业，不予计算其污染物替代量。

环境影响评价与排污许可制的衔接详见表10-12。

表10-12 环境影响评价与排污许可制的衔接

环评文件所处阶段		衔接内容
环评文件受理阶段		审查环评文件中是否明确排污许可制度相关要求，环评文件中没有明确排污许可制度相关要求的，技术评估机构不予受理
技术评估阶段	项目产排污情况	在环评技术评估中，审查依据为： • 国家或地方污染物排放标准、环境质量标准和总量控制要求等管理规定； • 污染源源强核算技术指南、环境影响评价技术导则等技术文件要求； • 国家发布的行业排污许可证申请与核发技术规范。 审查同行业项目环评文件中的产排污情况，具体包含： • 产排污环节、污染物种类、允许排放浓度和允许排放量、排放口数量和位置、排放方式、排放去向等相关内容； • 是否符合污染源源强核算技术指南的要求； • 是否符合该行业排污许可证申请与核发技术规范的要求，若不符合，则要求说明原因并进行修改完善
	污染防治措施的有效性	根据《排污许可管理办法（试行）》判定污染防治措施可行性，具体为： • 该污染防治措施是否属于可行技术； • 是否有符合规范的监测数据； • 对于国内首次采用的污染治理技术，需提供工程试验数据，说明该污染治理措施的处理效率和达标排放情况
	改扩建项目	改扩建项目分析评估内容为： • 原有项目环评手续执行履行情况、产排污情况； • 原有项目存在的环保问题及"以新带老"措施； • 将原有项目排污许可证执行情况作为现有工程回顾评价的主要依据，并提供相关附件

续表

环评文件所处阶段		衔接内容
技术评估阶段	企业自行监测	《排污许可管理办法(试行)》明确提出,企业应开展自行监测,在技术评估中要对此进行审核。具体技术评估要求如下: • 针对颁布了行业自行监测指南的,环评应明确按照行业指南说明自行监测要求; • 针对未颁布行业自行监测指南的,环评应提出按照技术规范明确自行监测要求; • 自行监测因子应涵盖给定许可排放限值的所有因子,覆盖所有排放口、有组织和无组织排放
评估意见阶段	环评文件技术评估意见	• 环评文件技术评估意见要体现排污许可制度的相关要求,特别是对规范产排污环节、排放口数量和位置、排放方式等相关要求,以及污染物总量控制和企业自行监测的相关要求; • 提出企业在生产运行过程要严格执行排污许可制的要求

三、污染物排放总量控制与排污许可制度的衔接

污染物排放总量控制制度是排污许可制度落实许可排放量与实际排放量的重要抓手,总量指标是许可的核心内容和许可条件的具体体现。作为落实企事业单位排放总量控制和改善区域流域环境质量的载体,排污许可证应对污染源的主要污染物排放总量进行许可和核查。

基于排污许可制度的区域总量控制要建立基于环境容量的区域减排总量确定方法,并结合流域上下游、相邻区域间的环境质量提升的需求,结合当地经济社会发展,运用空气质量模式、污染物来源解析、污染传输规律、费用效益分析等方法,差别化确定各区域、流域不同污染物减排总量。

排污许可制度对污染物排放总量控制的要求主要体现在以下几个方面:

① 改变单纯以行政区域为单元分解污染物排放总量指标的方式和总量减排核算考核办法。通过实施排污许可制,落实企事业单位污染物排放总量控制要求,逐步实现由行政区域污染物排放总量控制向企事业单位污染物排放总量控制转变,控制的范围逐渐统一到固定污染源,将总量控制的责任回归到企事业单位,并将企事业单位总量控制上升为法定义务。

② 总量控制指标是排污许可制度许可排放量分配方法中的一种。排污许可证载明的许可排放量即为企业污染物排放的上限值,是企业污染物排放的总量指标。

③ 某一区域内所有排污单位许可排放量之和就是该区域固定污染源总量控制指标,总量削减计划即对许可排放量的削减,排污单位年实际排放量与上一年度的差值即为年度实际排放变化量。

④ 环境质量不达标地区,可以通过提高排放标准或严格许可排放量等措施,对企事业单位实施更为严格的污染物排放总量控制,推动改善区域环境质量。

第五节 公众参与

公众参与是环境影响评价的重要组成部分,公众参与环境保护是维护和实现公民环境权益、加强生态文明建设的重要途径。根据《中华人民共和国环境保护法》,建设项目的建设单位或规划编制单位应当在编制环境影响报告书时向可能受影响的公众说明情况,

充分征求意见。通过公众参与建立的沟通渠道，可以做到尊重和保障公众的环境知情权、参与权、表达权和监督权，积极构建全民参与环境保护的社会行动体系，推动环境质量的改善。

一、公众参与的基本要求

1. 公众参与范围

从《中华人民共和国环境保护法》中的规定可以看出，公众参与的范围是"可能受影响的公众"。公众参与调查范围应该不小于建设项目环境影响评价的评价范围。根据《中华人民共和国环境保护法》、《环境影响评价公众参与办法》（生态环境部部令 第4号）等，建设项目环境信息公开和公众参与的责任主体是建设单位。专项规划编制机关应当在规划草案报送审批前，举行论证会、听证会，或者采取其他形式征求有关单位、专家和公众对环境影响报告书草案的意见。专项规划编制机关和建设单位可以委托环境影响报告书编制单位或者其他单位承担环境影响评价公众参与的具体工作。

建设项目环境影响评价公众参与相关信息应当依法公开，涉及国家秘密、商业秘密、个人隐私的，依法不得公开。法律法规另有规定的，从其规定。生态环境主管部门公开建设项目环境影响评价公众参与相关信息，不得危及国家安全、公共安全、经济安全和社会稳定。

2. 公众参与流程

建设项目环境影响评价公众参与基本流程见图10-3。

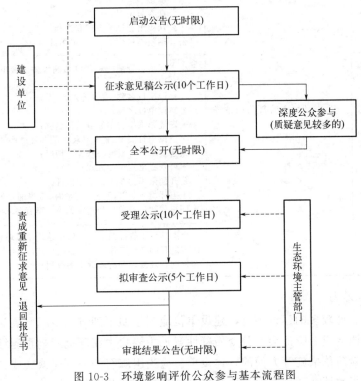

图10-3 环境影响评价公众参与基本流程图

3. 公众参与公开时间、方式与内容

环境影响评价公众参与各阶段应公开的方式和内容见表10-13。

表 10-13　公众参与公开时间、方式和内容

责任单位	公开时间	公开方式	公开内容
建设单位	启动公告	建设单位应当通过下列三种方式同步公开相关内容： • 通过网络平台公开，且持续公开期限不得少于 10 个工作日。 • 通过建设项目所在地公众易于接触的报纸公开，且在征求意见的 10 个工作日内公开信息不得少于 2 次。 • 通过在建设项目所在地公众易于知悉的场所张贴公告的方式公开，且持续公开期限不得少于 10 个工作日。鼓励建设单位通过广播、电视、微信、微博及其他新媒体等多种形式发布公开信息	建设单位在确定环境影响报告书编制单位后 7 个工作日内，应向公众公开以下内容： • 建设项目名称、选址选线、建设内容等基本情况，改建、扩建、迁建项目应当说明现有工程及其环境保护情况； • 建设单位名称和联系方式； • 环境影响报告书编制单位的名称； • 公众意见表的网络链接； • 提交公众意见表的方式和途径
	征求意见稿公示		建设单位在建设项目环境影响报告书征求意见稿形成后，应向公众公开以下内容： • 环境影响报告书征求意见稿全文的网络链接及查阅纸质报告书的方式和途径； • 征求意见的公众范围； • 公众意见表的网络链接； • 公众提出意见的方式和途径； • 公众提出意见的起止时间。 建设单位征求公众意见的期限不得少于 10 个工作日
	拟报批前公示	网络平台	建设单位向生态环境主管部门报批环境影响报告书前，应向公众公开拟报批的环境影响报告书全文和公众参与说明
生态环境主管部门	受理报告书后公示	生态环境主管部门网站或者其他方式	生态环境主管部门受理建设项目环境影响报告书后，应向社会公开以下内容： • 环境影响报告书全文； • 公众参与说明； • 公众提出意见的方式和途径。 公开期限不得少于 10 个工作日
	审批决定前公示		生态环境主管部门对环境影响报告书做出审批决定，应向社会公开以下内容： • 建设项目名称、建设地点； • 建设单位名称； • 环境影响报告书编制单位名称； • 建设项目概况、主要环境影响和环境保护对策与措施； • 建设单位开展的公众参与情况； • 公众提出意见的方式和途径。 公开期限不得少于 5 个工作日。 生态环境主管部门公开信息时，应当通过其网站或者其他方式同步告知建设单位和利害关系人享有要求听证的权利
	审批决定后公示		生态环境主管部门应当自做出建设项目环境影响报告书审批决定之日起 7 个工作日内，向社会公告审批决定全文，并依法告知提起行政复议和行政诉讼的权利与期限

4. 深度公众参与

对公众质疑意见较多的建设项目，建设单位应当按照下列方式组织开展深度公众参与。

（1）公众座谈会或者听证会　公众质疑性意见主要集中在环境影响预测结论、环境保护措施或者环境风险防范措施等方面的，建设单位应当组织召开公众座谈会或者听证会。座谈会或者听证会应当邀请在环境方面可能受建设项目影响的公众代表参加。

① 公众质疑性意见主要集中在环境影响评价相关专业技术方法、导则、理论等方面的，建设单位应当组织召开专家论证会。专家论证会应当邀请相关领域专家参加，并邀请在环境

方面可能受建设项目影响的公众代表列席。

② 建设单位决定组织召开公众座谈会、专家论证会 10 个工作日前向社会公告，5 个工作日前通知拟邀请的相关专家，并书面通知被选定的代表；会议结束后 5 个工作日内，公开会议纪要和专家论证结论。建设单位组织召开听证会的，可以参考环境保护行政许可听证的有关规定执行。

③ 建设单位可以根据实际需要，向建设项目所在地县级以上地方人民政府报告，并由县级以上地方人民政府加强对公众参与的协调指导。县级以上生态环境主管部门应当在同级人民政府指导下配合做好相关工作。

(2) 公众意见的提交　公众可以通过信函、传真、电子邮件或者建设单位提供的其他方式，在规定时间内将填写的公众意见表等提交给建设单位，反映建设项目影响有关的意见和建议。

(3) 公众意见处置与反馈　建设单位应当对收到的公众意见进行整理，组织环境影响报告书编制单位或者其他有能力的单位进行专业分析后提出采纳或者不采纳的建议。

建设单位应当综合考虑建设项目情况、环境影响报告书编制单位或者其他有能力的单位的建议、技术经济可行性等因素，采纳与建设项目环境影响有关的合理意见，并组织环境影响报告书编制单位根据采纳的意见修改完善环境影响报告书。对未采纳的意见，建设单位应当说明理由。未采纳的意见由提供有效联系方式的公众提出的，建设单位应当通过该联系方式，向其说明未采纳的理由。

(4) 特殊项目有关规定　针对产业园区内的建设项目及核设施建设项目，相关要求见表 10-14。

表 10-14　特殊项目环境影响评价公众参与要求

项目类型	公众参与要求
产业园区内建设项目	若该产业园区已依法开展了规划环境影响评价公众参与，且该建设项目性质、规模等符合经生态环境主管部门组织审查通过的规划环境影响报告书和审查意见，建设单位可以简化公众参与流程，具体内容如下： • 启动公告和征求意见稿信息公开可以一并进行； • 公开期限可以减为 5 个工作日； • 可以免予采用张贴公告的方式公开
核设施建设项目	• 堆芯热功率 300MW 以上的反应堆设施和商用乏燃料后处理厂的建设项目的建设单位应当听取该设施或者后处理厂半径 15km 范围内公民、法人和其他组织的意见。 • 其他核设施和铀矿冶设施的建设单位应当根据环境影响评价的具体情况，在一定范围内听取公民、法人和其他组织的意见。 • 大型核动力厂建设项目的建设单位应当协调相关省级人民政府项目建设公众沟通方案，以指导与公众的沟通工作

(5) 其他注意事项　对公众提交的相关个人信息，建设单位不得用于环境影响评价工作参与之外的用途，未经个人信息相关权利人允许不得公开。法律法规另有规定的除外。

建设单位应当将环境影响报告书编制过程中公众参与的相关原始资料存档备查。

二、建设项目环境影响评价公众参与说明

建设单位向生态环境主管部门报批环境影响报告书前，应当组织编写建设项目环境影响评价公众参与说明。报批环境影响报告书时，应当附具公众参与说明，明确公众参与的过

程、范围和内容，公众意见收集整理和归纳分析情况，以及公众意见采纳情况，或者未采纳情况、理由及向公众反馈的情况等。公众参与说明各部分内容见表 10-15。

表 10-15　公众参与说明各部分内容

类别		主要内容
概述		建设单位组织的建设项目环境影响评价公众参与整体情况概述
首次环境影响评价信息公开情况	公开内容及日期	说明公开主要内容及日期，分析是否符合《环境影响评价公众参与办法》要求(确定环境影响报告书编制单位日期一般以委托函或合同载明日期为准)
	公开方式	网络:载体选取符合性分析,网络公示时间、网址及截图。 其他:如同时还采用了其他方式,予以说明
	公众意见情况	公众提出意见情况,包括数量、形式等
征求意见稿公示情况	公示内容及时限	说明公示主要内容及时限,分析是否符合《环境影响评价公众参与办法》要求(征求意见稿应是主要内容基本完成的环境影响报告书)
	公示方式	网络:载体选取的符合性分析,网络公示时间、网址及截图等。 报纸:载体选取的符合性分析,报纸名称、日期及照片。 张贴:张贴区域选取的符合性分析,张贴的时间、地点及照片。 其他:如同时还采用了其他方式,予以说明
	查阅情况	说明查阅场所设置情况、查阅情况
	公众提出意见情况	公众在征求意见期间提出意见情况,包括数量、形式等
其他公众参与情况	公众座谈会、听证会、专家论证会等情况	采用公众座谈会方式开展深度公众参与,说明公众代表选取原则和过程,会上相关情况等,附座谈会纪要; 采用听证会方式开展深度公众参与,说明听证会筹备及召开情况,附听证笔录; 采用专家论证会方式开展深度公众参与,说明专家选取原则和过程,列席论证会的公众选取原则和过程,会上相关情况等,附专家论证意见
	其他公众参与情况	如采取了请地方人民政府加强协调指导等其他方式的公众参与,说明相关情况
	宣传科普情况	若采取了科普宣传措施,说明相关情况
公众意见处理情况	公众意见概述和分析	说明收到意见的数量、形式,分类列出公众意见等(与项目环评无关的意见或者诉求不纳入)
	公众意见采纳情况	说明对公众环境影响相关意见的采纳情况,并说明在环境影响报告书中的对应内容
	公众意见未采纳情况	详细阐述公众意见的未采纳情况,说明理由,并说明反馈情况
报批前公开情况	公开内容及日期	说明公开主要内容及日期,分析是否符合《环境影响评价公众参与办法》要求(此次公开的应是未包含国家秘密、商业秘密、个人隐私等依法不应公开内容的拟报批环境影响报告书全本)
	公开方式	网络:载体选取符合性分析,网络公示时间、网址及截图。 其他:如同时还采用了其他方式,予以说明
其他		存档备查情况及其他需要说明的内容

续表

类别	主要内容
诚信承诺	我单位已按照《环境影响评价公众参与办法》要求,在××项目环境影响报告书编制阶段开展了公众参与工作,在环境影响报告书中充分采纳了公众提出的与环境影响相关的合理意见,对未采纳的意见按要求进行了说明,并按照要求编制了公众参与说明。 我单位承诺,本次提交的《××项目环境影响评价公众参与说明》内容客观、真实,未包含依法不得公开的国家秘密、商业秘密、个人隐私。如存在弄虚作假、隐瞒欺骗等情况及由此导致的一切后果由××(建设单位名称或单位负责人姓名)承担全部责任。 承诺单位:(单位名称及公章,无公章的由单位负责人签字) 承诺时间:××××年××月××日
附件	其他需要提交的附件(公众提交的公众意见表不纳入附件,但应存档备查)

注:根据《环境影响评价公众参与办法》规定,公众参与说明需要公开,因此建设单位在编制公众参与说明时,应不包含依法不得公开的国家秘密、商业秘密、个人隐私等内容;在报批前公开公众参与说明时,由于报批前公开环节尚未开始,故不包括以上内容;向生态环境主管部门报送公众参与说明时,应包含以上内容。

思考题

1. 查阅相关资料,分析建设项目环境影响评价与"三同时"制度、环境监理、排污许可制度、竣工环境保护验收、环境影响后评价之间的关系。

2. 讨论如何识别判定拟建项目是否涉及危险废物,并分析危险废物污染防治的主要措施。

3. 查阅相关资料,讨论分析污染影响型和生态影响型建设项目施工期环境管理的重点,以及监测计划的主要差异。

4. 讨论分析如何将"三线一单"管控要求融入规划环境影响评价。

小测验

第三篇 环境影响报告编制

引言

环境影响评价涉及的专业理论知识多、知识面广，实践性和工程性强。在学习环境影响评价的工作流程、工作内容和技术方法、典型案例基础上，通过环境影响报告编制训练，应具备独立编制建设项目环境影响报告表、环境影响报告书主要评价专题的基本能力。

通过环境影响评价案例学习，牢记全面加强生态环境保护、生态保护红线、全国生态环境保护纲要、污染防治行动计划、蓝天保卫战、挥发性有机物污染防治、农业农村污染治理攻坚战、涉重金属行业污染防控、减污降碳协同控制等国家环境政策，并能灵活应用到环境影响报告编制中。不同项目的环境影响差异很大，特别是编制环境影响报告书的建设项目或规划，其环境影响具有复杂性。通过分组环境影响报告编制，学会独立思考和团队协作，养成良好的科学精神和科学态度，提高综合运用所学知识解决多要素环境影响、交叉环境影响等复杂问题的工程实践能力。此外，环境影响报告内容涉及国家秘密的，应严格按照国家涉密管理有关规定处理。

环境影响评价应当是一个综合性的评价，应综合考虑规划或建设项目对各种环境因素及其所构成的生态系统可能造成的影响，综合考虑正面影响和负面影响，科学衡量利弊得失，为相关部门的决策提供科学依据。

导读

环境影响报告是环境影响评价程序和内容的书面表现形式，是环境影响评价的重要技术文件。经生态环境主管部门审查或批复的环境影响报告，是规划报批或建设项目建设、竣工环境保护验收的重要依据。对于规划环境影响评价，国务院有关部门、设区的市级以上地方人民政府及其有关部门，对其组织编制的综合性规划（土地利用的有关规划和区域、流域、海域的建设、开发利用规划）和专项规划（工业、农业、畜牧业、林业、能源、水利、交通、城市建设、旅游、自然资源开发的有关规划），应当在规划编制过程中对其进行环境影响评价，综合性规划和专项规划中的指导性规划应编写环境影响篇章或者说明，专项规划应编制环境影响报告书；对于建设项目环境影响评价，建设单位应当按照《建设项目环境影响评价分类管理名录》的规定，分别组织编制建设项目环境影响报告书（对产生的环境影响进行全面评价）或环境影响报告表（对产生的环境影响进行分析或者专项评价），或填报环境影响登记表（对环境影响很小，不需要开展具体环境影响评价）。此外，已经开展了环境影响评价的规划包含具体建设项目的，规划的环境影响评价结论应当作为建设项目环境影响评价的重要依据，建设项目环境影响评价的内容应当根据规划的环境影响评价审查意见予以简化。

本篇共分为两章，主要介绍环境影响报告编制要求和环境影响评价案例。第十一章介绍环境影响评价文件类型、格式与主要内容，以及建设项目环境影响报告表、建设项目环境影响报告书、规划环境影响报告书和规划环境影响篇章（或说明）编制要求；第十二章重点针对环境影响报告书，筛选典型案例，介绍污染影响型和生态影响型建设项目环境影响报告书、规划环境影响报告书编制。通过本篇学习，重点掌握建设项目和规划环境影响报告书的格式与主要内容，以及报告编制要求。

第十一章

环境影响报告编制概述

引言

根据建设项目或规划类型，准确识别其环境影响报告编制类型。根据建设项目或规划特点、环境特征、评价等级、国家和地方环境保护要求，环境影响报告的基本内容应根据评价内容与深度进行选择，同时还应根据国家或地方新的环境保护要求适当调整或增加评价专题。环境现状调查应反映环境特征，主要环境问题应阐述清楚，影响预测方法应科学，预测结果应可信，环境保护措施应可行、有效，评价结论应明确。环境影响报告结构应完整、合理，文本应简洁、准确、规范，数据资料应翔实、可信，图表信息应满足环境质量现状评价和环境影响预测评价的要求。

导读

根据评价对象的不同，环境影响评价文件包括规划环境影响评价文件（规划环境影响篇章或说明、规划环境影响报告书）和建设项目环境影响评价文件（建设项目环境影响报告书、报告表、登记表），不同类型的环境影响评价文件，其格式和内容、编制要求存在较大差异。本章主要介绍环境影响评价文件类型、格式和具体内容，以及环境影响报告编制要求。

第一节 环境影响评价文件类型与内容

一、环境影响评价文件类型

建设项目环境影响评价文件主要包括建设项目环境影响报告书、建设项目环境影响报告表和建设项目环境影响登记表。

规划环境影响评价文件主要包括规划环境影响报告书和规划环境影响篇章或说明。

二、环境影响报告主要内容

1. 建设项目环境影响报告主要内容

建设项目环境影响报告书一般包括总则、建设项目工程分析、环境现状调查与评价、环境影响预测与评价、环境保护措施及其可行性论证、环境影响经济损益分析、环境管理与监测计划、评价结论等内容。

建设项目环境影响报告表具有固定文本格式。污染影响类建设项目环境影响报告表一般包括：建设项目基本情况；建设项目工程分析；区域环境质量现状、环境保护目标及评价标准；主要环境影响和保护措施；环境保护措施监督检查清单；结论。生态影响类建设项目环境影响报告表一般包括：建设项目基本情况；建设内容；生态环境现状、保护目标及评价标准；生态环境影响分析；主要生态环境保护措施；生态环境保护措施监督检查清单；结论。

建设项目环境影响登记表填报参见《建设项目环境影响登记表备案系统用户手册》（可在各地区备案系统登录页面下载）。

二维码 11-1　建设项目环境影响报告书主要内容

二维码 11-2　污染影响类建设项目环境影响报告表格式与内容

二维码 11-3　生态影响类建设项目环境影响报告表格式与内容

2. 规划环境影响报告主要内容

规划环境影响报告书一般包括总则、规划分析、现状调查与评价、环境影响识别与评价指标体系构建、环境影响预测与评价、规划方案综合论证和优化调整建议、环境影响减缓对策和措施、规划所包含建设项目环评要求、环境影响跟踪评价计划、公众参与、评价结论等内容。

规划环境影响篇章或说明一般包括环境影响分析依据、现状调查与评价、环境影响预测与评价、环境影响减缓措施等内容。

二维码 11-4　规划环境影响报告书主要内容

二维码 11-5　规划环境影响篇章或说明主要内容

第二节　环境影响报告编制要求

一、建设项目环境影响报告编制要求

1. **建设项目环境影响报告编制一般要求**

建设项目环境影响报告书、建设项目环境影响报告表编制要求详见二维码。

2. **污染影响型建设项目环境影响报告编制要求与工作重点**

针对污染影响型建设项目，以及汽车制造、水泥制造、制药、钢铁等建设项目的环境影响报告编制要求与工作重点详见二维码。

3. **生态影响型建设项目环境影响报告编制要求与工作重点**

针对生态影响型建设项目，以及机场、城市轨道交通、航道、港口、铁路、煤炭采选、水利（河湖整治与防洪除涝工程、引调水工程、灌区工程）等建设项目的环境影响报告编制要求与工作重点详见二维码。

二维码11-6　建设项目环境影响报告编制一般要求

二维码11-7　污染影响型建设项目环境影响报告编制要求与工作重点

二维码11-8　生态影响型建设项目环境影响报告编制要求与工作重点

二、规划环境影响报告编制要求

规划环境影响报告包括规划环境影响报告书和规划环境影响篇章（或说明），报告应图文并茂、数据翔实、论据充分、结构完整、重点突出、结论和建议明确。

1. **规划环境影响报告书编制要求**

规划环境影响报告书编制要求详见表11-1，基础图件要求见表11-2，评价图件要求见表11-3。

表11-1　规划环境影响报告书编制要求

内容	具体要求
总则	概述任务由来，明确评价依据、评价目的与原则、评价范围、评价重点、执行的环境标准、评价流程等
规划分析	介绍规划不同阶段目标、发展规模、布局、结构、建设时序，以及规划包含的具体建设项目的建设计划等可能对生态环境造成影响的规划内容；给出规划与法规政策、上层位规划、区域"三线一单"管控要求、同层位规划在环境目标、生态保护、资源利用等方面的符合性和协调性分析结论，重点明确规划之间的冲突与矛盾
现状调查与评价	通过调查评价区域资源利用状况、环境质量现状、生态状况及生态功能等，说明评价区域内的环境敏感区、重点生态功能区的分布情况及其保护要求，分析区域水资源、土地资源、能源等

续表

内容		具体要求
现状调查与评价		各类自然资源现状利用水平和变化趋势，评价区域环境质量达标情况和演变趋势，区域生态系统结构与功能状况和演变趋势，明确区域主要生态环境问题、资源利用和保护问题及成因。对已开发区域进行环境影响回顾性分析，说明区域生态环境问题与上一轮规划实施的关系。明确提出规划实施的资源、生态、环境制约因素
环境影响识别与评价指标体系构建		识别规划实施可能影响的资源、生态、环境要素及其范围和程度，确定不同规划时段的环境目标，建立评价指标体系，给出评价指标值
环境影响预测与评价		设置多种预测情景，估算不同情景下规划实施对各类支撑性资源的需求量和主要污染物的产生量、排放量，以及主要生态因子的变化量。预测与评价不同情景下规划实施对生态系统结构和功能、环境质量、环境敏感区的影响范围与程度，明确规划实施后能否满足环境目标的要求。根据不同类型规划及其环境影响特点，开展人群健康风险分析、环境风险预测与评价。评价区域资源与环境对规划实施的承载能力
规划方案综合论证和优化调整建议		根据规划环境目标可达性论证规划的目标、规模、布局、结构等规划内容的环境合理性，以及规划实施的环境效益。介绍规划环评与规划编制互动情况。明确规划方案的优化调整建议，并给出调整后的规划布局、结构、规模、建设时序
环境影响减缓对策和措施		给出减缓不良生态环境影响的环境保护方案和管控要求
规划所包含建设项目环评要求		如规划方案中包含具体的建设项目，应给出重大建设项目环境影响评价的重点内容要求和简化建议
环境影响跟踪评价计划		说明拟定的跟踪监测与评价计划
公众参与		说明公众意见、会商意见回复和采纳情况
评价结论		归纳总结评价工作成果，明确规划方案的环境合理性，以及优化调整建议和调整后的规划方案
图件要求	一般要求	规划环境影响评价文件中图件一般包括规划概述相关图件，环境现状和区域规划相关图件，现状评价、环境影响评价、规划优化调整、环境管控、跟踪评价计划等成果图件。成果图件应包含地理信息、数据信息，依法需要保密的除外
	工作基础底图	• 采用法定基础地理信息数据作为工作基础底图，精度与规划尺度和精度相匹配。底图要素包括行政区划、地形地貌、河流水系、道路交通、城区与乡村居民点、土地利用与土地覆盖等。 • 数据规格为：平面基准采用 2000 国家大地坐标系（CGCS2000），高程基准采用 1985 国家高程基准；深度基准采用理论深度基准面；投影方式一般采用高斯-克吕格投影，分带方式采用 3°分带或 6°分带，坐标单位为"米"，保留 2 位小数，涉及跨带的研究范围，应采用同一投影带。 • 工作基础底图数据的平面与高程精度应不低于所采用的数据源精度。依据影像补充采集或修正的数据采集精度应控制在 5 个像素以内
	基础图件	环境影响评价文件中包含的基础图件主要包括规划数据图件、环境现状和区域规划数据图件，图件具体要求见表 11-2
	评价图件	环境影响评价文件中包含的评价图件主要包括现状评价成果图件、环境影响评价成果图件、规划优化调整成果图件、环境管控成果图件和跟踪评价计划成果图件，图件具体要求见表 11-3。成果数据应与工作基础底图采用统一的地理信息数据格式，按要素类型可将相关数据按不同图层存储

表 11-2 基础图件要求

图件名称		图件和属性数据要求	图件类型
规划数据	规划范围图	规划范围(面积)	面状矢量图
	规划布局图	规划空间布局,各分区范围(面积);规划不同时期线路走向(针对轨道交通等线性规划)	面状矢量图或线状矢量图
	规划区土地利用规划图	规划范围内各地块规划用地类型(用地类型名称、面积)	面状矢量图
环境现状和区域规划数据	生态保护红线分布图	评价范围内各生态保护红线区范围(红线区名称、面积)	面状矢量图
	环境管控单元图	评价范围内大气、水、土壤等环境管控单元图(管控单元名称、面积)	面状矢量图
	全国/省级主体功能区规划图	评价范围内全国/省级主体功能区范围(主体功能区类型名称)	
	全国/省级生态功能区划图	评价范围内全国/省级生态功能区范围(生态功能区类型名称)	
	城市声环境功能区划图	评价范围内声环境功能区范围(功能区类型和保护目标)	
	城市水环境功能区划图	评价范围内水环境功能区范围(功能区类型和保护目标)	
	土地利用现状和规划图	规划所在市(县)土地利用现状和规划(用地类型)	
	城市总体规划图	规划所在市(县)城市总体规划(各功能分区名称)	
	环境质量(水、大气、噪声、土壤)点位图	评价范围内环境质量(水、大气、噪声、土壤)监测点位置(监测点经纬度、监测时间、监测数据、达标情况)	
	主要污染源(水、大气、土壤)分布图	评价范围内水、大气、土壤主要污染源位置(污染物种类、排放量、达标情况)	
	其他环境敏感区分布图	评价范围内自然保护区、风景名胜区、森林公园等除生态保护红线外其他环境敏感区范围(名称、级别、面积、主要保护对象和保护要求)	
	珍稀、濒危野生动植物分布图	评价范围内珍稀、濒危野生动植物分布位置(名称、保护级别)	

表 11-3 评价图件要求

图件名称		图件和属性数据要求	图件类型
现状评价成果	规划布局与生态保护红线区位置关系图	规划功能分区或具体建设项目与生态保护红线区位置关系(最小直线距离或重叠范围和面积)	
	规划布局与除生态保护红线外其他环境敏感区位置关系图	规划功能分区或具体建设项目与除生态保护红线外其他环境敏感区位置关系(最小直线距离或重叠范围和面积)	

续表

图件名称		图件和属性数据要求	图件类型
现状评价成果	规划区与全国/省级主体功能区叠图	规划区所处主体功能区位置(功能区名称)	
	规划区与全国/省级生态功能区叠图	规划区所处生态功能区位置(功能区名称)	
	环境质量评价结果图	评价范围内各环境功能区达标情况	
	生态系统演变评价结果图	评价范围内生态系统演变情况,如土地利用变化情况、水土流失变化情况等(评价时段、变化范围和面积等)	
	环境质量变化评价结果图	评价范围内环境质量变化情况(评价时段、各环境功能区环境质量变好或恶化)	
环境影响评价成果	水环境影响评价结果图	规划实施后水环境影响范围和程度(各规划期水环境影响范围、面积或长度,规划实施后各环境功能区达标情况)	
	大气环境影响评价结果图	规划实施后大气环境影响范围和程度(各规划期大气环境影响范围、面积,规划实施后各环境功能区达标情况)	
	土壤环境影响评价结果图	规划实施后土壤环境影响范围和程度(各规划期土壤环境影响范围、面积)	
	噪声环境影响评价结果图	规划实施后噪声环境影响范围和程度(各规划期噪声环境影响范围、面积,规划实施后各环境功能区达标情况)	
规划优化调整成果	规划布局优化调整成果图	规划布局调整前后对比(边界变化情况、面积变化情况)	面状矢量图
	规划规模优化调整成果图	规划规模调整前后对比(各规划期规模变化情况,对应规划内容建设时序调整情况)	面状矢量图
环境管控成果	环境管控成果图	规划范围内环境管控单元划分结果(各管控单元空间范围、面积、管控要求、生态环境准入清单)	面状矢量图
跟踪评价计划成果	监测点位布局图	跟踪监测方案提出的大气、水、土壤、生态等跟踪监测点位分布情况(位置、监测频率、监测内容)	点状矢量图

2. 规划环境影响篇章（或说明）编制要求

规划环境影响篇章（或说明）编制要求详见表11-4。

表11-4　规划环境影响篇章（或说明）编制要求

内容	要求
环境影响分析依据	重点明确与规划相关的法律法规、政策、规划和环境目标、标准
现状调查与评价	• 通过调查评价区域资源利用状况、环境质量现状、生态状况及生态功能等,分析区域水资源、土地资源、能源等各类资源现状利用水平,评价区域环境质量达标情况和演变趋势,区域生态系统结构与功能状况和演变趋势等,明确区域主要生态环境问题、资源利用和保护问题及成因。 • 明确提出规划实施的资源、生态、环境制约因素

续表

内容	要求
环境影响预测与评价	• 分析规划与相关法律法规、政策、上层位规划和同层位规划在环境目标、生态保护、资源利用等方面的符合性和协调性。 • 预测与评价规划实施对生态系统结构和功能、环境质量、环境敏感区的影响范围与程度；根据规划类型及其环境影响特点，开展环境风险预测与评价。 • 评价区域资源与环境对规划实施的承载能力，以及环境目标的可达性。 • 给出规划方案的环境合理性论证结果
环境影响减缓措施	• 给出减缓不良生态环境影响的环境保护方案和环境管控要求。 • 针对主要环境影响提出跟踪监测和评价计划
图表	根据评价需要附必要的图、表

思考题

1.1999 年，国家环境保护总局印发了《关于公布〈建设项目环境影响报告表（试行）〉和〈建设项目环境影响登记表（试行）〉内容及格式的通知》（环发〔1999〕178 号）。2020 年，为深化建设项目环境影响评价"放管服"改革，优化和规范环境影响报告表编制，提高环境影响评价制度有效性，生态环境部修订了《建设项目环境影响报告表》内容及格式，配套制定了《建设项目环境影响报告表编制技术指南（污染影响类）（试行）》和《建设项目环境影响报告表编制技术指南（生态影响类）（试行）》，请分析说明新制定的建设项目环境影响报告表编制技术指南做了哪些主要调整。

2.在建设项目环境影响报告表编制中，分析说明建设项目是否应设置专项评价，以及专项评价编制的总体要求。

3.以汽车制造和城市轨道交通建设项目为例，讨论分析二者在环境影响报告编制重点和要求上的主要差异。

4.查阅相关资料，讨论建设项目环境影响评价中工程分析与规划环境影响评价中规划分析的主要差异。

小测验

第十二章 环境影响报告案例

引言

案例学习是将理论知识与实际工作相结合的最好途径,通过分析具有一定挑战性和高阶性的环境影响评价案例,将知识、能力、素质有机融合,可以培养解决项目或规划多要素环境影响、交叉环境影响问题的综合能力和思维。环境影响报告编制是一项复杂的系统工程,同时面临日益严峻的社会考验,无论是环境影响报告的工程分析、环境影响预测与评价,还是其他内容,都可能出现干扰或者颠覆评价结论的偏差。通过实践训练,能够将环境影响评价最新政策、法规、标准、技术方法应用到工程实践中,能够及时在实践中发现问题并解决问题,不断提高环境影响报告编制水平。

导读

环境影响报告包括建设项目环境影响报告和规划环境影响报告,本章重点针对环境影响报告书,辅以具体案例,介绍污染影响型建设项目环境影响报告书、生态影响型建设项目环境影响报告书、规划环境影响报告书。要求通过环境影响评价案例学习,掌握相关技术方法在报告编制中的实际应用。

第一节 污染影响型建设项目环境影响报告书

以某煤制烯烃项目为例介绍污染影响型建设项目环境影响报告书,该项目环境影响报告书主要内容见表12-1。

表 12-1　某煤制烯烃项目环境影响报告书

组成部分			具体内容
项目概况	项目名称		某煤制烯烃项目
	项目性质		改扩建项目
	建设规模及产品方案		改扩建年产 70 万吨级聚烯烃
	建设地点		某省工业园区
	建设期		建设期 4 年
	年运行时间		8000h
	项目总投资		约 1715081 万元
	生产制度与定员		企业的行政管理人员、高级生产管理人员和后勤人员按白班考虑,根据生产特点和生产运行的要求,生产部门按五班三运转编制
	生产定员		700 人,全部为新增员工
	项目组成	主体工程	空分装置(含空压站)、煤制甲醇装置(包括气化、变换、低温甲醇洗、冷冻站、硫回收、甲醇合成装置)、甲醇制烯烃装置、烯烃分离装置、MTBE(甲基叔丁基醚)/丁烯-1 装置、C_4/C_{5+} 综合利用装置、聚乙烯和聚丙烯装置等
		公用工程及辅助设施	本项目公用工程和辅助设施尽可能充分依托现有工程。新建 4 座循环水厂,1 座化学水处理站;设置 3 个火炬系统,高架火炬即高、低压富氢火炬系统,低压及低低压重烃火炬系统,酸性气火炬系统。高、低压富氢火炬,低压及低低压重烃火炬,酸性气火炬 3 个火炬按捆绑式火炬设计,布置在 1 个火炬塔架上,按固定式火炬设计,全厂火炬高度为 150m。其他公用及辅助设施根据本项目进行适应性配套改造或扩建
		环保工程	废气处理、废水处理(生化处理、回用水装置和分盐蒸发结晶装置)、事故池、废水缓冲池等;废碱液焚烧炉、厂外渣场和危险废物暂存库;噪声防治设施等
		储运工程	卸储煤、全厂罐区及装卸栈台、仓库、管廊、厂内铁路等工程适应性配套改扩建
		厂外渣场	—
环境影响评价工作等级	地表水环境		根据《环境影响评价技术导则 地表水环境》(HJ 2.3—2018),本项目地表水环境评价等级为三级 B
	地下水环境		依据《环境影响评价技术导则 地下水环境》(HJ 610—2016),本项目厂区地下水环境影响评价等级为一级,渣场评价等级为二级,地下水环境敏感程度均为"较敏感"
	土壤环境		按照《环境影响评价技术导则 土壤环境(试行)》(HJ 964—2018),本项目厂区土壤环境评价等级为一级,渣场评价等级为二级
	声环境		根据《环境影响评价技术导则 声环境》(HJ 2.4—2021),本项目声环境评价等级为三级
	生态环境		根据《环境影响评价技术导则 生态影响》(HJ 19—2022),本项目生态环境影响评价等级为三级
现有工程存在的环保问题	废气		废碱液焚烧炉尾气烟尘排放浓度不能满足《危险废物焚烧污染控制标准》(GB 18484—2001)排放限值 80mg/m³ 的要求,硫回收尾气 SO_2 排放浓度不能满足《石油炼制工业污染物排放标准》(GB 31570—2015)特别排放限值 100mg/m³ 的要求,低温甲醇洗尾气洗涤塔甲醇排放浓度不能满足《石油化学工业污染物排放标准》(GB 31571—2015)排放限值 50mg/m³ 的要求。热电厂尾气烟尘、NO_x 和 SO_2 不能满足超低排放 10mg/m³、50mg/m³ 和 35mg/m³ 要求
	废水		企业外排水中 COD 的外排浓度不能满足《城镇污水处理厂污染物排放标准》(GB 18918—2002)一级 A 排放标准(包括特别限值)
	地下水		由于区域工业发展某钢铁企业尾矿库及地质原因,评价区部分潜水及承压水监测井地下水中总硬度、溶解性总固体、氯化物、硫酸盐、氨氮、亚硝酸盐氮、高锰酸盐指数、氟化物、铁、石油类、锰均存在超标现象,其他监测井的水质指标可达到《地下水质量标准》(GB/T 14848—2017)中Ⅲ类标准的要求。工厂在运行初期存在着生产运行不稳定、污染防治设施处置不当等情况,导致厂区存在部分场地地下水中氨氮浓度高于厂区周边本底值

续表

组成部分		具体内容			
来源		废气	废水	固体废物	噪声
工程分析	施工期	• 扬尘：厂区场地平整土石方工程会造成土壤松动，在外力作用下易产生扬尘；土石方、建筑材料的装卸过程与运输过程，以及施工机械往来过程产生道路扬尘；施工场地地表裸露，起风后产生二次扬尘。 • 作业机械废气：施工机械设备，排放污染物主要有 CO、NO_x、VOCs。 • 焊接烟尘：焊接过程中将有一部分焊接烟气产生，焊接烟气成分大致分为尘粒和烟气两类，其中烟气成分主要为 CO、CO_2、O_3、NO_x、CH_4 等。 • 刷漆等过程溶剂使用：装置设备安装刷漆及防腐等过程需使用溶剂类涂料，在使用过程中会向周围环境空气逸散挥发性有机物	• 生活废水：施工人员生活产生的废水。其中主要污染物为 COD 300mg/L、BOD_5 200mg/L、氨氮 15mg/L，依托现有工程的生活污水管网排入现有工程污水处理厂处理。 • 施工废水：施工期废水主要有混凝土的养护废水、管道清洗试压废水，其中混凝土养护废水用水量较小，经沉淀后回用	• 工程弃土：施工带清理会产生少量的施工工程弃土，作为场地平整填土进行综合利用。 • 泥浆沉淀池底部淤泥：施工场地泥浆沉淀池将收集的废水经沉淀处理后，底部的淤泥经自然风干后，可作为场地平整用土进行综合利用。 • 施工垃圾：项目施工过程产生的施工垃圾主要是废包装物、边角料、焊头等金属类废物，不属于有毒、有害类物质，集中收集后进行回收利用。废油漆、防腐涂料桶属于危险废物，需外委有资质的单位进行处置，不得随意堆放	在场地平整、设备运输、设备安装、设备及管道焊接、敷设等施工过程中，因使用各种机械设备和车辆而产生噪声污染，其排放强度根据装卸、运输的车辆和工具的型号不同有所不同，一般约 85～110dB(A)，具有间断性和暂时性
	主体工程	• 煤制甲醇装置排放的蒸发热水塔酸性气、变换汽提气冷凝器不凝气、低温甲醇洗尾气洗涤塔尾气、放空筒烟道气、稳定塔回流罐不凝气等废气中含有 H_2S、COS、CO_2、NH_3、CO、颗粒物、CH_3OH、VOCs。 • MTBE/丁烯-1 装置脱轻塔及脱异丁烷塔排放气、催化蒸馏上塔回流罐不凝气等废气中含有 C_3、H_2、C_4、CH_3OH。 • MTO（甲醇制烯烃）装置再生烟气及无组织排放废气中含有 NO_x、VOCs、颗粒物。 • 烯烃分离装置乙烯精馏塔、脱甲烷塔顶中含有 CH_4、H_2 等可燃组分，干燥器再生 N_2 尾气中含有 VOCs、N_2。	• 煤制甲醇装置气化灰水、变换冷凝液、甲醇/水分离塔废水、含盐废水、锅炉排污水等中含有 TDS（溶解性总固体）、SS（悬浮物）、NH_3-N、氰化物、COD、甲醇、磷酸盐等无机盐。 • MTBE/丁烯-1 装置甲醇萃取塔塔底废水中含有 CH_3OH。 • MTO 装置急冷塔塔底急冷水、水洗塔塔底水中含有油类、SS，汽提塔塔底净化水中含有 COD、BOD_5、SS、油等。 • 烯烃分离装置压缩机级间吸入罐凝液、水洗塔废水中含有 VOCs、二甲醚、醛、酮。 • C_4/C_5+综合利用装置 OCP 再生器废水、OCP 碳四裂解反应器锅炉排污水中含有磷酸盐等无机盐。 • 聚乙烯装置、聚丙烯装置造粒水箱排水中含有 SS	• 煤制甲醇装置中温变换炉废催化剂、合成塔废催化剂、反应器废催化剂、原料精制单元废催化剂、RCO（催化氧化系统）废催化剂等中含有 Al_2O_3、Co、Mo、氧化钴、氧化钼、Cu、Zn 等。 • MTBE/丁烯-1 装置废选择加氢催化剂、废加氢催化剂保护剂、废捆包催化剂填料等中含有钯、氧化铝、硅铝化合物等。 • MTO 装置产生废催化剂。 • 烯烃分离装置废碱液中含有 COD、BOD_5、NaOH、TDS、酚、苯，废反应气干燥器干燥剂、废丙烯产品保护床保护剂含有分子筛	磨煤机、压缩机、风机、泵类产生的噪声

续表

组成部分		具体内容			
工程分析	主体工程	• C_4/C_{5+}综合利用装置OCP(烯烃裂解)再生废气、OCP进料加热炉烟气中含有CO、VOCs、NO_x、颗粒物。 • 聚乙烯装置、聚丙烯装置添加剂加料系统废气、粒料干燥排气等废气中含有颗粒物、VOCs		• C_4/C_{5+}综合利用装置OCP碳四裂解反应器废催化剂、SHP(选择性加氢)加氢反应器废催化剂等中含有硅酸铝、钯、硅、氧化铝。 • 聚乙烯装置、聚丙烯装置原料精制床、压缩机/挤压机废润滑油等中含有废催化剂、废油等	
	公用及辅助设施	• RCO(催化氧化系统)废气中含有颗粒物、VOCs。 • 废碱焚烧烟气中含有NO_x、CO、HF、HCl等。 • 无组织排放废气中含有H_2S、NH_3、VOCs	• 生活及化验污水中含有COD、NH_3-N、SS、油类。 • 全厂地面冲洗水中含有COD、NH_3-N、油类。 • 化学水站超滤反洗排水中含有COD、SS。 • 化学水处理站排水中含有SS、TDS。 • 循环水厂排污水中含有COD、石油类、氨氮。 • 初期污染雨水中含有COD、BOD_5、SS	• 轻污染高浓盐水结晶混盐、清净高浓盐水结晶混盐。 • 空分吸附剂分子筛、RCO废催化剂中Pt等。 • 废活性炭。 • 化学软化沉淀污泥	鼓风机、泵类、压缩机产生的噪声
	储运工程	• 碎煤系统废气、转运站废气、两聚包装料仓排放气中含有颗粒物。 • 汽车装卸站VOCs尾气排放气、MTO甲醇罐区VOCs尾气中含有VOCs。 • 罐区无组织排放中含有VOCs、CH_3OH	• 罐区地面冲洗水中含有TDS、石油类。 • 汽车装卸设施地面冲洗水、输煤地面冲洗及除尘喷雾水中含有TDS。 • 聚烯烃包装库地面冲洗水中含有SS	—	鼓风机、泵类、压缩机产生的噪声
环境质量现状评价	环境空气	项目所在区域可吸入颗粒物年平均浓度103μg/m³,细颗粒物年平均浓度42μg/m³,二者年平均浓度均超标,环境空气质量不达标			
	水环境 地表水环境	河流1入河流2上游500m及河流1入河流2下游5000m断面的各项监测因子均能达到《地表水环境质量标准》(GB 3838—2002)Ⅲ类标准。河流1入河流2下游500m断面的监测因子中总磷和总氮超过《地表水环境质量标准》(GB 3838—2002)Ⅲ类标准限值,其余各项监测因子均能达到《地表水环境质量标准》(GB 3838—2002)Ⅲ类标准			
	水环境 地下水环境	评价区部分潜水及承压水监测井地下水总硬度、溶解性总固体、氯化物、硫酸盐、氨氮、高锰酸盐指数、氟化物、铁、锰均存在普遍超标现象,其他监测井水质指标可达到《地下水质量标准》(GB/T 14848—2017)中Ⅲ类标准的要求			
	声环境	项目厂界和环境敏感点各监测点噪声监测值昼间45.6~52.7dB(A),夜间为43.0~49.6dB(A),均满足《声环境质量标准》(GB 3096—2008)中3类标准要求			
	土壤环境	在评价区域土壤中,监测点位各监测指标均低于《土壤环境质量 建设用地土壤污染风险管控标准(试行)》(GB 36600—2018)和《土壤环境质量 农用地土壤污染风险管控标准(试行)》(GB 15618—2018)风险管控标准,本地区土壤环境质量良好			

续表

组成部分		具体内容
污染物排放情况	废气	本项目二氧化硫、氮氧化物、颗粒物、挥发性有机物排放量分别为 31.04t/a、342.14t/a、101.41t/a、282.52t/a
	废水	本项目的生产废水、生活污水和污染雨水通过废水回用深度处理、膜浓缩蒸发结晶处理,实现废水不外排
	固体废物	本项目工业固体废物总产生量为 692835.68t/a,其中一般工业固体废物为 671642.9t/a,危险废物为 21192.78t/a。一般工业固体中气化粗细渣综合利用,不能综合利用的部分送渣场填埋,废分子筛、MTO 装置废催化剂、无机污泥送渣场填埋处理。危险废物主要为废催化剂、废瓷球、废吸附剂、废干燥剂、蒸发结晶过程中产生的杂盐等,有回收价值的废催化剂交由厂家回收处理,无回收价值的委托有资质的单位处理;污水处理厂产生的生化污泥送现有工程水煤浆气化炉资源化利用;烯烃分离废碱液送本项目配套建设的废碱液焚烧炉焚烧处理;C_4/C_{5+} 综合利用装置废碱液送现有工程水煤浆气化炉处理;不能资源化回收利用的杂盐暂按危险废物管理,外委有资质单位处理或处置。综上,本项目产生的工业固体废物均得到合理、有效的处理或处置,无直接外排
	噪声	本项目厂界各监测点噪声预测值均满足《工业企业厂界环境噪声排放标准》(GB 12348—2008)中的 3 类标准;敏感点噪声预测值均满足《声环境质量标准》(GB 3096—2008)中的 3 类标准;本项目对区域声环境影响很小
环境影响预测与评价	大气环境	本项目工程量大,厂区施工机械多,施工机械运行过程中会产生 CO、NO_x、烃类、扬尘、粉尘等污染物,污染范围多集中在厂址内及周边区域,施工结束后,该影响将随之消失,因此对周边大气环境产生的影响较小。本项目大气环境选用 AERMOD 模式进行预测,预测结果表明项目环境影响符合环境功能区划。现状达标污染物项目 SO_2、CO,叠加背景浓度后预测浓度值满足《环境空气质量标准》(GB 3095—2012)二级标准要求;对于只有短期浓度限值的污染物项目非甲烷总烃(NMHC)、H_2S、NH_3 和甲醇,叠加背景浓度后预测浓度值满足相应环境质量标准要求。预测将事故状态时废气通过高压富氢火炬排放作为非正常工况,非正常工况下新增污染源排放的污染物项目 SO_2、CO、H_2S 和 HCl 短期浓度贡献值在各敏感目标处均达标
	地表水环境	本工程将污水分质分类处理,采用生化、回用、浓缩和蒸发结晶的方式处理后达到产水全部回用,不外排。本工程设置浓盐水暂存池、废水暂存池和全厂事故水池,确保非正常工况、事故工况排水截留在厂区范围内,不会对地表水环境造成污染
	地下水环境	根据评价区水文、地质等特征和资料,分别建立评价区的水文地质概念模型、地下水水流数学模型和数值模型对评价区地下水环境进行预测与评价。地下水污染预测结果表明,在运营期内的正常状况下,拟建项目不会对地下水环境产生影响。在非正常状况或者事故状态下,预测污染因子在泄漏点及下游一定范围出现不同程度的超标现象。由于地下水径流缓慢,连续渗漏情景下 20 年后污染物仍存在较大面积超标,但未扩散至下游的村庄和河流,不会对村庄潜水水质和河流水质产生影响。事故一次性渗漏情景下污染物会导致潜水层在较长一段时间内超标,但最终被稀释而不再超标。从污染物垂向迁移预测结果来看,由于潜水层以下有厚层且连续稳定的黏性土,其隔水作用明显,不会对承压含水层水质造成影响。综上,项目建设不会对周边居民饮用水水源造成影响
	土壤环境	本项目厂区除了绿化用地以外,生产装置及设施区域内全部都是混凝土路面,基本没有直接裸露的土壤存在,因此,本工程发生物料泄漏时对厂内的土壤影响有限,事故后及时控制,基本不会对厂内的土壤造成严重污染。拟建工程事故泄漏物料对厂区外部的土壤污染更低,其对土壤的污染主要是由泄漏到大气环境中的事故污染物沉降到土壤中引起的。但是项目事故泄漏污染物总量不高,而且是属于短期事故,通过大气沉降对厂界外土壤造成污染的可能性很小。从土壤环境保护角度论证,本项目的建设对土壤环境的影响可接受
	声环境	预测结果表明,本项目对区域声环境影响很小。项目建成投运后,厂界各监测点噪声预测值均满足《工业企业厂界环境噪声排放标准》(GB 12348—2008)中的 3 类标准。非正常情况下,主要考虑火炬噪声的影响。采用类比调查法确定非正常工况火炬噪声源强,根据《环境影响评价技术导则 声环境》(HJ 2.4—2021)中推荐的噪声传播声级衰减计算方法及模式进行预测,结果表明,火炬在 100m 距离外,噪声贡献值可衰减至 55dB(A)以下,能满足《声环境质量标准》(GB 3096—2008)的 3 类标准夜间标准值,而本工程火炬周边的敏感点均在 700m 以外。因此,非正常工况火炬放空对周边敏感点的影响较小

续表

组成部分		具体内容
环境影响预测与评价	固体废物	项目的各类工业固体废物处理处置分别采取综合利用、填埋、生产厂家回收、次等品外售、外委有资质单位处理等几种处理/处置方式,处理或处置率达到100%。项目产生的危险废物主要有厂家回收、外委有资质单位处置、厂内处置与利用等处理/处置方式。可以回收利用的废催化剂由厂家回收处理后可以实现再利用,对环境的影响相对较小。不可回收利用的废催化剂、废瓷球、废干燥剂、废矿物油、结晶混盐等外委有相应资质的单位进行处理或处置,不直接外排。废碱液、生化污泥等在厂内进行处理、处置与利用。综上所述,本项目工业固体废物的处理和处置,符合"减量化、资源化、无害化"的原则,满足《中华人民共和国环境保护法》和《中华人民共和国固体废物污染环境防治法》的要求,对环境的影响是可接受的
	水土保持	本工程水土流失主要发生在工程建设期,水土流失的预测时段主要为施工期和自然恢复期。水土流失防治主要采用工程措施、临时措施和植物措施相结合的综合防治措施,在时间上、空间上形成一个水土保持措施体系,可以将工程建设水土保持方面对环境的影响降至最低限度
	生态环境	拟建项目位于某工业园区,从生态环境现状来看,工程所用土地为规划的工业用地,另外,为处置未综合利用的一般固废,在现有灰渣场西侧需新增约60.2839hm^{2}的灰渣场用地。从生物多样性来看,工程占地的生物多样性水平较低,工程建设对生物多样性的影响不明显

第二节　生态影响型建设项目环境影响报告书

以某水利枢纽工程为例介绍生态影响型建设项目环境影响报告书,该项目环境影响报告书主要内容见表12-2。

表12-2　某水利枢纽工程环境影响报告书

组成部分			具体内容			
项目概况	项目名称		某水利枢纽工程			
	项目性质		新建项目			
	建设规模		Ⅱ等大(2)型水库			
	施工总工期		48个月			
	项目总投资		499099万元			
	评价等级	水环境	地表水环境	地表水评价等级为一级		
			地下水环境	地下水评价等级为三级		
		生态环境	生态环境影响评价等级为一级			
		环境空气	运行期大气环境不作评价			
		土壤环境	工程区土壤环境敏感程度属于不敏感			
		环境风险	本项目环境风险评价等级为简单评价			
	环境保护目标	环境敏感区	该水利枢纽工程不涉及自然保护区、风景名胜区、湿地公园、饮用水水源保护区等环境敏感区			
		其他环境保护目标	环境要素	环境保护对象	保护要求	相对位置关系
			水环境	地表水	库区、坝下减水河段、河流主要支流、受水区退水河流等	满足地表水Ⅲ类水质目标,维护工程河段现有水域功能	库区、坝下河段及区间支流、受水区退水河流
				水温	—	—	—

续表

组成部分			具体内容			
			环境要素	环境保护对象	保护要求	相对位置关系
项目概况	环境保护目标	其他环境保护目标	水环境	生态流量	坝下水生生物及水环境	维持水生生物等河道内生态需水	—
				地下水	枢纽和输水线路工程涉及区域地下水水环境,重点关注泉点水质	枢纽和输水线路工程涉及区域地下水环境质量不因工程建设和运行而发生改变,满足Ⅲ类水质标准	工程区及周边区域
			生态环境	水生生态	受工程运行影响的省级保护鱼类暗色唇鲮,花鲭、白甲鱼等经济鱼类,金线鲃等洞穴鱼类	保护其物种资源和生境	工程影响区
				陆生生态	国家二级保护植物榉树,古树黄连木;国家二级重点保护鸟类(黑)鸢、普通鵟、黑翅鸢、雀鹰、松雀鹰及红隼6种	维护工程及周边区域生态完整性	工程淹没及施工占地区
			土壤		建设征地范围内及工程建设征地范围外2km及输水线路工程边界两侧向外延伸200m范围受影响的耕地、林地、园地等土壤环境	建设征地范围内土壤满足《土壤环境质量 建设用地土壤污染风险管控标准(试行)》(GB 36600—2018)	建设征地范围内和建设征地范围外2km
			大气、噪声		坝址施工区、交通沿线及输水线路施工区附近的居民点	大气环境质量达到《环境空气质量标准》(GB 3095—2012)中二级标准,声环境质量达到《声环境质量标准》(GB 3096—2008)中2类标准	工程施工影响范围
工程概况	地理位置	略				
	工程项目组成		工程项目		项目组成	
		水利枢纽工程	永久工程	挡水建筑物	1座混凝土面板堆石主坝	
				泄水建筑物	溢洪道	2孔5m×5.5m(宽×高)的溢流表孔
					泄洪放空洞	4.5m×5.5m(宽×高)
				取水建筑物	取水发电洞	
				发电厂房	坝后电站	
			临时工程	导流方式	一次拦断河床、隧洞导流	
				料场	土料场	规划开采量为7.1×10⁴m³
					石料场	规划开采量150.0×10⁴m³

续表

组成部分				具体内容	
工程概况	工程项目组成	水利枢纽工程	临时工程	渣场	永久弃渣场3处
				办公及生活设施	枢纽施工区设置施工生活区1处
				储运工程	中心仓库1座,占地6000m²
				施工企业	枢纽工程区设置砂石料加工厂1座、混凝土拌和系统1座、其他各类施工工厂
				场内外交通	道路共计33.5km,其中永久道路总长17.9km,临时道路总长15.6km
		输水工程	永久工程	泵站	共布置12座泵站,总装机容量35.5MW
				输水线路	输水线路水平投影总长215.60km,其中干线总长130.21km,分干线总长32.77km,支线总长为52.62km
				隧洞	隧洞总长6.23km
			临时工程	渣场	输水线路布设13处弃渣场
				办公及生活设施	输水线路共布设13个施工区
				场内交通	道路共241.1km,其中永久施工道路25.5km,临时交通215.6km
		移民安置		安置人口	规划水平年2035年安置人口为2577人
				搬迁人口	规划水平年2035年搬迁总人口为2816人
				专业项目	复建道路36.29km,改建电力线路31.8km,改建通信线路25.7km,补偿处理水文站、压覆矿产等
		环境保护工程		生态流量泄放工程	坝后生态电站
				低温水减缓措施	分层取水设施
				水生生态保护工程	栖息地保护措施、过鱼设施、1座鱼类增殖放流站等
				施工废(污)水处理工程	1座砂石料加工系统废水处理站、1座混凝土生产系统废水处理站、生活污水处理设施等
				移民安置环境保护工程	采用一体化污水处理设施进行污水处理
				其他环境保护工程	声屏障工程、安全警示牌、保护植物移栽等
	工程施工规划				本工程主要包括首部枢纽工程和输水线路工程两大部分。工程土石方开挖约868.68×10⁴m³(自然方),最终弃渣共约552.83×10⁴m³(松方)。工程拟设土料场1个、石料场1个、弃渣场3个、永久弃渣场16处。水库第四年11月初开始蓄水,按75%保证率,第五年6月中可蓄水至死水位,满足下游用水要求。工程施工总工期48个月。工程总投资499099万元,静态总投资为495974万元,其中环境保护工程投资为17091.44万元
	建设征地及移民安置规划概况				工程建设征地范围包括水库淹没影响区、枢纽工程建设区和输水线路区,其中水库淹没影响范围与枢纽工程建设区范围重叠部分按用地时序要求计入枢纽工程建设区,重叠部分涉及土地面积164.84亩。工程建设征地范围涉及7个乡镇27个行政村,工程建设征地总面积为19103.80亩,其中永久征地面积10844.90亩、临时用地面积8258.90亩

续表

组成部分		具体内容
工程分析	生态基流下泄原则	水库首先通过电站机组生态基流要求向水库下游河道下放生态用水。坝址断面生态基流丰水期6月—11月按坝址断面多年平均流量的30%下泄,即3.35m³/s;枯水期12月—3月按坝址处多年平均流量下泄,即1.67m³/s;鱼类产卵期4月—5月按2.35m³/s下泄。调蓄水库首先满足坝址下游生态基流要求
	供水灌溉调度原则	水库下放生态流量后,根据所承担供水对象不同依次供水,不同供水对象的供水次序依次为:生活和工业、农业灌溉。水库完全为了满足供水和灌溉要求设置调节库容,当水库蓄水至正常蓄水位时,满足供水灌溉后的富余水量首先用于电站机组发电,其次通过泄洪设施下放至河道;水利枢纽工程城乡生活和工业供水设计保证率为95%,农业灌溉设计保证率为90%。调蓄水库首先利用当地径流供水,然后由调蓄水库调节供水
	发电调度原则	水库设置坝后式电站,首先利用生态基流发电,水库蓄水至正常蓄水位后,满足供水和灌溉供水后水量也用于发电。电调完全服从水调,无专门发电库容,水库仅起到抬高水头的作用,在电网基荷运行
	防洪调度原则	水库不承担下游防洪任务,泄流设施为闸门控制溢洪道,水库起调水位为正常蓄水位1392m
	输水工程调度原则	水利枢纽工程以水库为水源,联合7座调蓄水库,通过12座泵站供水。输水工程按照水库及调蓄工程调度原则输水,本工程为单管输水,当发生事故或需要检修时,停止输水,利用调蓄水库、当地水源工程或事故检修备用水池供水,备用时间可达7天
	与产业政策符合性	根据《产业结构调整指导目录(2019年本)》,本工程属鼓励类中水利项目第11项水利类中"综合利用水利枢纽工程",工程建设符合国家产业政策
	相关规划的一致性和协调性分析	通过分析《水利改革发展"十三五"规划》、《全国主体功能区规划》、《全国生态功能区划》、流域综合规划、地方"十三五"规划、地方供水安全保障网规划、地方水网规划、地方水资源综合规划、地方生物多样性保护战略与行动计划,认为本工程的建设与以上相关规划保持一致与协调
	与"三线一单"的符合性分析	项目占用生态保护红线的地块进行评估调出,调出后工程不再涉及该省生态红线。经预测,工程建成后,流域水功能区水质达标率达到95%以上,满足流域环境质量底线的控制要求。流域地表水资源开发利用率仅为8.1%,至2035年流域水资源开发利用率提高至12.42%,本工程建设符合水资源利用上线的要求
	与流域规划及规划环评的符合性分析	工程位于流域一级支流某河流上游河段,河流流域治理、开发和保护的主要任务是城乡供水和农业灌溉、发电、水土保持和水资源保护等,工程建设符合某江综合规划及规划环评的相关要求
	工程设计方案环境合理性分析	在水资源配置、坝址和坝型选择、正常蓄水位选择、输水线路布置、调蓄水库选择、施工料场布置、施工渣场布置、施工场地布置、工程运行方式、移民安置规划方案合理性等方面做了多方案优化和比选,在充分考虑环境影响和效益最大化的同时,把工程对环境的影响降至最低。工程设计方案在环境保护方面是合理可行的
	影响源分析 施工期	主要表现在工程占地对地表植被、陆生动植物等生态环境的影响,工程开挖与弃渣堆放产生的水土流失问题,施工"三废一噪"对环境的影响。施工期环境影响是暂时的、局部的
	影响源分析 运行期	基本不产生污染物,但水库调水对流域水资源利用会产生影响,水库蓄水和调水对水库库区、坝下河道的水文泥沙情势、水温、水质、水生生态等将产生影响,这些环境影响将是工程环境影响评价的重点,应采取相应的环境保护措施

续表

组成部分			具体内容
环境影响预测评价	水环境影响预测评价	最小下泄生态流量分析	工程水库设计下泄流量均大于最小生态流量
		对水文情势的影响	河流水库调节运行对水文情势的影响主要集中在坝址至河流汇入河段,随着坝下最大支流某河的入汇,水文情势的不利影响可得到一定程度缓解
		水温影响预测评价	采用分层取水措施后,下泄水流的春季低温水现象将得到缓解
		水质影响预测评价	水污染防治措施落实后,在预测水平年内库区 COD、NH_3-N、TN 和 TP 在整个库区内均能满足Ⅲ类水质要求。水库蓄水后,由于库区回水区流速极小,最可能出现富营养化的月份为 4 月—6 月,其余月份出现富营养化的风险较小
		地下水影响	对地下水的影响主要是隧洞等地下工程开挖对区域地下水流场、地下水水位造成的影响,以及由此造成的对居民取用水的影响,运行期对地下水的影响主要是水库淹没 2 号暗河造成 2 号暗河水位抬升等
	生态环境影响预测评价	对陆生植物的影响	水库淹没不会导致区域物种的灭绝和种群数量的明显减少,水库蓄水将使库周地区的水分条件得到改善,有利于库周地区植被的恢复和植物的生长
		对陆生动物的影响	水库蓄水可能导致部分两栖类和爬行类动物的分布区向周围转移,部分种类的种群数量可能会下降
		对景观生态的影响	水库蓄水后,各类景观缀块(斑块)类型的优势度变化不显著,表明工程施工和运行对自然体系的景观组成没有重大影响
		对水生生物的影响	建库后坝下河流流量减少,会导致坝下河段的鱼类资源量有所降低
	声环境影响		施工噪声源主要包括各类施工机械的固定连续声源噪声、爆破等间歇式瞬时噪声、交通噪声等。预测结果表明,在未采取措施的情况下,受施工期交通运输噪声影响,附近村庄及临近道路的居民点声环境预测叠加值略有超标,昼间最大超标 2.76dB(A),夜间最大超标 1.03dB(A)
	大气环境影响		施工期大气污染物主要来自砂石料加工系统、混凝土拌和系统、开挖与爆破等产生的粉尘和交通扬尘,主要污染物为 TSP(总悬浮颗粒物)等。施工大气污染物的排放将造成施工区及施工公路沿线局部大气污染。工程区大气环境敏感点中,道路附近村庄、居民点可能受交通扬尘及施工粉尘的影响
	固体废物影响		施工期生活垃圾总产生量约 3611t,生活垃圾如不妥善处置,可能对环境产生不利影响。施工期,在生活营地附近设置垃圾收集池,并在施工生活区设置垃圾桶,清扫后的生活垃圾集中收集至垃圾桶内,垃圾桶内的垃圾由清洁人员送至垃圾收集池,再由专人定期清运至附近生活垃圾填埋场进行处理
	土壤环境影响		本项目的土壤盐化综合评分值 $S_a=0.4<1$,项目建成后周边土壤不会发生盐化现象
	人群健康影响		施工期,生活区产生的生活污水、生活垃圾若处理不当,将会对生活区及周边的环境卫生产生影响,污染水环境,同时为苍蝇、蚊虫等的大量滋生提供环境,导致传染病极易发生,施工人员的健康可能会受到影响

续表

组成部分			具体内容
环境风险分析	环境风险识别	施工期	工程油料、炸药在附近购买,现场不设置油库、炸药库
		运行期	可能发生的环境风险为库区水质污染风险
	环境风险分析	施工期	工程施工期生活污水事故排放对河流水质污染风险较小
		运行期	由于水库上游存在污染源,且库周道路可能运输危险品,因此运行期库区水质存在一定风险
	环境风险防范措施	施工期	正常工况下污废水处理装置不会发生事故排放
		运行期	对流域内的企业实施产业升级、节能降耗和清洁生产审核,淘汰落后产能,关停不符合环保政策的企业;加强污废水处理设施运行的监督和管理,保障污水处理设施正常运行;各工业企业、生活污水处理厂设置满足处理标准的事故水池,并制定突发环境事件应急预案;强化有关危险品的运输管理、运输法规教育及培训
环境监测与管理			施工期水质监测内容包括施工污废水、地表水、地下水等。运行期对库区和下游河道的地表水水质进行监测,另外在库区取水口设置水质自动监测站1处,同时还需开展环境空气、声环境、土壤环境监测
环境影响评价结论			该水利枢纽工程建设符合国家产业政策,工程建成后可有效解决典型干旱带的城乡生活和工农业生产的水资源短缺问题,促进少数民族地区的经济发展,加快脱贫致富的步伐,提高当地人民的生活水平,有利于生态环境的保护,具有明显的社会效益、经济效益和环境效益。工程建设将对区域水环境、生态环境、环境空气、声环境等方面造成一定程度的破坏和影响,但在采取相应的生态环境保护措施后,不利影响将得到有效控制。因此,从环境保护角度分析,本工程不存在重大环境制约因素,工程建设是可行的

第三节 规划环境影响报告书

以某空港高技术产业园控制性详细规划环境影响报告书为例介绍规划环境影响报告书,该规划环境影响报告书主要内容见表12-3。

表12-3 某空港高技术产业园控制性详细规划环境影响报告书

组成部分			具体内容
项目概况	项目名称		某空港高技术产业园控制性详细规划
	面积		54.907km^2
	人口规模		远期规划范围内居住人口规模约20万人
	经济发展目标		到2035年,主营业务收入突破4000亿元
	规划期限		2018—2035年
	环境功能区划和评价标准	环境功能区划	大气环境	规划区大气环境功能按二类区划分
			水环境	评价范围地表水环境功能均为Ⅲ类水域
			声环境	规划区内商业、居住、工业混杂区适用2类标准,工业区适用3类标准,道路两侧区域适用4a类标准

续表

组成部分			具体内容
项目概况	环境功能区划和评价标准	控制标准	
		大气环境	规划区内一般因子及氟化物执行《环境空气质量标准》(GB 3095—2012)中二级标准;氨、二甲苯、甲苯、硫化氢、硫酸、氯、氯化氢、总挥发性有机物(TVOC)执行《环境影响评价技术导则 大气环境》(HJ 2.2—2018)附录 D 要求,非甲烷总烃参照执行《大气污染物综合排放标准详解》要求。大气污染排放源执行《大气污染物综合排放标准》(GB 16297—1996)二级标准。区内锅炉均为天然气锅炉,锅炉废气排放执行《锅炉大气污染物排放标准》(GB 13271—2014)表 3 中燃气锅炉大气污染物特别排放浓度限值
		水环境	规划区内地表水执行《地表水环境质量标准》(GB 3838—2002)Ⅲ类标准,地下水执行《地下水质量标准》(GB/T 14848—2017)Ⅲ类标准。工业废水在厂内预处理达到相应的行业排放标准或《污水综合排放标准》(GB 8978—1996)三级标准,含第一类污染物的废水必须在车间或车间处理设施排放口达标,排入市政污水管网,纳入配套污水处理厂处理达标后排放;生活污水经预处理达到《污水综合排放标准》三级标准后排入市政污水管网,纳入配套污水处理厂处理达标后排放
		土壤环境	规划区内建设用地土壤环境质量执行《土壤环境质量 建设用地土壤污染风险管控标准(试行)》(GB 36600—2018);农用地土壤环境质量执行《土壤环境质量 农用地土壤污染风险管控标准(试行)》(GB 15618—2018),未列出因子参照执行《土壤环境质量 建设用地土壤污染风险管控标准(试行)》(GB 36600—2018)标准
		声环境	规划区内商业、居住、工业混杂区执行《声环境质量标准》(GB 3096—2008)中 2 类标准,工业区执行《声环境质量标准》(GB 3096—2008)中 3 类标准,道路两侧区域执行 4 类标准;施工期工业噪声执行《建筑施工场界环境噪声排放标准》(GB 12523—2011)中的相关标准;营运期工业企业厂界噪声执行《工业企业厂界环境噪声排放标准》(GB 12348—2008)3 类、4 类标准
		河流底泥	参照执行《土壤环境质量 农用地土壤污染风险管控标准(试行)》(GB 15618—2018)
	评价范围	大气环境	各区域规划范围及周围 5km 范围
		地表水环境	某生活污水处理厂:上游 500m 至出口下游 1500m 某再生水厂:上游 500m 至出口下游 1500m 某工业污水处理厂:上游 500m 至出口下游 1500m
		地下水环境	规划区范围所在的水文地质单元
		声环境	规划区及区外 200m 范围
		土壤环境	规划区及周边可能影响区域
		环境风险	规划区内各企业风险源所在区域及周边可能影响区域
		陆地生态	规划区边界外延 500m 区域
	环境保护目标	大气环境质量	规划区内及周边包括学校、机关、人群集中居住区、商业区等敏感点的大气环境质量满足相应大气环境功能区标准要求
		地表水环境质量	规划区建设不会对附近地表水水体水质造成污染影响,不改变现有水域的水环境功能
		地下水环境质量	规划区建设不能使区域地下水环境常规指标的允许浓度发生明显变化,甚至出现级别下降

续表

组成部分			具体内容
项目概况	环境保护目标	土壤环境质量	规划区的土壤环境质量不能因开发活动而受到不利影响，土壤质量满足相应的环境质量标准要求
		声环境质量	规划区及周边包括学校、机关、居住区、商业区和工业区以及交通干线等各功能区声环境质量达到相应标准要求
		生态环境质量	规划区现有用地主要为农田和农村住宅用地，不因土地利用格局变化而对生态环境造成明显影响
	环境影响预测和评价所采取的方法	规划分析	核查表法、叠图分析法、情景分析法、类比分析法
		现状调查	采用资料收集、现场踏勘、环境监测、生态调查、座谈会等方式开展。环境要素的调查方式和监测方法参考《环境影响评价技术导则 大气环境》(HJ 2.2—2018)、《环境影响评价技术导则 地表水环境》(HJ 2.3—2018)、《环境影响评价技术导则 生态影响》(HJ 19—2022)、《环境影响评价技术导则 地下水环境》(HJ 610—2016)、《区域生物多样性评价标准》(HJ 623—2011)、《环境影响评价技术导则 土壤环境(试行)》(HJ 964—2018)和有关监测规范执行
		现状分析与评价	指数法、类比分析法、叠图分析法
		环境影响识别与评价指标确定	核查表法、叠图分析法、情景分析法、类比分析法
		规划实施生态环境压力分析	情景分析法、负荷分析法、趋势分析法、类比分析法、对比分析法、供需平衡分析法
		环境影响预测与评价	类比分析法、对比分析法、负荷分析法，环境要素影响预测与评价的方法参考《环境影响评价技术导则 大气环境》(HJ 2.2—2018)、《环境影响评价技术导则 地表水环境》(HJ 2.3—2018)、《环境影响评价技术导则 生态影响》(HJ 19—2022)、《环境影响评价技术导则 地下水环境》(HJ 610—2016)、《区域生物多样性评价标准》(HJ 623—2011)、《环境影响评价技术导则 土壤环境(试行)》(HJ 964—2018)执行
		环境风险评价	参考《建设项目环境风险评价技术导则》(HJ 169—2018)执行
	规划区现状回顾与分析	用地规模及土地利用现状	规划区已建设用地65%，未建设可开发用地15%，非建设用地20%。建设用地现状已开发用地 $3892.5hm^2$(合 $38.9km^2$)，尚有 $57.5hm^2$(合 $0.575km^2$)可建设用地待开发
		规划区污染物排放 / 工业污染源 / 废气	规划区内现有企业能源消耗以天然气、电为主，能源燃烧后废气污染物主要为二氧化硫、氮氧化物及企业生产过程产生的特征污染物
		规划区污染物排放 / 工业污染源 / 废水	现状企业的工业废水达到《污水综合排放标准》(GB 8978—1996)中三级排放标准及相应行业排放标准后进入园区污水处理厂处理后达标排放
		规划区污染物排放 / 工业污染源 / 噪声	目前大部分区域的声环境质量满足《声环境质量标准》(GB 3096—2008)中的2类、3类标准
		规划区污染物排放 / 工业污染源 / 固体废物	规划区危险废物产生量较大的行业为非金属矿物制品业，木材加工和木、竹、藤、棕、草制品业，危险废物包括有机溶剂废物(HW06)，废矿物油(HW08)，油/水、烃/水混合物或乳化液(HW09)，有机树脂类废物(HW13)，表面处理废物(HW17)，等等。企业依据各类固体废物特点，交具有处置资质的单位运输处置

续表

组成部分			具体内容
项目概况	规划区现状回顾与分析	规划区污染物排放	
		工业污染源 涉重污染源	园区内共有7家企业涉及重金属废水排放，其中6家企业的含重金属废水在采取相应的治理措施后排放，1家企业未采取相应的重金属废水治理措施
		生活污染源	规划区现状人口约为20万人，主要为在规划区内的从业人口。生活污水均能进入园区污水处理厂进行处理，生活用能主要为电能
		农村面源	根据现场踏勘，规划区范围内无农村居民和农田，因此无农村面源污染
	规划协调性分析	与现行功能区规划协调性分析	通过分析《全国主体功能区规划》及地方规划，该规划区与以上相关规划具有一致性和协调性
		现行产业规划协调性分析	通过分析《中国制造2025》及地方战略性新兴产业发展规划等，规划区以航空装备制造、新型显示、新能源为主导产业，与以上产业规划具有一致性和协调性
		与现行国民经济与社会发展规划及城市规划协调性分析	分析国家、省、市国民经济和社会发展第十三个五年规划纲要，地方城市总体规划及土地利用总体规划，规划区属于产业功能区、允许建设区，区域不涉及基本农田，与以上规划相符
		与环境保护规划协调性分析	通过分析《大气污染防治行动计划》《打赢蓝天保卫战三年行动计划》《水污染防治行动计划》《全国地下水污染防治规划（2011—2020年）》《土壤污染防治行动计划》《长江经济带生态环境保护规划》《某省生态红线划定方案》，以及地方挥发性有机物污染、土壤污染、重金属污染防治实施方案等，规划区产业布局合理，不涉及划定的生态保护红线，规划空间利用率较高，符合以上规划及方案
区域环境质量现状	大气环境		六项指标中，二氧化氮、臭氧、细颗粒物和可吸入颗粒物年均浓度未达到《环境空气质量标准》（GB 3095—2012）二级标准，表明该区域为非达标区
	地表水		规划区内除某河流达到其水质目标，其余河流均不达标
	地下水		除规划区外地下水流向上游500m、规划区内某公司等三个监测点位氨氮超标外，其余指标均满足《地下水质量标准》（GB/T 14848—2017）中的相关标准限值
	土壤环境		各污染物浓度分别能满足《土壤环境质量 农用地土壤污染风险管控标准（试行）》（GB 15618—2018）、《土壤环境质量 建设用地土壤污染风险管控标准（试行）》（GB 36600—2018）中的相关标准，表明规划区土壤环境质量较好
	河流底泥质量现状		各监测点污染物浓度均能满足《土壤环境质量 农用地土壤污染风险管控标准（试行）》（GB 15618—2018）中的相关标准，表明规划区河流底泥环境质量较好
	声环境		各监测点位均能满足《声环境质量标准》（GB 3096—2008）中的二级标准，表明区域声环境质量良好
环境影响识别与评价指标体系	环境影响识别		根据规划方案的内容（包括发展目标、空间布局、产业结构等），结合当地的自然环境特点、环境质量现状，在充分分析区域现有环境问题的基础上，识别和分析评价期内规划实施对资源、生态、环境造成影响的途径、方式，以及影响的性质、范围和程度，筛选出环境影响因子，识别规划实施可能产生的主要生态环境影响和风险
	环境目标	资源效率提升	规划区能效和能耗指标在市节能减排要求范围之内，并处于行业先进水平，确保满足工业固体废物处理处置率及用水效率等指标要求，进一步强化对资源、环境的调控
		空间格局优化	规划区的空间格局得到优化，大气空间、水环境空间、地下水空间、声环境空间、生活空间、产业空间、生态空间相协调，明确各空间或功能区的生态环境管理目标、空间管制要求和环境政策，控制开发强度

续表

组成部分			具体内容
环境影响识别与评价指标体系	环境目标	环境质量呈改善趋势，污染物得到有效控制	把深入实施大气、水、土壤污染防治三大行动计划作为改善环境质量的基础性工程和突破口，坚持不懈治理大气污染，深化水污染防治，在试点的基础上加快推进土壤污染治理与修复。针对大气污染、水污染、土壤污染、重金属污染控制，提出达标排放要求以及污染物排放总量要求
		环境风险安全可控	危险化学品等各种环境风险隐患得到全面监控。环境风险隐患能够及时发现、及时整治。环境应急响应和处置能力显著增强，环境风险管控能力水平全面提升
	评价指标体系		根据国家、省、市环境保护与管理相关政策文件要求，为实现区域环境目标可达，从社会经济、资源利用、生态空间、环境质量、污染控制、环境风险等层面制定评价指标体系构建依据和环境保护评价指标体系及目标值
环境影响预测与评价	污染物排放量预测	废水 - 现状	规划区现状排水分区现状工业废水 $9.39\times10^4 m^3/d$，规划排水分区现状工业废水 $9.39\times10^4 m^3/d$。 现状排水分区现状生活废水 $0.56\times10^4 m^3/d$，规划排水分区现状生活废水 $1.06\times10^4 m^3/d$
		废水 - 新增	• 已批在建、已建未投产工业废水污染源：规划区现状排水分区新增工业废水 $1.06\times10^4 m^3/d$，规划排水分区新增工业废水 $1.06\times10^4 m^3/d$；现状排水分区无新增生活污水，规划排水区新增生活污水 $2.28\times10^4 m^3/d$。 • 后续规划新增工业废水污染源：根据规划，至2035年主营业务收入突破4000亿元，主导产业达3600亿元，规划主导产业为航空装备、新型显示、新能源、集成电路产业，根据现有项目的单位产值产污系数估算新增废水污染源
		废水 - 削减	区域环境管控要求需削减的污染源，某污水处理厂出水指标主要污染物达地方水污染物排放标准时削减的废水污染量；至2035年规划区配套城市污水处理厂中水回用规模达到60%时削减的废水污染量
		废气 - 现状	规划区现状烟粉尘排放量为869.95t/a，SO_2 排放量为1608.36t/a，NO_x 排放量为877.17t/a，VOCs 排放量为734.27t/a
		废气 - 新增	• 已批在建、已建未投产工业废气污染源：规划区烟粉尘新增工业废气排放量为15.43t/a，SO_2 新增工业废气排放量为4.63t/a，NO_x 新增工业废气排放量为10.17t/a，VOCs 新增工业废气排放量为5.57t/a。 • 后续规划新增工业废气污染源：根据规划，至2035年主营业务收入突破4000亿元，主导产业达3600亿元，规划主导产业为航空装备、新型显示、新能源产业，根据现有项目的单位产值产污系数估算新增废气污染源。 • 后续规划新增生活废气污染源：规划区规划新增生活天然气居民用气 $65200\times10^4 m^3/d$，公共和商业设施用气 $13040\times10^4 m^3/d$，汽车及未预见用气 $6520\times10^4 m^3/d$
		废气 - 削减	环境管控要求需削减的污染源
		固体废物 - 生活垃圾	根据规划区规划，到2035年居住人口达到20.3万人。人均生活垃圾产生量取1.0kg/(d·人)，则2035年生活垃圾产生量约 $7.4\times10^4 t/a$，运至城市生活垃圾处理厂集中处置
		固体废物 - 工业固体废物	根据规划区规划，到2035年区域经济总值达到4000亿元。通过类比，估算2035年工业固体废物排放量为36800t/a，分为一般工业固体废物和危险固体废物
		噪声	环境噪声源可分为建筑施工、工业、交通运输和生活。区域开发活动中，工业噪声源主要为各类生产设备运行中产生的机械、动力等噪声；配套公共设施区则主要是交通噪声和社会生活噪声。施工噪声声级一般在82~95dB(A)，工业设备噪声声级一般在80~100dB(A)，运输车辆噪声声级一般在65~75dB(A)

续表

组成部分			具体内容
环境影响预测与评价	施工期环境影响分析	水土流失	规划区在建设过程中会发生水土流失。水土流失主要发生在以下情形：一是基础开挖、土石方填埋和平整等工序形成土表层土石填料裸露、边坡裸露；二是取土场土壤的裸露。当雨天特别是雨季来临时，如果不采取有效措施，将导致严重的水土流失
		噪声	施工期噪声对厂界声环境影响较大，因此在施工布置上，施工场地和高噪声设备应远离敏感点设置，杜绝夜间使用高噪声设备，加强对评价范围内敏感点的噪声防治措施，如关闭门窗、避开高噪声设备同时使用等。总体而言，施工期噪声影响是暂时的，并随着施工期的结束而消失，由于施工期多数区域为城乡结合处，在采取相应的防护措施后，施工期不会对评价范围内的声环境和敏感点产生明显不利影响
		环境空气	施工过程中造成大气污染的主要产生源有：施工机械开挖及运输车辆产生的扬尘；施工建筑材料（水泥、石灰、砂石料）的装卸、运输、堆砌过程以及开挖弃土的堆砌、运输过程中造成扬起和洒落；各类施工机械和运输车辆所排放的废气
		水环境	施工期废水主要来源有：施工人员生活污水、混凝土拌和系统砂石材料和搅拌机械冲洗废水等。由于施工作业面较分散，建议施工区建设临时旱厕或利用施工区内的现有厕所设施，收集粪便定期外运用于农田施肥；施工废水经沉淀、隔油、除渣等处理后回收利用。因此，只要加强管理，施工期废水对周边地表水环境影响甚微
		固体废物	施工期固废主要为土建施工产生的弃土、建筑弃渣、施工人员的生活垃圾等。弃土在堆放和运输工程中，若不妥善处置，则会阻碍交通、污染环境；弃土清运车辆行走市区道路，不但会给沿线地区增加车流量，造成交通堵塞，尘土的洒漏也会影响城市环境卫生；开挖弃土如果无组织堆放、倒弃，如遇暴雨冲刷，则会造成水土流失、堵塞排水沟，泥浆水直接排入区域内的排洪沟，增加河水的含沙量，造成河床沉积，同时泥浆水还夹带施工场地上的水泥、油污等污染物进入水体，造成水体污染。同时，在弃土场下游的农田或河流也将会受到水土流失的影响
	运营期环境影响预测及分析	大气环境	规划实施后，不会对区域大气环境造成明显不利影响
		地表水	通过建设和完善区内雨污管网，提高中水回用率；完善工业企业水污染治理措施的建设和管理，确保废水达标排放；所有废水经市政管网排入污水处理厂处理，远期污水处理率100％；所有受纳水体污染物预测浓度相对有所减少，水环境质量得到改善，不会导致区域水环境功能发生改变，对区域地表水环境质量改善具有积极作用
		地下水	规划区各入驻企业对可能产生地下水影响的环节进行有效预防，在确保各项防渗措施得以落实以及加强维护和厂区环境管理的前提下，可有效控制厂区内的废水污染物下渗，避免地下水污染，因此规划区的规划实施对区域地下水环境影响甚微。废水通过废水收集系统，采用密闭管道输送，污水输送管道及污水处理相关处理设施均进行防腐、防渗处理，避免对地下水造成污染
		重金属	根据地方"十三五"重金属污染防治实施方案，规划区域不属于重金属国家控制重点区域和省控制重点区域。通过加强对区域内涉重企业的管理，实施相应的防治措施，本规划实施产生的重金属对环境影响较小
		声环境 工业设备噪声	后续入驻规划区的工业企业在确保厂界达标的情况下，项目区对周围声环境的影响范围较小
		交通噪声	通过合理布局，规划实施过程中交通噪声对区域环境影响较小
		征地拆迁及移民安置	规划实施应在充分尊重居民意愿前提下，结合规划实施情况，有序实施拆迁安置工作，确保居民搬迁不产生新的环境问题，不降低居民生活水平
		对人体健康的影响分析	在做好相应的防范措施条件下，规划建设不会对人群健康造成明显不利影响；建成后，在带动地区经济发展的同时，将会提高当地居民的生活、文化及医疗水平，增强人们预防和治疗疾病的意识，改善物质条件，对人群健康的保护具有积极影响

续表

组成部分			具体内容
环境影响预测与评价	运营期环境影响预测及分析	对区域居民生活质量的影响分析	规划区高标准、高质量、高起步建成并营运后,将一改杂乱、陈旧的面貌,改善投资环境,提高人民生活质量,增加就业机会,其最直接的好处是改善经济状况,提高当地居民的居住生活水平,同时给区域带来巨大的间接效益,对当地招商引资开发会带来良好影响
		累积性环境影响分析	在规划产业涉及的主要优先控制污染物中,对照黑名单,苯、甲苯、二甲苯、氯苯、邻二氯苯、重金属及其化合物等的优先监测环境要素均包括底泥和生物群中,间接反映出以上特征污染物在底泥和生物群中的分布,对环境有一定的累积影响;氰化物的环境效应为短期毒性,易被氧化,在底泥和生物群中几乎没有累积;苯酚、苯胺、二氯甲烷及三氯甲烷等属于易挥发性有机物,不易在生物中累积
环境风险分析		区域环境敏感程度分级	结合规划区与周边主要环境敏感目标的区位关系,依据《建设项目环境风险评价技术导则》(HJ 169—2018),确定环境影响评价范围为规划区及其边界外延 5.0km 的范围内
		环境风险识别	• 规划区未来将以航空装备制造、新能源、新型显示为主导产业。由于规划区后续具体项目不能确定,因此存在的环境风险亦不能明确。本次环评根据类似产业项目分析其存在的主要环境风险。 • 规划区内现有新能源、新型显示的企业在运营过程中可能涉及危化品,在生产及储运等过程中可能有泄漏、爆炸等潜在的环境风险。航空装备制造类企业会存在火灾等风险
		环境风险潜势分析	结合重点行业、重点企业物质危险性和生产工艺系统危险性识别结果,结合可能受影响的环境敏感目标分布和环境敏感程度,结合事故情形下环境影响途径,对建设项目潜在环境危害程度进行概化分析,确定规划区环境风险潜势
		风险防范与应急措施	• 从规划区功能布局和厂址布置、总平面布置及建筑安全防范措施、工艺技术和设计安全、自动控制设计安全、物料泄漏、运输、火灾和爆炸、消防及火灾报警系统等方面提出具体的防范措施。 • 重点从消防水池设置、事故废水收集与阻断设施、事故状态下水体污染和生物安全方面提出应急措施
		环境风险评价结论	规划实施后,入驻项目运行过程中可能存在物料泄漏、火灾、中毒等风险事故。在采取相应的防范措施后,环境风险值是可以接受的。针对存在的风险,本规划环评提出了相应的预防、监管和工程措施,规划环评要求入驻企业在进行项目环评时重点针对各企业具体情况进行风险评价,制定风险防范措施和应急预案,确保对区内、区外风险受体不造成影响
"三线一单"管控及分析		生态保护红线分析	根据某省生态保护红线方案,结合区域基本生态控制线划定方案及区域内生态保护目标现状情况,本规划范围不涉及该省划定生态保护红线
	资源利用上线分析	土地资源承载力分析	规划区规划面积 $54.9km^2$,其中建设用地 $54.3km^2$,非建设用地 $0.6km^2$。规划环评提出,应统筹协调用地指标,确保区域土地使用功能的改变处于当地城镇建设及土地利用规划的受纳范围内
		水资源承载力分析	规划的供水方案能够满足本规划及地区用水需求
		能源保障性分析	区域供电规划能够满足本规划的需求
	环境质量底线分析	地表水环境质量底线分析	随着区域、流域综合整治方案的实施,规划区受纳水体的纳污量将进一步降低,水环境质量将得到一定改善,水环境容量将进一步得到释放。至规划远期,可进一步削减现状污染物排放量约 20%~30%,为规划区发展腾出容量
		大气环境质量底线分析	根据本次规划环评大气环境影响预测,本次规划实施后,区域 SO_2、NO_2 年均浓度均满足《环境空气质量标准》(GB 3095—2012)二级标准要求。实施区域削减措施后,PM_{10}、$PM_{2.5}$ 年均浓度在规划年能达到《环境空气质量标准》(GB 3095—2012)二级标准要求

续表

组成部分		具体内容
规划方案综合论证和优化调整建议	规划调整意见	建议在规划主导产业航空装备、新能源、新型显示的基础上,新增电子信息产业
	规划实施的主要环境制约	规划区受纳水体无水环境容量,现有污水处理厂处理能力不足,对规划的实施构成制约
		区域颗粒物年均浓度超标,无大气环境容量,对规划的实施构成制约
		区内涉及少量基本农田,对规划区的发展形成制约
	解决对策	加强污水截流、收集管网的建设,并对污水处理厂加快推进提标升级改造工作,暂未建设污水处理厂的各地应加快推进城镇污水处理厂的建设。加快推进污水处理厂中水回用工程建设。编制流域水体达标方案,开展"一河一策"专项整治
		通过实施区域平板玻璃、建材、食品、机械、医药等行业结构减排以及工程减排、推进能源结构持续优化等措施来推进大气污染物减排,同时推进区域大气污染联防联控工作。加强区内建设项目施工管理,控制废气污染物排放。严格落实污染物排放总量控制制度
		严格按照《中华人民共和国基本农田保护条例》《某省基本农田保护实施细则》对区内基本农田加以保护,基本农田周边禁止布局涉重项目
规划影响减缓对策和措施	大气环境	优化能源结构,优化工业布局,加强工业源大气污染防治,加强扬尘控制,强化重污染天气应急预警,推进区域大气污染联防联控
	地表水	加强地表水污染物治理,确保饮用水安全,深化黑臭水体和流域综合整治,加强地下水源保护,加强海绵城市建设,优化区域水网格局
	地下水	针对设备及管道排放的各种含毒有害液体设置专门的废液收集系统,并设置在界区内;输送管线及污水输送管线应尽量采用明管或管廊敷设;对企业厂区内各单元进行分区防渗处理;对区内排水管道系统和废水处理站池体及管道进行防渗处理;企业装置区、罐区等设置底板和围堰用于防止污水外流、渗漏并收集污水;定期进行检漏监测及检修;规划区内增设永久性地下水监测点位,定期采样进行检测,确保区域地下水不因项目建设而受到影响;完善重金属监控、监测体系
	土壤环境	开展土壤污染调查;实施农用地土壤环境分级管理;强化建设用地环境风险管控,严格控制工业污染;加强污染地块修复与管理
	声环境	加强交通、施工管理;加强企业管理
	固体废物	采用清洁的生产工艺,从产品的源头及生产过程控制固废的产生量,加强固废的资源化利用;危险废物由企业按照国家有关规定进行安全处置,或送有资格的处置单位进行集中处置;生活垃圾统一收运至生活垃圾处理厂集中处置
	重金属	严控涉及第一类重金属污染物废水排放的项目入园;涉重企业应采用国际或国内先进水平的生产工艺、设备及污染治理技术
	环境风险	环境风险源与环境敏感区须保持符合规范要求的安全距离;建立环境风险事故三级预防响应机制
	环境监管	强化监督管理;实施总量控制及排污许可制度;严格执行环境影响评价和"三同时"制度;落实跟踪监测制度;污染源监控;清洁生产审核
	资源节约	规划区制定工业节水政策,建立工业节水机制;积极推行清洁生产,实现废水减量化;废水循环利用和综合利用,实现废水资源化
	居民搬迁	集中安置区实施雨污分流,生活污水纳入污水处理厂集中处置;建立有效的监管机制;对拆迁安置过程中的旧房拆除、安置房屋、道路、公用设施等施工要有计划、有组织、分步骤地合理进行,防止施工中造成环境污染和生态破坏

续表

组成部分		具体内容
环境管理与跟踪评价	环境管理	当地人民政府应尽快设立工业区管委会,并成立环境保护部门,总体负责组织、布置、落实规划实施过程中的环境保护工作;由当地生态环境主管部门全面监督各项环保措施的落实情况
	环境监测	• 环境监控体系包括工程项目污染源监测计划、区域环境质量监测计划以及环境监测设备。规划环评的监测应分两个阶段进行:规划实施过程中的环境监测,规划实施后的环境回顾跟踪评价监测。 • 为了满足工业区环境监测要求,减少投资,增加规划实施的可操作性,建议规划区的环境监测工作可主要依托当地环境监测站现有监测设备和人员,并根据工作需要增加或更新部分监测仪器等。环评建议进一步充实环境监测站的技术干部,完善监测仪器设备,使其为工业区环境监督提供准确可靠的监测依据,满足工业区环境监测需要
	跟踪评价	考虑规划实施过程中可能存在的不确定性,应对工业区规划实施过程中和实施后对环境的实际影响进行跟踪评价,环评建议本规划实施后五年应开展跟踪环境影响评价
评价结论		某空港高技术产业园控制性详细规划实施旨在充分依托当地资源优势,促进产业、经济发展,与上、下层相关规划是相容的。规划经优化调整后是合理的,采取相应治理措施及规划环评提出的减缓措施后,可有效减缓因规划区开发建设对区域环境造成的不良影响,有效节约资源、能源,有利于"三废"治理,规划环境目标可达。总体而言,在切实加强对规划区企业产污的治理及达标排放监管,实施污染物排放总量控制,落实报告提出的准入条件和环境门槛,落实风险防范措施及应急预案后,从环境保护角度来看,本规划的实施是可行的

思考题

1. 根据《环境影响评价公众参与办法》,建设项目环境影响报告书征求意见稿形成后,建设单位应当公开环境影响报告书征求意见稿全文,请梳理分析获取环境影响报告全文的主要途径。

2. 讨论分析《规划环境影响评价技术导则 产业园区》(HJ 131—2021)的修订背景、意义、突出特点和重点修订内容,同时讨论该环境影响评价技术导则如何实现与"三线一单"制度的衔接。

3. 针对水利水电类建设项目,举例讨论分析其环境影响报告书编制过程中应关注的主要环境问题和应采取的主要环境保护措施。

4. 结合环境影响评价技术导则和双碳目标战略的实施,讨论我国将碳排放环境影响评价纳入重点行业建设项目环境影响报告的政策行动和地方实践。

小测验

参考文献

[1] 生态环境部环境工程评估中心. 环境影响评价相关法律法规：2021年版 [M]. 北京：中国环境出版集团，2021.
[2] 生态环境部环境工程评估中心. 环境影响评价技术导则与标准：2021年版 [M]. 北京：中国环境出版集团，2021.
[3] 生态环境部环境工程评估中心. 环境影响评价技术方法：2021年版 [M]. 北京：中国环境出版集团，2021.
[4] 生态环境部环境工程评估中心. 环境影响评价案例分析：2021年版 [M]. 北京：中国环境出版集团，2021.
[5] HJ 130—2019 规划环境影响评价技术导则 总纲.
[6] HJ 2.1—2016 建设项目环境影响评价技术导则 总纲.
[7] 国家环境保护总局环境影响评价管理司. 环境影响评价岗位培训教材 [M]. 北京：化学工业出版社，2006.
[8] 李淑芹，孟宪林. 环境影响评价 [M]. 3版. 北京：化学工业出版社，2018.
[9] 李有，刘文霞，吴娟. 环境影响评价实用教程 [M]. 北京：化学工业出版社，2015.
[10] 何德文. 环境影响评价 [M]. 2版. 北京：科学出版社，2018.
[11] 佩尔迪克里斯，德宁，帕尔弗雷曼. 更深入的环境影响评价 [M]. 孙晓蓉，展刘洋，魏子章，等译. 北京：化学工业出版社，2015.
[12] 金腊华. 环境影响评价 [M]. 北京：化学工业出版社，2015.
[13] 汪诚文. 环境影响评价 [M]. 北京：高等教育出版社，2017.
[14] 余秋良，杨硕，曾锋. 环境影响评价法律法规 [M]. 北京：化学工业出版社，2017.
[15] 沈洪艳. 环境影响评价教程 [M]. 北京：化学工业出版社，2017.
[16] 柳知非，周贵忠，张焕云. 环境影响评价 [M]. 北京：中国电力出版社，2017.
[17] 赵济州. 环境影响评价实用手册 [M]. 北京：中国纺织出版社，2018.
[18] 陈凯麟，江春波. 地表水环境影响评价数值模拟方法及应用 [M]. 北京：中国环境出版集团，2018.
[19] 生态环境部环境影响评价司. 环境影响评价管理手册：2018版 [M]. 北京：中国环境出版集团，2018.
[20] 刘丽娟，王心乐，陈泽宏. 水环境影响评价技术 [M]. 北京：化学工业出版社，2017.
[21] 陈泽宏. 环境影响评价基础技术 [M]. 北京：中国环境出版社，2017.
[22] 郭璐璐. 大气环境影响评价技术 [M]. 北京：中国环境出版社，2017.
[23] 周兆驹. 噪声环境影响评价与噪声控制实用技术 [M]. 北京：机械工业出版社，2016.
[24] 王亚男. 中国环评制度的发展历程及展望 [J]. 中国环境管理，2015，7（02）：12-16.
[25] 李海波，赵锦慧. 环境影响评价实用教程 [M]. 武汉：中国地质大学出版社，2010.
[26] 钱瑜. 环境影响评价 [M]. 南京：南京大学出版社，2009.
[27] 马太玲，张江山. 环境影响评价 [M]. 武汉：华中科技大学出版社，2009.
[28] 李爱贞. 环境影响评价实用技术指南 [M]. 北京：机械工业出版社，2008.
[29] 梁慧，滕志坤. 中国环境影响评价现状调查研究及对策探析 [J]. 环境科学与管理，2018，43（09）：6-8，40.
[30] 杨辉明. 建设项目环境影响评价中环境影响因素探讨 [J]. 中国资源综合利用，2019，37（04）：133-135.
[31] 焦艳军，李烨楠，霍小鹏. 净化厂地下水环境影响评价与保护措施研究 [J]. 环境科学与管理，2019，44（04）：175-180.
[32] 丁峰，李时蓓，易爱华，等. 2018版大气环评导则主要修订内容与要点分析 [J]. 环境影响评价，2019，41（02）：1-5.
[33] 高明娟. 浅析我国区域环境影响评价 [J]. 化学工程与装备，2019（03）：288-289.
[34] 陈思宇. 论将适应气候变化的要求纳入建设项目环境影响评价制度 [J]. 重庆理工大学学报（社会科学），2019，33（04）：27-37.
[35] 边永民. 跨界环境影响评价的国际习惯法的建立和发展 [J]. 中国政法大学学报，2019（02）：32-47，206.
[36] 李朝阳. 环境影响评价制度探析 [J]. 环境与发展，2019，31（02）：8-10.
[37] 张弘，左乐. 环境影响评价研究的现状及发展趋势 [J]. 环境与发展，2019，31（02）：11，13.
[38] 刘晓霞. 新形势下关于环境影响评价制度建设的相关思考 [J]. 环境与发展，2019，31（01）：12，15.
[39] 周锋. 土地整理中生态环境影响评价的相关探讨 [J]. 环境与发展，2019，31（01）：14-15.
[40] 王卫红，孙慧，赵东风，等. 环境影响后评价与环境影响评价理论技术对比分析 [J]. 环境影响评价，2019，41（01）：41-45.

[41] 潘鹏，赵晓宏，朱美，等."新时代"环境影响评价大数据的新思考[J].环境影响评价，2018，40（06）：30-33，37.

[42] 柏静.可持续发展视野下的环境影响评价分析[J].环境与发展，2018，30（08）：24，26.

[43] 黄忠平.基于规划环境影响评价的可持续发展指标体系解析[J].环境与发展，2018，30（12）：29-30.

[44] 杜磊.环境影响评价在建设项目环境管理中的作用[J].环境与发展，2018，30（12）：21-22.

[45] 李冬，赵芳，赵一玮.强化跟踪评价进一步推动规划环境影响评价落地实施[J].环境与可持续发展，2018，43（06）：89-91.

[46] 张明明.环境影响评价工作发展趋势[J].环境与发展，2018，30（11）：26-27.

[47] 朱方旭，翟翠红，陈志平.环境影响评价中高速公路噪声污染问题的探讨[J].环境与发展，2018，30（10）：18-19.

[48] 孙冰，田蕴，李志林，等.英国环境影响评价制度演进对中国的启示[J].中国环境管理，2018，10（05）：15-23.

[49] 邢松辉.环境工程中环境影响评价的重要性[J].环境与发展，2018，30（08）：27，29.

[50] 李文迪.环境影响评价中公众参与存在的问题及对策[J].环境与发展，2018，30（07）：12-13.

[51] 赵浩楠，宫田田，王雨欣.环境影响评价在中国的发展和应用[J].环境与发展，2018，30（06）：18-19.

[52] 梁志锋.现阶段环境影响评价工作中的问题及对策[J].环境与发展，2018，30（04）：34-35.

[53] 狄雅肖，傅尧，何皓，等.国内外环境影响后评价发展研究与探讨[J].环境经济，2018（08）：44-49.

[54] 陈莉.我国环境影响评价发展现状及问题对策研究[J].环境与发展，2018，30（03）：224-225.

[55] 王毅钊，许乃中，张玉环，等.简政放权背景下环评机制改革与监管探析：以珠海市为例[J].环境科学与管理，2018，43（02）：190-194.

[56] 阮晨，胡林.试论城市总体规划环境影响关键指标评价方法：以成都市为例[J].四川环境，2017，36（06）：104-109.

[57] 田蕴，李志林，沈百鑫，等.德国环境评价制度发展概述及对我国的启示[J].环境保护，2017，45（24）：71-75.

[58] 潘鹏，赵晓宏，梁鹏，等.环境影响评价大数据建设进展与展望[J].环境影响评价，2017，39（06）：19-22，30.

[59] 熊佐芳，程海明.规划环境影响评价存在的问题及措施[J].环境与发展，2017，29（08）：60，62.

[60] 郑欣璐，李志林，王珏，等.我国规划环境影响评价制度评析：新制度经济学的视角[J].环境保护，2017，45（19）：20-25.

[61] 晁利霞.中外现行环境影响评价机制比较研究[J].环境与发展，2017，29（05）：25，27.

[62] 梁鹏，戴文楠，孔令辉，等.环境影响评价改革的重要技术支撑：导则体系重构[J].环境保护，2016，44（22）：11-15.

[63] 刘殊，姜华，梁鹏.优化评价内容 提高环评效能：《环境影响评价技术导则总纲》修订思考与建议[J].环境影响评价，2016，38（06）：28-30.

[64] 黄润秋.凝心聚力 深化改革 奋力开创环境影响评价工作新局面[J].环境保护，2017，45（01）：9-13.

[65] 柴西龙，邹世英，李元实，等.环境影响评价与排污许可制度衔接研究[J].环境影响评价，2016，38（06）：25-27，35.

[66] 梁鹏，潘鹏，赵晓宏.关于环境影响评价大数据的若干思考[J].环境影响评价，2016，38（06）：21-24.

[67] 李天威，耿海清.我国政策环境评价模式与框架初探[J].环境影响评价，2016，38（05）：1-4.

[68] 周杰.环境影响评价制度中的利益衡量研究[D].武汉：武汉大学，2012.

[69] 谭先银.我国环境影响评价制度完善研究[D].重庆：西南政法大学，2009.

[70] 韩欣岐.中美环境影响评价制度比较研究[D].兰州：兰州大学，2014.

[71] 刘召峰.排污许可证制度污染减排效应与总量控制衔接的经济影响[D].上海：上海社会科学院，2019.

[72] 肖强，王海龙.环境影响评价公众参与的现行法制度设计评析[J].法学杂志，2015，36（12）：60-70.

[73] 何羿，赵智杰.环境影响评价在规避邻避效应中的作用与问题[J].北京大学学报（自然科学版），2013，49（06）：1056-1064.

[74] 竺效.论新《环境保护法》中的环评区域限批制度[J].法学，2014（06）：17-31.

[75] 徐伟. 公众参与制度在环境影响评价中的影响 [J]. 生态经济, 2013 (01): 147-150.
[76] 龚星, 陈植华, 孙璐. 地下水环境影响评价若干关键问题探讨 [J]. 安全与环境工程, 2013, 20 (02): 95-99.
[77] 刘运鹏. 我国环境影响评价问题及对策研究 [D]. 北京: 中国地质大学 (北京), 2012.
[78] 李醒. 加拿大环境影响评价程序及对我国的启示 [J]. 比较法研究, 2013 (05): 138-144.
[79] 张鹏. 我国环境影响评价中的公众参与研究 [D]. 南京: 南京大学, 2017.
[80] 解加成. 基于风险区划的规划环评中环境风险评价研究 [D]. 大连: 大连理工大学, 2013.
[81] 任亚龙. 论我国环境影响评价制度 [D]. 桂林: 广西师范大学, 2013.
[82] 都小尚, 刘永, 郭怀成, 等. 区域规划累积环境影响评价方法框架研究 [J]. 北京大学学报 (自然科学版), 2011, 47 (03): 552-560.
[83] 刘婷婷. 环境影响评价在城市规划中的应用探讨 [D]. 西安: 西安建筑科技大学, 2012.
[84] 叶良飞, 包存宽. 城市规划环境影响评价指标体系综述 [J]. 四川环境, 2012, 31 (01): 134-140.
[85] 梁鹏, 陈凯麒, 苏艺, 等. 我国环境影响后评价现状及其发展策略 [J]. 环境保护, 2013, 41 (01): 35-37.
[86] 刘然, 褚章正. 中国现行环境保护政策评述及国际比较 [J]. 江汉论坛, 2013 (01): 28-32.
[87] 李建龙, 师学义. 基于熵权灰靶生态系统服务价值模型的土地利用规划环境影响评价: 以晋城市为例 [J]. 环境科学学报, 2016, 36 (02): 717-725.
[88] 范小杉, 何萍. 生态承载力环评: 研究进展·存在问题·修正对策 [J]. 环境科学研究, 2017, 30 (12): 1869-1879.
[89] 王峰, 李杨秋. 建设项目环境影响评价制度现状与对策探讨 [J]. 环境科学与管理, 2010, 35 (08): 166-169.
[90] 金晓文, 曾斌, 刘建国, 等. 地下水环境影响评价中数值模拟的关键问题讨论 [J]. 水电能源科学, 2014, 32 (05): 23-28.
[91] 徐礼萍, 刘珊, 吴剑刚, 等. 环境影响评价中环境经济损益分析方法浅析 [J]. 西安文理学院学报 (自然科学版), 2008, 11 (04): 98-102.
[92] 郑江宁, 关晓初. 浅谈环境影响评价中环境经济损益分析方法 [J]. 环境保护科学, 1999 (02): 40-42.
[93] 张中旺, 胡应成. 环境经济损益分析方法探讨 [J]. 襄樊学院学报, 2001, 22 (05): 86-90.
[94] 胡应成, 张海清. 环境经济损益分析方法探讨 [J]. 环境技术, 2001 (02): 44-48.
[95] 刘智慧, 叶锐, 岳刚. 费用-效益分析法在环境经济损益分析中的应用 [J]. 辽宁城乡环境科技, 2004 (04): 5-6.
[96] 蒋洪强, 周佳. 基于污染物排放许可的总量控制制度改革研究 [J]. 中国环境管理, 2017, 9 (04): 9-12.